设计中的人机工程学

张峻霞　王新亭　著

華中科技大學出版社
http://press.hust.edu.cn
中国·武汉

内容简介

本书对人机工程学在设计领域的基础理论、知识体系、设计应用进行了全面介绍，通过理论与案例相结合的方式阐述了人机工程学在工业设计中的应用。全书共9章，内容包括人机工程学概论、人体尺寸及应用、人的感知觉、人机工程学中的心理因素、环境分析与设计应用、人机系统设计方法及应用、人机工程学在界面与交互设计中的应用、人机工程学在基于无障碍思想的设计中的应用、综合案例分析。

本书突出人机工程学在设计实践中的应用，并联合知名工业设计公司与产品制造企业，呈现了真实产品的人机工程设计与分析内容，有较好的借鉴价值。

本书可作为普通高等学校工业设计、产品设计等各类设计类专业的教材，还可供心理学、工业工程、机械工程、计算机科学、软件工程等专业的学生使用。另外，可作为设计师、工程技术人员、可用性及用户体验领域工作人员、软件开发人员、研究人员的参考资料。

图书在版编目(CIP)数据

设计中的人机工程学/张峻霞，王新亭著. —武汉：华中科技大学出版社，2023.5(2024.7重印)
ISBN 978-7-5680-9284-5

Ⅰ. ①设…　Ⅱ. ①张…　②王…　Ⅲ. ①工效学-高等学校-教材　Ⅳ. ①TB18

中国国家版本馆CIP数据核字(2023)第090684号

设计中的人机工程学

Sheji Zhong de Renji Gongchengxue　　张峻霞　王新亭　著

策划编辑：曾　光
责任编辑：白　慧
封面设计：孢　子
责任监印：朱　玢
出版发行：华中科技大学出版社(中国·武汉)　　电话：(027)81321913
武汉市东湖新技术开发区华工科技园　　邮编：430223
录　　排：华中科技大学惠友文印中心
印　　刷：武汉邮科印务有限公司
开　　本：787mm×1092mm　1/16
印　　张：14.25
字　　数：353千字
版　　次：2024年7月第1版第2次印刷
定　　价：49.00元

前言 QIANYAN

设计的目的是为人服务,这已经成为人尽皆知的共识。设计师遵循“以人为本”的理念开展设计活动,从而为人们创造更加美好的生存方式。具体而言,随着社会的发展,设计运用科学技术不断创造新的“人造物”与“环境”,满足人的生活与工作需求,并使人与物、人与环境、物与环境之间相互协调。在人、物、环境三要素组成的系统中,“人”成为关键要素。人机工程学作为主要研究人、机(物)和环境之间交互关系的学科,在生产劳动与设计实践中诞生并不断发展。

人的物质与精神需求日益提升,这种更高的诉求反映在设计上,就是“以人为中心的设计”。“用户体验设计”“人性化设计”等术语不断涌现并广为人知,这在一定程度上反映出人机工程学在设计领域的应用价值日益凸显,且应用越来越广泛。忽视对人的生理、心理、认知、行为等特性的考虑,必然造成各种产品(人造物)缺乏“人情味”,不够友好。设计与人的物质与精神生活紧密关联,意味着科学的设计研究必然涉及人机工程学。

随着社会经济与技术的发展,中国现代设计处在民族复兴及中国式现代化的进程中,正面临前所未有的机遇与挑战。文化的民族性告诉我们,只有根植于中国文化的设计理念,才更适合中国人的需求。社会发展核心目标就是让人民有更美好的生活,因此“增进民生福祉,提高生活品质”必然成为设计的主旋律,也成为中国设计师的使命与担当。我们国家这种“以人民为中心”的发展理念与人机工程学以人的视角探究设计规律的学科内涵有着天然的契合度。

人机工程学是由多门不同领域的学科互相渗透、汇聚而成的一门综合学科,既有深入的基础理论研究,也有应用研究。本书重点从应用研究的角度,梳理了人机工程学在设计领域的基础理论、知识体系及应用方法,因而取名“设计中的人机工程学”。本书突出应用,正文中配有较多的设计案例。为反映人机工程学在当前工业设计企业的实际应用情况,联合工业设计公司与产品制造企业编写了综合案例,力图更加真实地反映人机工程学在设计实践中的应用全貌。内容上根据设计领域的新发展进行了拓展,例如在第 2 章,补充了老年人、残障人士等弱势群体的人体尺寸及应用等内容。

本书由天津科技大学张峻霞、王新亭共同编写,其中张峻霞负责第 3、4、5、7、8 章的编写,王新亭负责第 1、2、6、9 章的编写,全书由张峻霞统稿。书中包含了作者在工业设计专业开展人机工程学教学及一流课程建设方面的一些经验与思考。多名研究生参与了第 1 至 8 章的资料搜集、文字整理、图片编排等工作,他们是方洁(第 1 章)、李春波(第 1 章)、陈一玮(第 2 章)、戴忠(第 3 章)、梁攀(第 4 章)、于佳鑫(第 5 章)、王正臧(第 6 章)、张书东(第 7 章)、郗志超(第 8 章)。天津爱谷工业设计有限公司赵晨、杨茜设计师在综合案例编写中做了大量工作。本书的编写还参考了国内外学者在人机工程学教学与研究方面的成果,在此一并表示感谢。

由于编者水平有限,书中难免有错误和欠妥之处,恳请广大读者批评指正。

目录 MULU

第1章

人机工程学概论

1.1 引　例

中华民族历史源远流长，传统文化博大精深。在绵延数千年的中华文明进程中，勤劳的人民、精巧的工匠们在生产生活实践中形成了“天人合一，顺应自然”“制具尚用”等诸多造物设计理念，一件件制作精良、构思巧妙、与人相宜的产品，都凝聚着古人的智慧，蕴含着丰富的人性化设计理念。如何深入理解中国传统的造物思想，汲取其精华并融入现代设计中，是值得现代设计师们思考的问题。

秦始皇兵马俑是世界考古史上最伟大的发现之一，这其中最让人着迷的是一、二号坑所出土的锋利坚韧的秦青铜长剑(图1-1)。柳叶状剑身的秦剑，又细又长又尖，其在造型设计上首先逐段减少自基部直至锋端的宽度，使剑锋的夹角形成极有利于实战进攻的锐角造型；其次剑身基部到剑锋从宽至窄，由薄变厚，人为地造成宽处薄、窄处厚的实际效果。这样的造型设计有利于力度的均衡配置和弹性的良好传导，若将秦剑用于战场刺杀之中，能够有效地克服进攻时的反作用力，同时避免剑身折断。由此可见，工匠在设计秦剑时充分考虑了材料的物理力学性能，使士兵在使用兵器时能发挥出最大的威力。

在秦国统一天下的进程中，发挥了巨大作用的不只有先进的武器，还有被称为“青铜之冠”的秦陵铜车马(图1-2)。先秦时期，车辆的设计和制作是社会生产过程中最耗费时间和财力的项目之一。记载了齐国时期各行各业的手工制作规范及工艺技术的《考工记》中有关于秦陵铜车马的论述：“六尺有六寸之轮，轵崇三尺有三寸也；加轸与轐焉，四尺也；人长八尺，登下以为节。”可见古人认为车身之高取人高之半较为合适。据实测，二号车的真实高度

图1-1　秦青铜长剑

图1-2　秦陵铜车马

约为武士俑平均高度的九分之四，符合《考工记》的设计原则。[1]另外，一号车是轻便的战车，选用的轮径较大，车速较高，二号车是舒适的安车，选用的轮径较小，上下方便，充分体现了现代人机工程学的基本设计思想，车的轮径与车的不同功能相适应。

图 1-3　胡服骑射

战国以来，秦国的兵器研制水平有了很大的提高，生产过程的科技化、程序化与体系化，使秦国兵器的生产水准达到了青铜时代的巅峰。据《史记》记载，赵国在与越来越强大的秦国的多次交战中均以失败告终，赵武灵王深感忧虑，他分析当时形势，决心进行“胡服”的改革。所谓“胡服”改革(图 1-3)，就是改穿胡人的衣服。当时的胡人身穿短衣，便于骑马射箭，方便灵活，进退自如；而赵国官兵都穿着宽袍大袖，不适合骑马作战。赵武灵王坚持“衣服器械各便其用”的方针，即衣服和器械的设计都要方便人们的使用。此后赵国不断强大，紧衣短袍开始流行于中原。从这里可以体会到，人的因素在器物设计中的重要性是设计中的人机工程学思想的一个重要体现。同样，战国末年，中国古代思想家荀子提出了“重己役物”的思想，他认为关键不在于有没有物，而在于使用物的人是否从伦理道德的高度来对待物，能否用自己的主体意识去把握它。[2]由此可见，中国传统造物思想中很早就注意到“人-物”关系中人的主体性地位问题。

在以后的漫长岁月中，人类为了提高效率和自己的生活水平，不断地创造出许多前所未有的器物，人们沉浸在发明创造之中，器物的种类和数量越来越多。在“人-物”关系与矛盾处理的实践中，人类进一步意识到对“人-物”关系进行协调的重要性，“工欲善其事，必先利其器”一说就给出了精辟的阐述。

优秀的造物设计思想始终是设计创新产生的土壤，成为设计师们的灵感源泉。设计的本质是为人而设计，在中华民族复兴的历史潮流中，设计师需要胸怀天下，心中有人民，眼中有社会，在新的社会语境下解读“仁爱、中道、民本、家国”的文化内涵，通过设计一件件人性化的产品，切实提高人们的生活品质。

1.2　人机工程学的定义与名称

现代人机工程学是跨越不同学科和领域，应用多学科原理、方法和数据发展起来的一门交叉学科。

由于人机工程学学科内容的综合性、研究和应用范围的广泛性，各个领域的专家学者都试图从自身的角度去定义人机工程学，然而专家学者的研究侧重点存在差异，因而世界各国甚至同一个国家对该学科的名称和定义并不统一，呈现多样化特点。

对于人机工程学，欧洲国家多称为“ergonomics(人类工效学，简称工效学)”，ergonomics由希腊词根“ergon”(即工作、劳动)和“nomos”(即规律、法则)复合而成，本义是人的劳动规律；美国称为“human factors engineering（人因工程学）”；在我国，除了普遍采用的人机工程学名称之外，还有人类工程学、人体工程学、工程心理学等。

1.2.1 人机工程学的定义

传统的人机工程学定义：人机工程学研究人-机-环境系统中人、机、环境这三要素之间的关系，为解决系统中的人的作业效能、安全、生理和心理健康问题提供理论和方法。“人”是系统中的主体要素，指机器（产品）的使用者或操作者，人的心理特征、生理特征以及人适应机器和环境的能力是反映人的特性的重要指标。“机”泛指一切人造物，也就是各种类型的产品。“环境”包含照明、光照、温度、湿度、色彩等对人的工作和生活有影响的环境要素。

2000年8月，国际人类工效学对人机工程学给出新的定义：人机工程学是研究系统中的人与其他组成要素之间的相互作用的一门学科，并运用其理论、原理、数据和方法进行设计，以达到优化系统的效能及人的健康幸福之间的关系。这个定义更具有科学性，强调了人机工程学是研究系统中的人和其他组成要素的相互作用（交互关系）的一门科学，其目的是既要获得系统的最佳效率，也要保障人的健康、安全、舒适。人机工程学的新定义与传统定义没有本质区别，但突出了“交互（相互作用）”的概念，符合人机工程学的发展趋势。

英文原文如下：Ergonomics（or human factors）is the scientific discipline concerned with the understanding of interactions among humans and other elements of a system，and the profession that applies theory，principles，data and methods to design in order to optimize human well-being and overall system performance。

由于人机工程学涉及的内容和范围及其广泛，从不同的学科体系出发，对该学科的定义不尽相同。从心理学等学科体系出发，对人机工程学的定义为：人机工程学是根据人体解剖学、生理学和心理学等特性，了解并掌握人的作业极限，及其工作、环境、起居条件和人体相适应的学科。从机械工程等学科体系出发，对人机工程学的定义为：人机工程学研究的是人与机器之间相互关系的合理方案，即对人的知觉显示、操作控制，以及人机系统的设计与布置乃至作业系统的综合等进行有效的再设计和深入的研究，从而获得更高的效率，使作业者感到安全和舒适。我国《辞海》第七版中定义：人-机-环境系统工程是一门综合性的技术学科，主要运用系统工程的理论与方法，研究人-机-环境中各要素本身的性能，以及相互间关系、作用及其协调方式，寻求最优组合方案，使系统的总体性能达到最佳状态，实现安全、高效和经济的综合效能。

虽然从不同的学科体系源头出发，对人机工程学的定义略有不同，但是下面两个方面是一致的：

（1）人机工程学的研究对象是人、机、环境之间的相互关系。

（2）人机工程学的研究目的是达到人的安全、健康、舒适和系统效能的最佳。由于研究人的工作效率的提升是人机工程学的重要思想源头之一，因此在一些简单的人机系统（当环境因素作用不显著时，通常将人机环境系统简称人机系统）中，系统效能主要表现为人的效能，即人的工作效率或作业效能。但严格意义上，系统效能是指人机关系协调、人机交互顺畅的状态下的人机系统的整体效能。

1.2.2 人机工程学的基本理论模型

现有的人机工程学主要从系统、人机界面和作业效能三个角度出发研究问题。

系统是人机工程学最重要的思想。人机工程学的特点是，从系统的高度，将人、机、环境看成一个相互作用、相互依存的具有特定目标的整体。从系统优化的角度看，人机工程学的研究可分为安全、舒适、效率、感性和体验四个层次。系统安全是人最基本的需求，包含人的身体不受损伤以及心理健康两个方面。舒适是人的一种状态，影响因素很多，主要涉及心理与生理两方面，生理上主要有体力负荷，心理负荷包括脑力、认知活动、精神、情绪等问题。感性和体验是一种很高的人性价值的体现，对人的身心健康和工作效率有较大影响。

人机界面是人机系统中人与机器进行交互的接口。人机工程学对人机界面的研究主要分为物理层、认知层和感性层。物理层的人机界面主要指人进行操作活动的界面，如把手、按键等，偏重于基于操作活动的人的心理和生理特性的研究。认知层的人机界面主要指人接触物理界面时所隐含的认知和信息处理过程，偏重于基于认知过程的人的心理特性的研究，如心智模型。感性层的人机界面主要指人对物产生的感觉和感觉的形式，偏重于基于人的情感活动的心理特性研究，表现为某种意象活动的心理感受，例如汽车的驾驶感和操作感。[3]

作业效能分为最高作业效能、最佳作业效能和可以接受的作业效能三个层次。

1.3 人机工程学的形成与发展

在长达数千年的历史长河中，人类一直在利用和改造自然中逐步发展、进步，形成社会文明。其中，“人造物”的设计与制造始终是人类社会的最重要的生产实践，在处理人和“人造物”的关系与矛盾的过程中积累了丰富的造物设计经验与思想，孕育着人机工程学的萌芽。石器时代，人类为了生存，开始使用各种方法打磨石块，使其成为便于使用的工具，于是就有了最原始的人机关系。中国文化源远流长，优秀的造物设计构建了中华文明的物质基石与精神世界，形成了灿烂的工艺文化，其中不少设计体现着古朴的人机工程学思想。仰韶文化中的彩陶尖底瓶（图 1-4）利用水葫芦的原理，中间大，两端小，不仅有着十分流畅的外观造型，而且实用性很强，其设计思想首先是功能的合理性和适用性，然后才是器物的装饰性。我国第一部科技汇编名著《考工记》在记述兵器、农具以及车辆等器物的制作方法和技巧时，常阐述一些有关宜人性的见解，工匠在两千多年前就能考虑到器物与使用者脾性的搭配问题，充分显示了中华民族的智慧。中国古代家具的典范之作——明式家具（图 1-5）的基本范式是结构简洁有力、实用性强，同时装饰严谨合理，体现了人机工程学中“物”的功能合理性和宜人性设计。同样，西方文明中活跃的工艺文化也蕴涵着人机工程学的发展。人机工程学的目标之一就是宜人性研究，古人早就认识到人体参数对设计的指导意义。公元前 1 世纪，罗马建筑师维特鲁威在设计希腊神庙时，从建筑的设计需要出发，对人体各部位尺度做了较完整的描述；文艺复兴时期，著名意大利艺术家列奥纳多 · 达 · 芬奇（Leonardo da Vinci）根据维特鲁威的描述创作了著名的人体比例图（图 1-6）；1870 年，比利时学者奎特莱特（Quetelet）出版《人体测量学》一书，奠定了科学人体测量的基础。这些研究在当时虽然不属于人机工程学范畴，但与现代人机工程学遥相呼应。古代的许多设计中充分体现了丰富的人机工程学思想，我们在进行人机工程学研究时，应该站在前人的肩膀上，挖掘其精华，吸收有用成分，结合先进技术来为现代设计服务。

图 1-4 彩陶尖底瓶、水葫芦

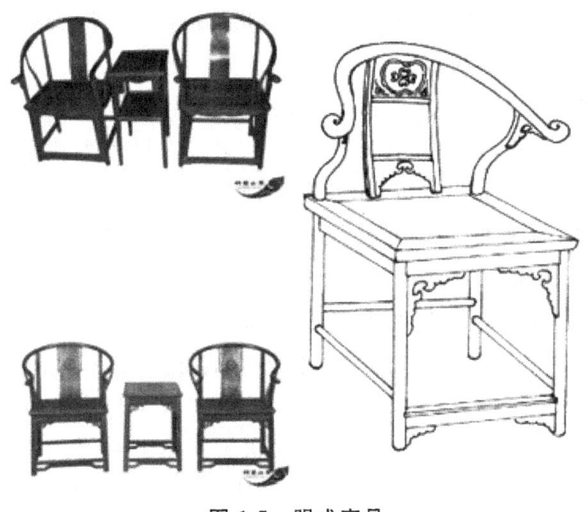

图 1-5 明式家具

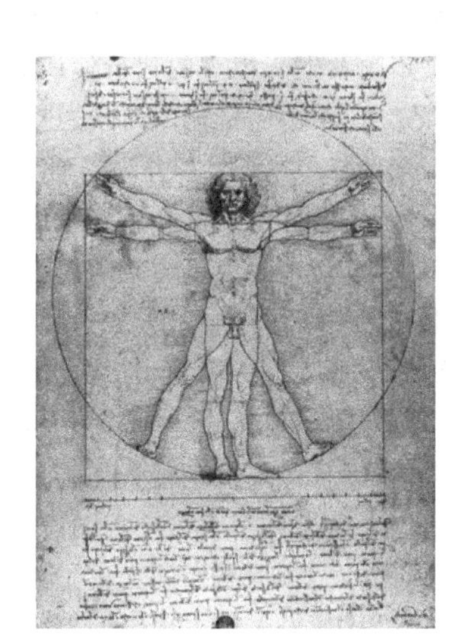

图 1-6 人体比例图

人类真正有意识地研究人机关系是从19世纪末到20世纪的30年代，人们开始采用科学的方法研究人的能力与其所使用的工具之间的关系，人机工程学开始进入经验人机工程学阶段。

1.3.1 经验人机工程学阶段

1898年，美国工程师F. W. 泰罗（Frederick W. Taylor）从人类工程学的角度出发，对铁锹的使用效率进行了研究，找到了铁锹的最佳设计方案以及每次铲煤和矿石的最适合重量。同时，泰罗进行了铁锹操作方法的研究，通过剔除多余的、不合理的动作，制定省力高效的操作方法和相应的工时定额，大大提高了工作效率。他在传统管理方法的基础上，考虑人、机器、材料、工具和作业环境的标准化问题，提出了新的管理方法和理论，形成了科学管理方法和理论，人们将之称为人机工程学发展的奠基石。[4] 1912年前后，现代心理学家H. 闵斯托博格（Hugo Munsterberg）出版了《心理学与工作效率》等书，将当时心理技术学的研究成果与泰罗的科学管理学从理论上有机地结合起来，运用心理学的原理和方法，通过选拔与培训，使工人适应于机器。

从泰罗的铁锹作业试验研究到第二次世界大战之前，称为经验人机工程学的发展阶段。这一阶段人机工程学研究的出发点是通过动作设计使人去适应机器，重点是选择和培训机器的操作者，把人看作管理的对象，通过研究人的极限，让人能够适应机器和设备，以此来提高工作效率。这一阶段的研究侧重于心理学方面，因而在这一时期经验人机工程学也被称为“应用实验心理学”。这是特定的历史条件下的结果。

之后，经过一系列的训练，人类不仅能够承受越来越大的劳动负荷，而且能从事更加复杂的劳动，机器已经开始成为拉低工作效率的存在，于是改革机器迫在眉睫。由此，研究者们开始对经验人机工程学进行科学的研究，人机工程学开始进入科学人机工程学阶段。

1.3.2 科学人机工程学阶段

第二次世界大战期间，军事工业飞速发展，飞机逐渐实现了飞得更快更高、机动性更优的技术升级，与之对应，机舱内的仪表和操作件（如开关、按钮、旋钮、操纵杆等）的数量也急剧增多，这就使得经过严格选拔、培训的“优秀飞行员”也照顾不过来，致使意外事故、意外伤亡频频发生。惨重的代价使研究人员不得不加大对“人的因素”的考虑，于是对人机关系的研究由“人适应机器的阶段”进入了“机器适应人的阶段”。

1945 年，美国军方为了研究出符合战士的生理特点的武器，成立了工程心理实验室，工程师、人体解剖学家和生理学家等共同出谋划策，取得了良好的效果。第二次世界大战结束后，军事领域的人机关系的研究成果广泛应用于工业领域，如人机工程学在飞机驾驶舱设计中得到应用，特别是用于与视觉显示有关的问题上，也就是使仪表的设计及其布局与人眼感知的生理及心理机制相适应。[5] 1949 年，在莫雷尔的倡导下，英国成立了第一个人机工程学科研究组。翌年 2 月 16 日，在英国海军部召开的会议上通过了人机工程学（Ergonomics）这一名称，标志着人机工程学作为一门独立学科正式诞生。从第二次世界大战开始到 20 世纪 50 年代末称为科学人机工程学阶段，在这一阶段后期，研究人员不断总结第二次世界大战期间的研究成果，不断开展人机工程学方面的研究工作，系统地论述了人机工程学的基本理论及研究方法，为人机工程学的发展奠定了理论基础。到 20 世纪 50 年代末，人机工程学原理已为许多工业设计师所采用，产品的人机关系因而得以改善。[6] 科学人机工程学阶段的人机工程学研究不再局限于心理学和工程技术知识，还包括生理学、人体测量学以及生物力学等，从以机器为中心转变到了以人为中心。

1.3.3 现代人机工程学阶段

进入 20 世纪 60 年代，科学技术飞速发展，人机关系越来越复杂，人机工程学在越来越多的领域中得到应用使它获得了更大的发展。例如，随着航天技术的进步，人机工程学迅速成为航天工业的一个重要部分：在美国阿波罗登月舱的设计中，要求在极端失重情况下确保宇航员的心理与生理的安全与舒适；此外，人类空间站的建立等都需要人机工程学的参与。随着人机工程学的迅速发展，它开始在军事和航天工业以外的领域得到应用，包括医药公司、计算机公司、汽车公司和其他消费公司，工厂也开始意识到人机工程学在工作场地和产品设计方面的重要性。计算机和其他高科技产品的出现，使人机工程学又有了一次新的发展。“人机界面”“人机交互”等新兴词汇开始出现，它们将最新的技术和产品与人机工程学联系起来，这也说明了人机工程学是新技术、新产品与人之间的一座桥梁，能快速、高效地协调它们之间的关系，使高科技产品人性化。例如，语音软件、手写板、触摸屏、鼠标器、人机键盘等的广泛使用，大大改善了人与计算机之间的交互关系，先前只能为少数专业人员使用的计算机成了人人可用的工具，从而迅速普及开来。同时，在科学领域中，人机工程学相继引入许多相关学科的理论，如应激理论、疲劳觉醒理论、事故致因论、事故倾向论、任务要求与人的能力极限理论等，这不仅为人机工程学提供了新的理论、实验方法以及实验场所，而且对该学科提出了更高的要求，由此人机工程学进入了系统的研究阶段。从 20 世纪 60 年代至今，称为现代人机工程学发展阶段。

现代人机工程学发展阶段区别于前两个发展阶段的三个趋向：

(1)区别于传统人机工程学偏重于机器或者人的研究，现代人机工程学开始从系统的高度，从人机相互适应的角度，提出人机系统的优化问题。

(2)随着科学技术的发展，人机工程学相关学科不断提出新理论，现代工程设计涉及的学科也越来越多，于是人机工程学开始呈现出跨学科、综合性的发展趋向。

(3)人机工程学开始出现分支趋向：以美国为代表的人机工程学，以研究人为失误心理学、系统设计中的人体工程和人的可靠性等内容为主；以英国、德国为代表的人机工程学，特别重视从设备工具、环境的设计方面来改善环境和机器设备，使之更好地适应人的要求。

现代人机工程学的核心是将人-机-环境系统看作一个整体来进行优化，使人、机相适应，从而获得系统的最高效能。

随着现代工业的发展，人机工程学在各个领域中得到了越来越广泛的应用，它已经引起了各国专家和学者的高度重视。1961 年第一次国际人机工程会议在斯德哥尔摩举行，在该会议上正式成立了 IEA，即国际人类工效学协会。该学术组织从成立至今已经召开了七次国际会议，对人机工程学在世界各国的发展起到了很大的推动作用。

1.3.4 我国人机工程学发展历程

人机工程学的研究在我国是从 20 世纪 30 年代开始的，其基础工作是在工业心理学和工程心理学领域开展的，这一点与美国十分相似。《工业心理学概观》(陈立，1935)是我国最早系统介绍工业心理学的著作。20 世纪 60 年代初，中国科学院、中国人民解放军军事科学院等少数单位开始从事该学科中个别问题的研究。20 世纪 70 年代后期，人机工程学在我国进入较快的发展时期，标志性发展是中国科学院心理研究所、航天医学工程研究所、空军航空医学研究所、杭州大学等分别建立工效学或工程心理学研究机构。1979 年钱学森先生力推系统科学，他曾说“系统科学与工程是比较有中国特色的学科，在国际上算是一种‘中国学派’”，并且强调“人机结合以人为主”(见图 1-7)。这也正是当时发展起来的中国系统科学与

图 1-7　1979 年钱学森教授在上海机械学院参加系统工程研究所成立大会

国外的差别。[7]随着人机工程学的快速发展，1989 年我国成立了中国人类工效学学会(Chinese Ergonomics Society,CES)，以促进我国工效学人才培养与提高、知识普及与推广、学术研究与创新、国内外专业交流与合作。同时，在工业设计领域，人机工程学的发展几乎和设计的发展是同步的，这成为我国人机工程学发展的特色之一。

1.4 人机工程学的研究内容和方法

现代人机工程学是一门由多种传统学科综合而成的交叉学科[8]，研究及应用领域广泛，与多学科存在联系，依据关系性质主要分为以下三类(图 1-8)：

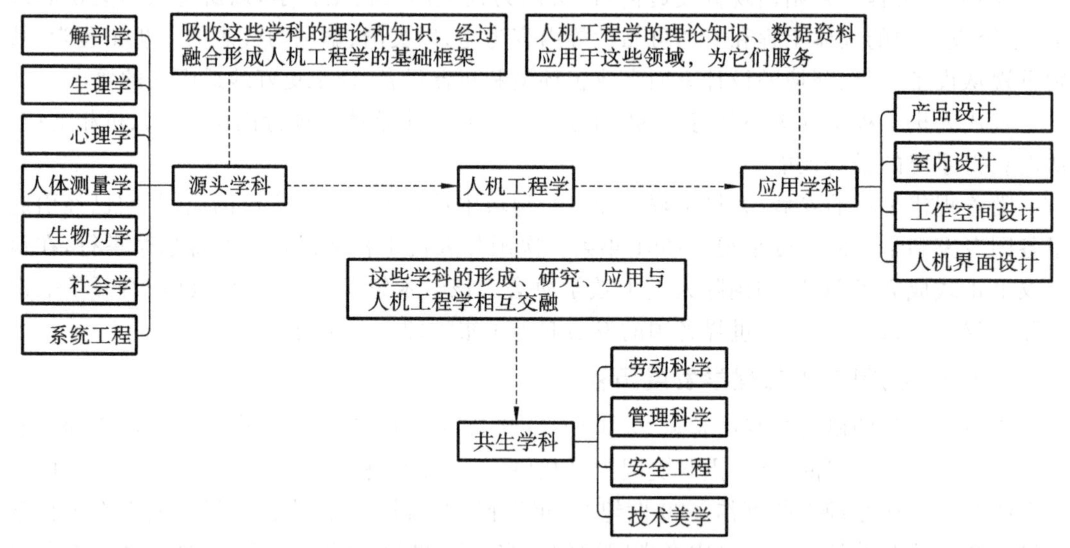

图 1-8 人机工程学与其他学科的关系

(1)源头学科，主要是解剖学、生理学、心理学、人体测量学、生物力学、社会学、系统工程等。人机工程学吸收这些学科的理论和知识，经过融合，形成了本学科的基础框架。

(2)应用学科，主要是各种类型的设计，如产品设计、室内设计、工作空间设计、人机界面设计等。人机工程学的理论知识、数据资料应用于这些领域，为它们服务。

(3)共生学科，主要是劳动科学、管理科学、安全工程、技术美学等。这些学科的形成、研究和应用与人机工程学相互交融。

人机工程学研究主要包括理论和应用两个方面，当今人机工程学研究的总体趋势侧重于人机工程学的实际应用，以促进产业的发展进步。在现代工业设计中，人机工程学的研究主要指向人机界面与交互设计、可用性设计、产品舒适性设计、情感化与包容性设计等领域。

1.4.1 人机工程学研究内容

现代人机工程学的研究内容和应用领域十分广泛。[9]在设计当中，该学科的根本研究内容是，通过研究人-机-环境系统中的各要素及其相互之间的关系，达到整体系统性能的最优化及人的健康、安全与舒适。人机工程学的研究内容具有多样性、应用性和灵活性等特点，主要包括以下几个方面。

1. 人的因素

应用人体测量学、人体力学、心理学等学科的研究方法，对人体结构和机能特征进行研究，提供人体各部分的尺寸、体重、体表面积，以及人体各部分在活动时的相互关系等人体结构特征参数；还提供人体各部分的活动范围、出力范围、动作速度、动作频率、重心变化以及动作时的习惯等人体机能特征参数；分析人的视觉、听觉、触觉、肤觉等感受器官的机能特征；分析人在从事各种劳动时的生理变化、能量消耗、疲劳程度以及人对各种劳动负荷的适应能力；探讨工作中影响人的心理状态的因素和心理因素对工作效率的影响等。

2. 机的因素

在考虑机器系统中直接由人使用或操作的部件的功能问题时，都是以人机工程学提供的参数和要求为设计依据，如信息显示装置、操纵控制装置、工作台部件的形状、大小、色彩及其布置方面的设计基准。如何实现机器与人相关的各种功能的最优化，创造出与人的生理、心理机能相协调的机器，这是人机工程学研究的重要内容，也是当今工业设计在功能问题上的新课题。

3. 环境因素

通过研究人体对环境中各种物理、化学因素的反应和适应能力，分析声、光、热、振动、粉尘和有毒气体等环境因素对人体的心理、生理以及工作效率的影响程度，确定人在生产和生活中所处的各种环境的舒适范围和安全限度，从而创造健康、安全、舒适、高效的环境。

4. 人机系统的综合

人机工程学的显著特点是，在认真研究人、机、环境三个要素本身特性的基础上，不单纯着眼于个别要素的优良与否，而是将使用机器的人、设计的机器、人与机器共处的环境作为一个系统来研究，在人机工程学中将这个系统称为“人-机-环境”系统。在明确系统总体要求的前提下，着重分析和研究人、机、环境三个要素各自对系统总体性能的影响、应具备的功能及相互关系，如系统中机器和人如何进行分工、配合，环境如何适应人，机器对环境有何影响等问题。

1.4.2 人机工程学研究方法

从当下的研究来看，人机工程学的研究方法非常丰富，下面介绍目前常用的几种研究方法：

(1)人体参数法。设计者主要依据现有的人体特征数据或对人体各部位的测量数据，如各部分尺寸、重量、体表面积、人体结构特征参数、人体机能特征参数(视觉、听觉、触觉、感觉)、疲劳机理、劳动负荷等，对产品进行改良性设计，使之符合人体特性。

(2)调查方法。通过观察使用者的操作情况，发现现有问题和需求，或以调查咨询的方式获得相关信息，包括人体特征、使用习惯、消费心理、社会属性等，并建立起相应资料库。

(3)模型方法。为检验产品是否满足人机工程学的要求，设计者常常建立三维计算机模型或实际尺寸模型，用以检测产品与人体尺寸、形状及用力是否配合，以及是否具有正确的语义。

(4)计算机数值仿真法。由于人机系统中的人是具备主观意识的生命体，因而用传统的物理模拟和模型方法研究人机系统，往往不能反映系统中生命体的典型特征，结果会存在一定误差。此外，现代人机系统愈发复杂，采用传统的物理模拟和模型方法进行研究，成本高、周期长且难以修改变动。因此一些更加理想、有效的方法逐渐被研究、创建出来并得到推广，其中计算机数值仿真法已成为人机工程学研究的一种现代方法。

目前得到广泛使用的方法有计算机辅助人机工程设计(CAED)，该方法涉及计算机科学与技术、生理学、运动学与动力学、工程技术等学科的知识。虚拟人体模型是其中的关键技术，应符合以下条件：个性化的人体模型，具有人体数据咨询功能；尽量多的运动特性；具备实时性、交互性强的动作操纵及运动检测能力。

可利用CAED建立一个虚拟环境，将自定义人体大小和形状的虚拟人放在环境中，给虚拟人指派任务，分析人体如何执行任务。其优势在于能够对设计方案和布局进行仿真评价，减少设计返工和实物原型制作的工作量，缩短从设计到制造的周期和降低成本等。尤其对于有可能对工作者的身体造成伤害的、具有一定危险性的实验性项目，如汽车碰撞试验等，CAED技术具有不可替代的优势。目前常用的CAED软件有JACK(图1-9)、SAMMIE(图1-10)等。

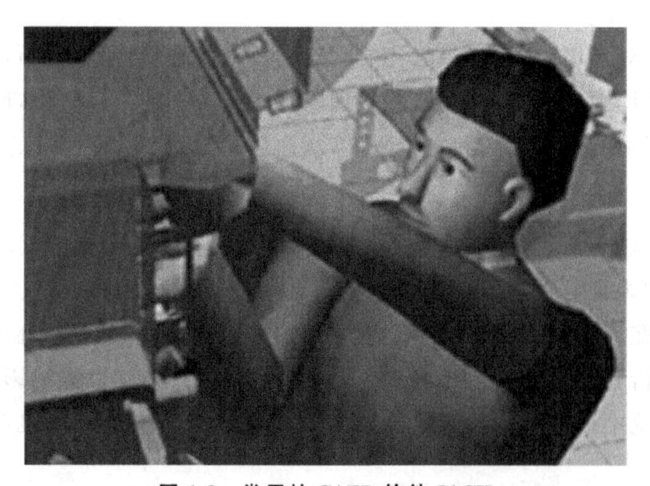

图1-9 常用的CAED软件JACK

图1-10 常用的CAED软件SAMMIE

1.5　设计中的人机工程学

1.5.1　设计与人机工程学

在基本思想和工作内容方面，人机工程学与工业设计之间存在诸多相似之处，都是对人和物之间的关系进行研究的学科。人机工程学应用系统工程的观点，从系统的高度，将人、机、环境看成一个相互作用、相互依存的系统，将使用“物”的人和所设计的“物”以及人与“物”所共处的环境作为一个系统来研究。其中，人机工程学最基本的理论就是保证产品的设计与人的生理因素、心理因素相适应。而工业设计是为人们提供服务且创新产品类型的过程，同样将人作为核心。

德国当代设计大师迪特·拉姆斯提出了好设计的十个标准，他指出，好的设计是好用的设计，产品不仅要满足使用功能，也要满足人的心理和审美需求，好的设计是既好用又好看的，是形式和功能的统一，好的设计是容易看懂的设计，使用者易于理解，能够依据产品的设计结构弄清使用方法。这体现出好的产品设计都是围绕着“人”的使用而展开的。在产品设计中加入人机工程学的目的，是为了更好地达到好设计的标准，让使用者可以完成“能用—好用—想用”的需求递进过程，以获得良好的体验。这种以人机工程学为基础、以人为本的设计理念也是现代设计的发展趋势所在。

在设计中引入人机工程学并加以应用是十分重要的，这使得产品更加安全、高效和舒适，并且能够对工业领域的可持续发展产生直接影响。只有应用人机工程学，才能更好地设计出综合考虑人、经济、技术与社会等多方面需求的优质产品，一个好设计不能失去人机工程学的有效支撑。运用人机工程学中的人体尺寸、作业姿势，研究产品的作业空间设计，采用计算机虚拟辅助分析手段，优化人机系统，进行人机实验，都有助于人机整合方案的设计处理以及产品使用效率的提高。作为设计工作者，如果单凭个人意愿随意确定产品功能和用户界面，很容易设计出仅符合自己需求的产品，导致最终产品难以与广大使用者的需求相适应。因为产品的有效性不只是受到技术特性的影响，同样与使用者对产品准确操作的程度存在紧密联系，所以有必要在设计环节中引入人机工程学，将“人”的客观因素融入产品设计中，使产品更加有效。如果人的效率得以提升，那么产品系统的实际效率也会显著提高。由此看来，人机工程学在工业设计中的作用是不容小觑的。

1.5.2　人机工程学在设计中的应用

从工业设计发展历程来看，人机工程学真正在工业设计中得到应用始于20世纪。20世纪80—90年代，社会政治经济快速发展，为人机工程学与设计的结合打下了基础。设计学“以人为本”的思想与人机工程学的理念具有相似性与交叉性，这使得设计研究者乐于在研究中引入人机工程学理论。设计的本质是解决人的问题，为人提供优质的服务，这脱离不开人机工程学的应用。人机工程学在工业设计中的应用集中表现在以下几个方面。

1. 为工业设计中考虑“人的因素”提供人体尺度参数

人机工程学的研究使工业设计可以更好地对人的因素加以考虑，并且可以获得人体的结构特征、生理与心理尺度等方面的数据信息。设计师要结合有价值的图表、数据和设计规范等参考资料，在各种制约因素中找到最佳的平衡点。

在产品设计中，通常运用人体形态特征参数来进行具体设计。设计史中著名的以人机工程学为原则进行理性设计，突出功能性和舒适性的椅子设计是“伊姆斯躺椅”（图 1-11），设计者按照人的身体尺寸、舒适角度、发力范围进行计算，用胶合板外壳包覆皮革软垫，使椅子实用、耐用且具有曲面形式美特征，塑造了自然流畅、贴合人体的完整结构。正如设计者伊姆斯夫妇所期待的，它就像“棒球手套般舒适好用”，配上单独的脚凳，更是增加了舒适度。

而近些年来大火的人体工学椅和电竞椅（图 1-12）更是完全以人的因素作为设计出发点，聚焦人的坐姿问题，高度契合人体，更加舒适且能引导人们保持正确的坐姿。该类座椅通过椅背弧线、腰枕、坐垫阔深、坐垫仰角、座椅高度等，帮助使用者调整坐姿，并通过可调节的椅背，让腰椎和盆骨形成舒适的距离，从而端正坐姿，预防久坐产生的腰椎肩颈各类病症，减轻久坐带来的不适。

图 1-11　伊姆斯躺椅

图 1-12　市面上常见的人体工学椅和电竞椅

2. 为工业设计中考虑“物”的功能合理性提供依据

不同产品的人机工程学要求各不相同。好的产品设计涵盖了形态和人机因素，产品的造型同样有助于人机工程学的发挥。[10] 最能体现“物”的功能合理性的是产品的人性化设计，其能实现产品的功能安全，提升产品价值，也体现了设计师对使用者最基本的人文关怀，能让使用者得到更好的产品使用体验，现已经成为产品设计是否科学、合理的最根本的评论标准。一件好产品的设计能够顾及产品使用者的利益，在规范化使用的状态下，避免一些不必要的伤害和损失。“人性化产品”是“物”与“人”合为一体的产品设计，“人机工程因素”则是设计工业产品时所必须考虑的因素。

人性化产品的典型案例是一些针对特殊人群的设计。该类人群在生理上的缺陷引发了一些身体机能障碍，使他们不能像正常人一样生活，甚至因此产生自卑心理，觉得自己丧失了生活的能力。如果采用人性化的设计理念，专门为他们设计出一些产品，不仅可以弥补他们生理上的缺陷，同时可以让他们在心理上得到安慰和鼓励。现在市面上已有较多专为弱势群体设计的产品，如盲人手表的设计（图 1-13），针对盲人的认知特征，用表盘上的感官点代替指针，使盲人通过触摸辨别时间、感受世界；带形状的红绿灯（图 1-14）是针对色盲人士和孩子的贴心设计，用不同形状代表不同颜色信号，增加记忆点，使辨别的方式不那么单一；孕妇坐便器（图 1-15）针对孕妇的特殊需求，在常见坐便器的基础上增加脚垫、改变材质和颜色、改善坐垫造型，以提高舒适度。

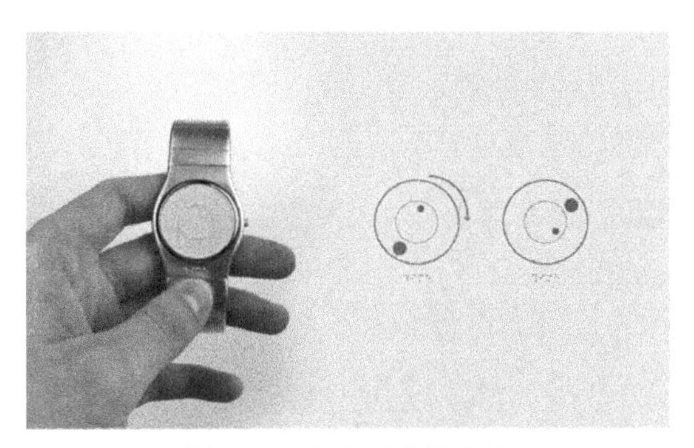

图 1-13　盲人手表的设计

图 1-14　带形状的红绿灯

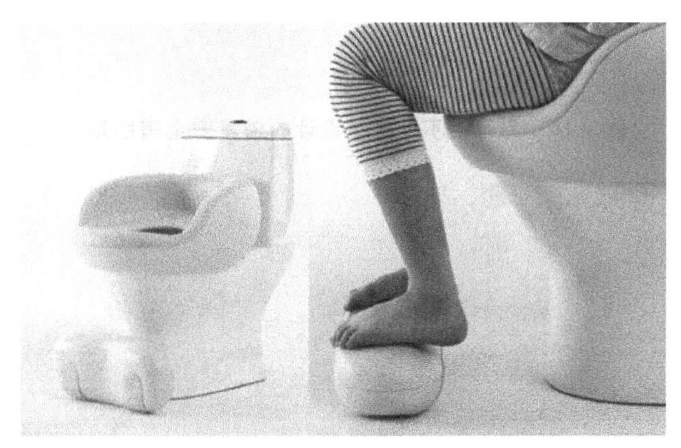

图 1-15　针对孕妇设计的专属坐便器

3.为工业设计中考虑"环境因素"提供设计准则

通过研究人体对环境中不同物理因素的反应能力以及适应能力，探讨声音、光照、尘埃以及振动等环境因素对人体生理、心理与工作效率产生影响的程度，明确人体处于生产与生活环境下的安全范围，能够确保人体始终健康与安全。人机工程学能够为工业设计过程中的环境因素提供有价值的设计准则与依据。

从"以人为本"的设计观念看，由于设计的多样化和多元化发展，个体设计观念不断增强，人们对环境的重视程度也不断提高，人机工程学关于环境因素的具体研究内容，比如物理环境、化学环境、生物环境，都给工业设计带来了合理有效的设计准则，加强了产品与使用者之间的联系，提高了产品的可靠性。

环境无障碍设计的聚焦点在于"协调人与环境的关系"。由于老年人、残疾人、行动不便者对居住环境有更多的依赖性，因此针对上述群体，可运用人机工程学的方法对居住环境中的过道、门、楼梯、卧室、起居室、厨房、洗手间及日用家具等进行尺寸分析和研究，在此基础上提出人机参数，使之符合这类人群的行为、生理、心理需求。如为行动不便人士设计的浴室安全辅助系统（图 1-16）能帮助他们安全洗浴。

此外，作业空间的环境色彩会直接影响操作者的情绪、情感及认知。色彩心理学中，不同的颜色有不同的个性，人们对不同颜色的感知也是不同的。如医院的导视系统（图 1-17）大多使用绿色、蓝色，可以营造一种舒适的氛围，让患者在心理上感到安全和放松；红色和黄色则不适合在医院大量使用，否则会造成视觉压迫，容易使患者产生高压情绪，心理受到刺激，所以一般只在表示警告、否定、禁止的标识中应用。

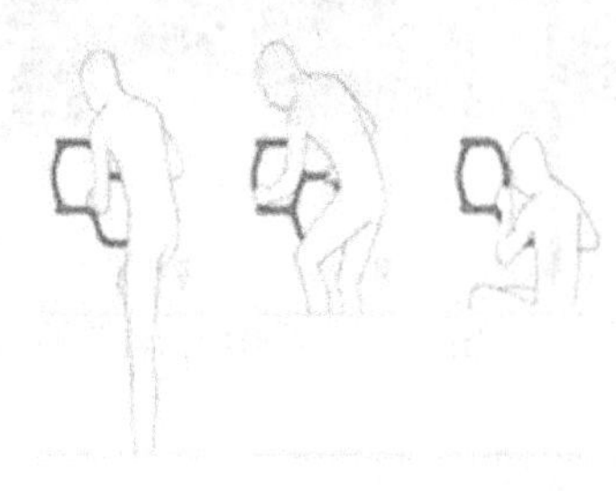

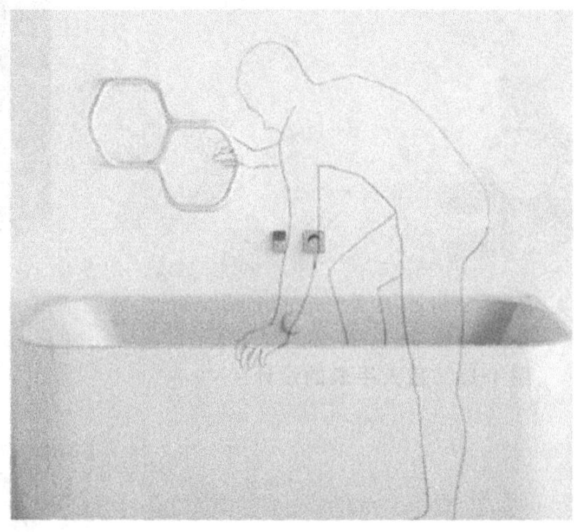

图 1-16　为行动不便人士设计的浴室安全辅助系统

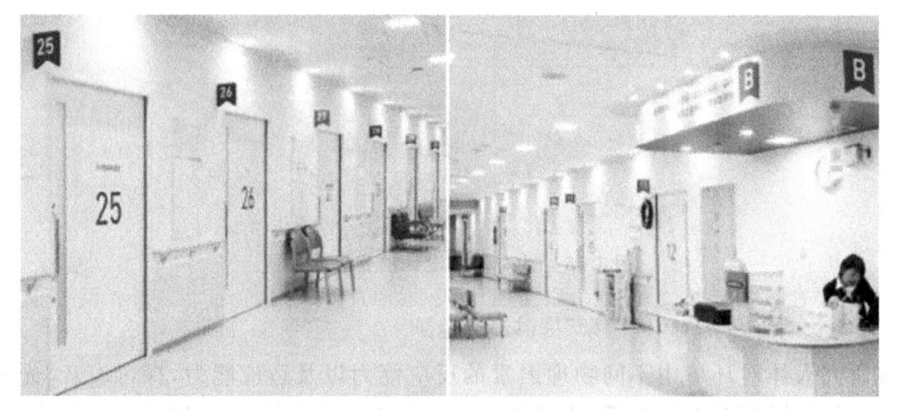

图 1-17　色彩温和的医院导视系统

1.5.3　设计中的人机工程学问题

1. 产品功能与人的操作匹配问题

功能是产品的基本要素，产品设计的功能性要求中，物理功能是指产品的性能结构、可靠性等，生理功能是指产品使用的方便性、安全性、宜人性等。产品的功能体现在人对产品的使用过程中，所以产品的功能应当适配人的需求。图 1-18 所示的这款笔记本电脑支架，几乎像盖子一样粘在电脑背面，在电脑需要支撑时可转换形态，并可调节支撑的角度来适应人的办公状态。

产品功能主要通过人的操作来实现，人在使用产品的过程中所进行的动作和施加的力，是产品实现某种特定的功能所必需的条件和指令。因此，应当充分结合人机工程学对产品的操作装置进行设计，完成产品的物理功能和生理功能。比如对产品的操纵力、形状、运动状态、位置等进行设计，结合人体生理结构特征和人体力学进行考虑，提供操作最为便捷、空间范围最为灵活的产品设计，避免工业产品的操作过于复杂而降低工作效率和工作人员的积极性。

只有符合人机工程学的操作装置，才能使产品功能满足有用、易用的需求，使用户产生愉悦的交互体验。图 1-19 所示的这款倾斜洗衣机是针对孕妇在怀孕的情况下很难弯腰，或

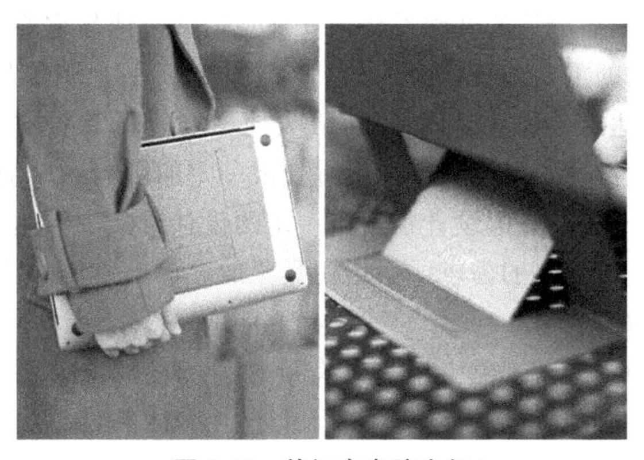

图 1-18 笔记本电脑支架

图 1-19 一款易用的倾斜洗衣机

者身材较矮的使用者难以从普通深桶洗衣机中取出衣物等问题而设计的，其采用倾斜结构的门，可使洗衣机向使用者方向倾斜，同时增加了顶部空间的利用率。

将人的自然动作和无意识行为转化成设计语言，运用到产品设计中，使用户能够凭借过往经验和本能直觉顺畅地使用新产品。如规范化的 App 界面架构和布局(图 1-20)适配人的经验思维，使产品可理解、易理解，避免出现认知偏差。

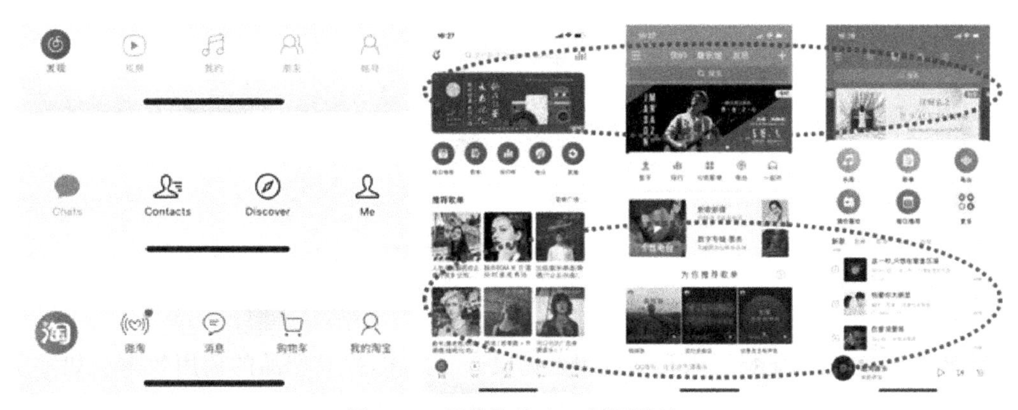

图 1-20 规范化的 App 界面设计

2. 视觉关系问题

视觉是人机工程学的重要研究内容，也是人和产品之间进行信息传递的主要途径。在人机交互的研究工作中，屏幕、信号图表、标记等是传递视觉信息的主要方式。在工业设计中，视觉的作用主要体现在产品的外观设计上。外观造型设计是重要的工业设计内容之一，是满足产品审美性要求的重要步骤，主要设计内容包括产品外部的造型、材质、色彩、肌理、装饰等，这些因素会传达出各种信号和情绪，极大地影响使用者的操作准确度和心理感受，从而会对用户的使用积极性和产品功能的发挥造成一定的影响。唐纳德·诺曼说设计的本质其实不是创意，而是沟通。好的设计师通过一定的设计语义来传达理念，满足使用者对产品实用性、审美性、良好体验感的需求。而运用具象的设计形象作为信息的载体来传达设计思想的第一层次，就是视觉。

符合人机工程学的产品在视觉上应当具有形式美，通过新颖性和简洁性来体现美好的形体，使人得到美的享受。这里的形式美不是设计师个人主观的感受，而是具备大众普遍性的审美情调，只有这样，才能实现产品的审美功能，拉近使用者和产品之前的距离。例如两把椅子的对比（图 1-21），一个外观充满攻击性，只能满足极少数人群的审美需求，另一个则充满亲和力，符合多数人的审美观，能给其良好的视觉感受。儿童产品（图 1-22）更是需要具备充满童趣的外观和丰富的色彩。

图 1-21　充满攻击性的椅子与充满亲和力的椅子

图 1-22　充满童趣的儿童产品

此外，应当通过视觉指引来帮助使用者完成产品操作，提高产品的使用效率。如常用的电饭煲以色彩语言进行引导，关键按钮采用偏红的亮色，以便引起使用者注意，并用按钮凸起的形状来表达“按”的产品语义（图 1-23）。

人的视觉习惯也有一定的模式，在产品设计中应当融入这种符合人机工程学的习惯定式。近年来各类交互界面的设计中也运用了人们的视觉习惯，在操作界面中加深预期选项的颜色，引导使用者习惯性地点击更显眼的位置，达到让消费者继续使用或消费的目的（图 1-24）。

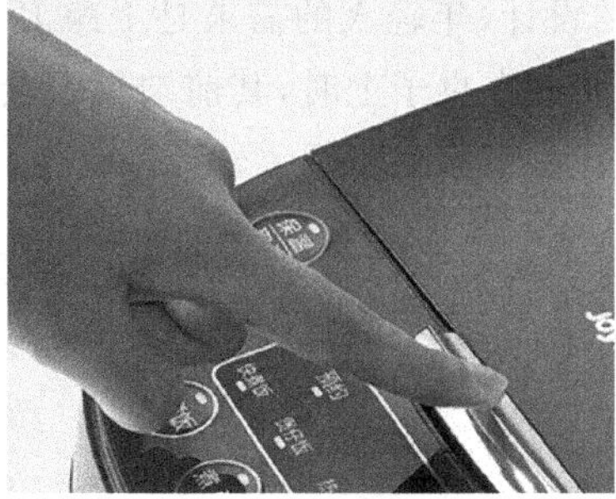

图1-23 常用电饭煲的按钮引导

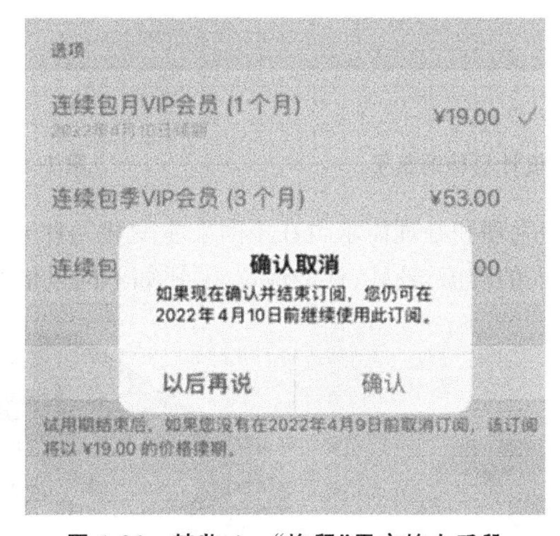

图1-24 某些App“挽留”用户的小手段

3.目标群体的适应性问题

各个群体之间具有差异性，不同地域、年龄段、职业背景、学历的消费者对相同产品有不同的需求。

例如手机的设计，针对年轻人和老年人两个消费群体，其人机因素的侧重点大不一样。对于年轻人而言，造型美观、功能多样是设计重点，以平板智能机为代表(图1-25)；而对于老年人，由于其存在视力下降、反应不灵敏等生理方面的问题，在设计时应考虑按键反馈、功能去繁留简等，以老年机为代表(图1-26)。

图1-25 造型美观、功能多样的智能机

图1-26 去繁留简的老年机

对于筷子的设计，年轻人的需求是干净卫生，于是设计出前端较细的筷子（图 1-27），这样一来，将筷子平放在桌子上时，其前端就不会接触到桌面；幼儿的需求则是能学习筷子的正确使用方法，于是市面上出现了幼儿训练筷（图 1-28）。

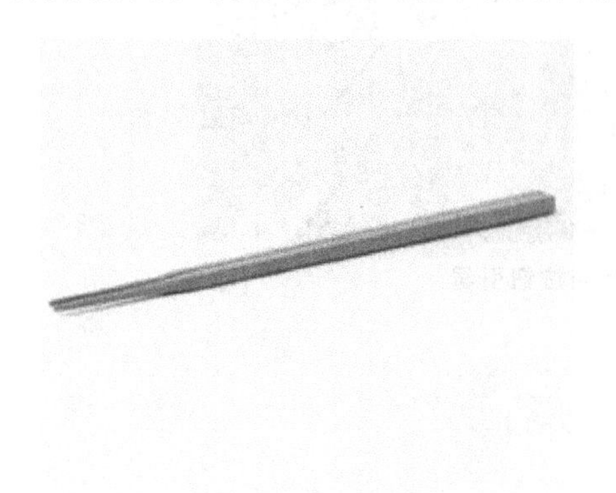

图 1-27　以干净卫生为设计目标的筷子

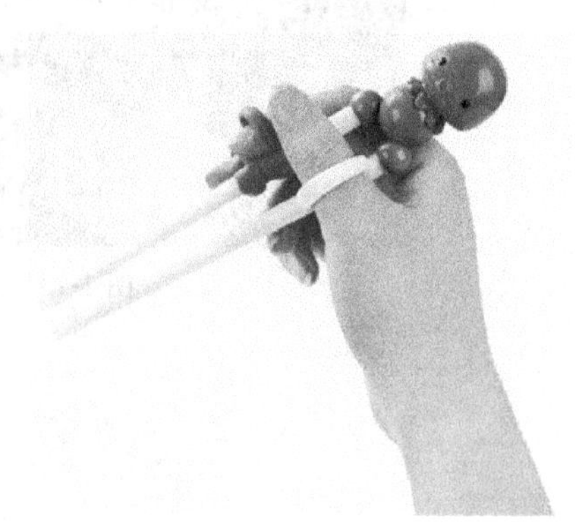

图 1-28　幼儿训练筷

随着社会的发展，人的生理和心理需求也在不断发生变化。此时产品的社会功能凸显，产品应该能够象征或显示个人的价值、爱好、社会地位等，比如不同风格的汽车设计（图 1-29）。

图 1-29　不同风格的汽车设计

4. 人-机-环境系统协调问题

人机工程学的主要研究方向就是对人、机、环境之间的相互关系和规律加以揭示并运用，对人体适应环境中各种因素的能力进行研究，从而优化“人-机-环境”系统的总体性能；对环境中人们的安全限度、舒适范围予以确定，将人、机、环境作为一个整体进行研究，充分协调各个元素之间的工作，为人提供良好的工作环境，从而实现工作效率的提升。

产品设计应满足适应性要求。产品总是供特定的使用者在特定的使用环境中使用的，因而在设计产品时要考虑其与人和环境的关系，要使之适用于人、时间、地点、社会等诸多因素所构成的使用环境。不同的环境使得同类产品具有不同的设计需求。对于衣柜来说，针对户型大小的不同，应该有两种不同的设计思路，大户型可以偏向大气美观、可独立摆放的衣柜（图 1-30（a）），小户型则更应考虑对空间环境的利用，设计出节省空间的衣柜，且尽可能多地提供储存空间（图 1-30（b））。对于自行车而言，使用者在城市通勤和山路骑行两个环境中的需求是不同的，普通自行车一般用于代步，管型纤细，带有车筐，便于日常买菜（图 1-31（a）），山地自行车多用于运动竞技，其材质的强度和刚度更高，适合越野爱好者。

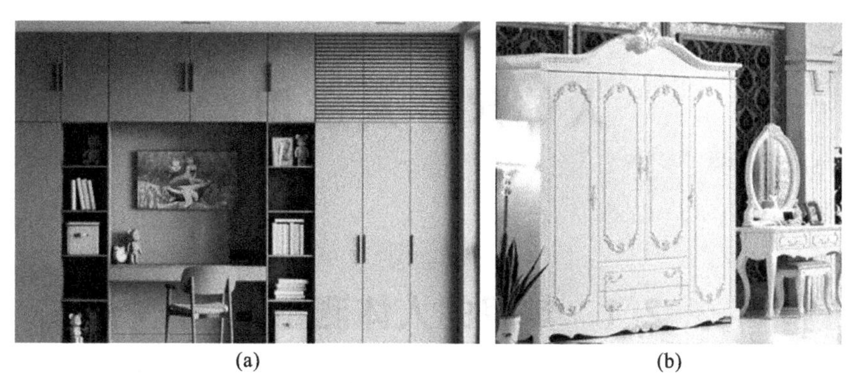

(a)　(b)

图 1-30　强调节省空间与强调独立摆放的衣柜

(a)　(b)

图 1-31　普通自行车与山地自行车

在运用人机工程学进行设计时，不能仅仅将环境看作一个客观事物，而应该让人与环境之间形成一种和谐的关系，彼此自然融合。人们不会刻意地对自己接触的事物加以思考，所以我们应该更多地观察周围的环境来做设计，比如采用仿生理念设计的景观灯(图 1-32)，让产品隐匿在自然中，融入环境。

图 1-32　运用仿生理念设计的景观灯

第2章 人体尺寸及应用

2.1 常用的人体测量数据

研究人体各部分的尺寸，有助于设计师设计出符合人机工程学的产品。合理的尺寸是所有设计最重要的基础之一[8]。

人机工程学中的人体测量具有极强的功能性和操作性，即测量是根据人的任务或作业进行的，测量的目的是为设计提供尺寸参数，例如，指尖的测量可能与按键的位置设计有关。尺寸是指沿着某一方向、某一轴向或围径测量的值。人体尺寸指用专用仪器在人体上的特定起点、止点或经过点沿特定测量方向测得的尺寸。为获取准确的测量数据，应在标准化条件下进行测量，涉及测量姿势的规定、测量方向的规定，以及标准化的测点和测量项目等。通常，把在静止状态下(立姿或坐姿)测量的，反映人体被测部位结构情况的尺寸称为人体结构尺寸，例如眼高、上肢长等；把在工作姿势或某种操作活动状态下测量的尺寸称为动态人体尺寸，动态人体尺寸主要涉及人体四肢伸展时的可及范围与极限。

尺度是基于人体尺寸的一种关于物体大小或空间大小的心理感受，也可说是一种心理尺寸。尺寸是客观的，是物理层面的人机工程学问题，尺度是主观的，是认知和感性层面的人机工程学问题。例如，汽车内室设计既有尺寸的问题也有尺度的问题。

2.1.1 人体尺寸统计特征

人体尺寸测量通常分为两类：一类是根据特殊要求对个体进行测量，例如对航天员进行个体测量并进行航天服设计；另一类是对群体进行测量。在群体测量中通常会用到统计方法，即人体尺寸的统计特征。

1. 抽样

当研究对象为一个大型群体的时候，不可能对群体中的所有人逐一进行人体尺寸的测量，所以必须抽样。抽样就是在群体中随机抽取一小部分进行测量，从而对总体的人体尺寸进行估计的一种统计调查方法。

2. 分布

在统计学中，一组测量值就确定一个分布。人体尺寸分布就是人体尺寸测量项目的各个值呈一定频次出现。

3. 均值和标准差

人体尺寸测量中符合正态分布的项目，其分布特征可用均值和标准差来描述。均值反映分布的集中趋势，标准差反映分布的离中趋势。

4. 百分位和百分位数

百分位由百分比表示，称为“第几百分位”，它表示某一测量值所标志的群体数量与整个群体之间的比例关系。以身高为例,身高分布的第5百分位表示有5%的人身高小于此测量值,95%的人身高大于此测量值。百分位数是指百分位对应的测量数值,例如身高分布的第5百分位数为1543 mm,表示有5%的人身高低于1543 mm。

2.1.2 我国成年人人体结构尺寸

现行的国家标准《中国成年人人体尺寸》(GB 10000—1988)是国家标准化管理委员会在1987年对全国各省进行大规模抽样测量而制定的,并于1989年7月开始实施。该标准根据人机工程学要求,提供了我国成年人人体尺寸基础数据。

该标准中所列数据代表从事工业生产的法定中国成年人(男18～60岁,女18～55岁),并按男、女分别列表。在各人体尺寸数据表中,除了给出法定成年人年龄范围内的数据,还将该年龄范围分为4个年龄段——18～25岁(男、女),26～35岁(男、女),36～60岁(男)和36～55岁(女),分别给出各年龄段的各项人体尺寸数值。每项人体尺寸都给出7个百分位的数据,分别是第1、5、10、50、90、95和99百分位。

1.尺寸项目介绍

标准共提供7类47项人体结构尺寸数据:

(1)人体主要尺寸6项:身高、体重、上臂长、前臂长、大腿长、小腿长。

(2)立姿人体尺寸6项:眼高、肩高、肘高、手功能高、会阴高、胫骨点高。

(3)坐姿人体尺寸11项:坐高、坐姿颈椎点高、坐姿眼高、坐姿肩高、坐姿肘高、坐姿大腿厚、坐姿膝高、小腿加足高、坐深、臀膝距、坐姿下肢长。

(4)人体水平尺寸10项:胸宽、胸厚、肩宽、最大肩宽、臀宽、坐姿臀宽、坐姿两肘间宽、胸围、腰围、臀围。

(5)人体头部尺寸7项:头全高、头矢状弧、头冠状弧、头最大宽、头最大长、头围、形态面长。

(6)手部尺寸5项:手长、手宽、食指长、食指近位指关节宽、食指远位指关节宽。

(7)足部尺寸2项:足长、足宽。

图2-1至图2-7及表2-1至表2-7分别反映上述各项尺寸定义及数据指标(分年龄段数据略)。

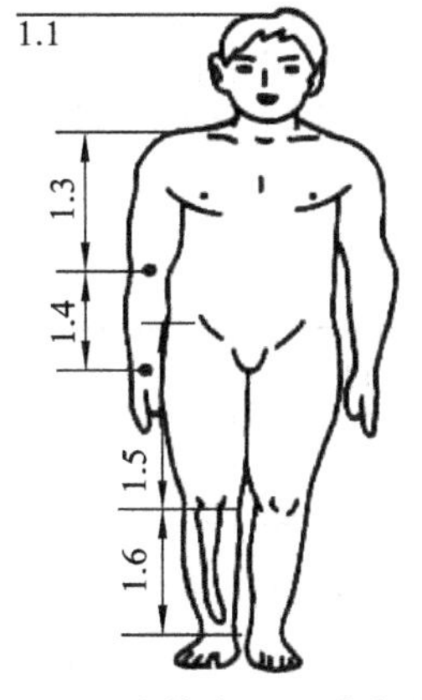

图2-1 人体主要尺寸定义

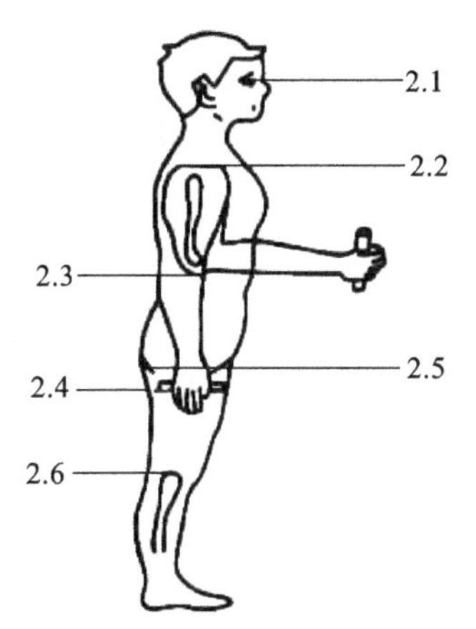

图2-2 立姿人体尺寸定义

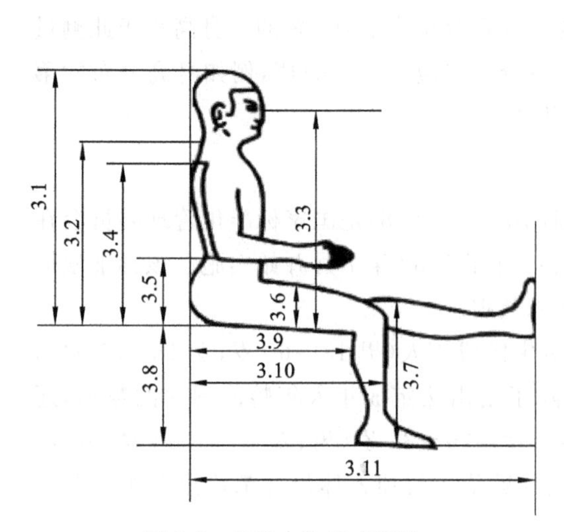

图 2-3　坐姿人体尺寸定义

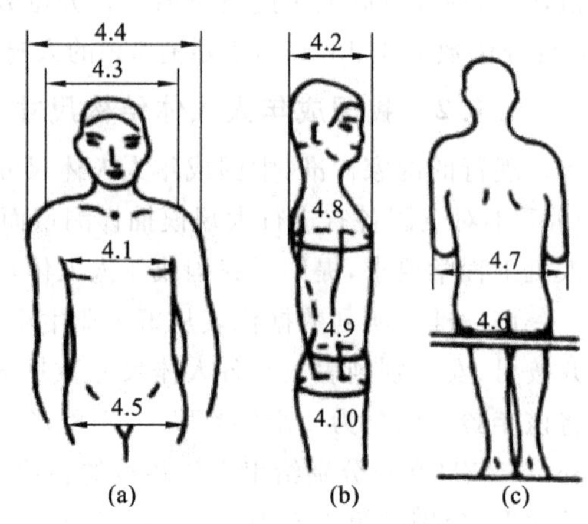

图 2-4　水平人体尺寸定义

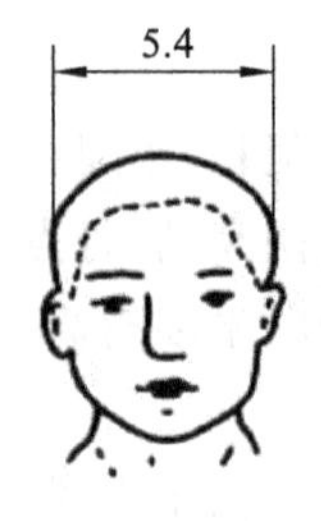

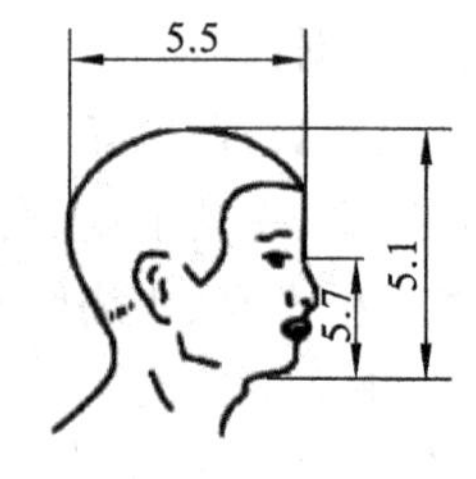

图 2-5　头部尺寸定义

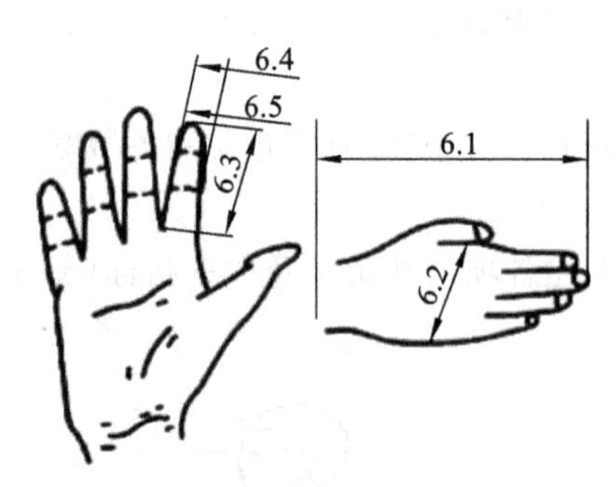

图 2-6　手部尺寸定义

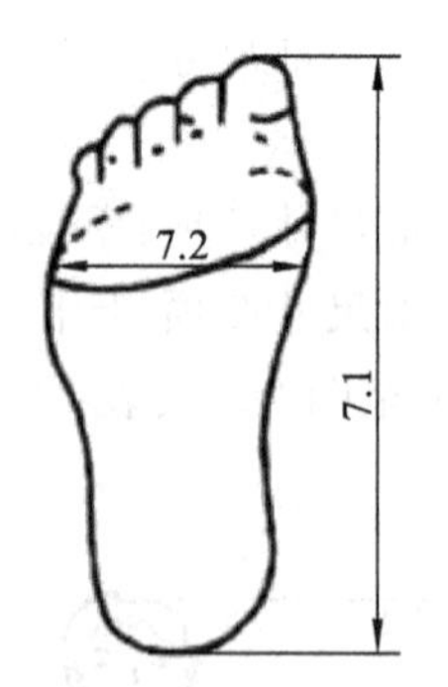

图 2-7　足部尺寸定义

7 类人体结构尺寸数据具体如下：

表 2-1　人体主要尺寸

测量项目	男(18～60 岁)							女(18～55 岁)						
	1	5	10	50	90	95	99	1	5	10	50	90	95	99
1.1 身高/mm	1543	1583	1604	1678	1754	1775	1814	1449	1484	1503	1570	1640	1659	1697
1.2 体重/kg	44	48	50	69	71	75	83	39	42	44	52	63	66	74
1.3 上臂长/mm	279	289	294	313	333	338	349	252	262	267	284	303	308	319
1.4 前臂长/mm	206	216	220	237	253	258	268	185	193	198	213	229	234	242

续表

测量项目	男(18～60 岁)							女(18～55 岁)						
	1	5	10	50	90	95	99	1	5	10	50	90	95	99
1.5 大腿长/mm	413	428	436	465	496	505	523	387	402	410	438	467	476	494
1.6 小腿长/mm	324	338	344	369	396	403	419	300	313	319	344	370	376	390

表 2-2　立姿人体尺寸

测量项目	男(18～60 岁)							女(18～55 岁)						
	1	5	10	50	90	95	99	1	5	10	50	90	95	99
2.1 眼高/mm	1436	1474	1495	1568	1643	1664	1705	1337	1371	1388	1454	1522	1541	1579
2.2 肩高/mm	1244	1281	1299	1367	1437	1455	1494	1166	1195	1211	1271	1333	1350	1385
2.3 肘高/mm	925	954	968	1024	1079	1069	1128	873	899	913	960	1009	1023	1050
2.4 手功能高/mm	656	680	693	741	787	801	828	630	650	662	704	746	757	778
2.5 会阴高/mm	701	728	741	790	840	856	887	648	673	686	732	779	792	819
2.6 胫骨点高/mm	394	409	417	444	472	481	498	363	377	384	410	437	444	459

表 2-3　坐姿人体尺寸

测量项目	男(18～60 岁)							女(18～55 岁)						
	1	5	10	50	90	95	99	1	5	10	50	90	95	99
3.1 坐高/mm	836	858	870	908	947	958	970	789	809	819	855	891	901	920
3.2 坐姿颈椎点高/mm	599	615	621	667	691	701	710	563	579	587	617	618	657	675
3.3 坐姿眼高/mm	729	749	761	798	836	847	868	678	695	701	739	773	783	803
3.4 坐姿肩高/mm	539	557	566	598	631	641	659	504	518	526	556	586	594	609
3.5 坐姿肘高/mm	214	228	235	263	291	298	312	201	215	223	257	277	284	299
3.6 坐姿大腿厚/mm	101	112	116	130	146	151	160	107	113	117	130	146	151	160
3.7 坐姿膝高/mm	441	456	461	493	523	532	549	410	424	431	458	485	493	507
3.8 小腿加足高/mm	372	383	389	413	439	448	463	331	342	350	382	399	405	417
3.9 坐深/mm	407	421	429	457	486	494	510	388	401	408	433	461	469	485
3.10 臀膝距/mm	499	515	524	554	585	595	613	481	497	502	529	561	570	587
3.11 坐姿下肢长/mm	892	921	937	992	1046	1063	1096	826	851	865	912	930	975	1005

表 2-4　人体水平尺寸

测量项目	男(18～60 岁)							女(18～55 岁)						
	1	5	10	50	90	95	99	1	5	10	50	90	95	99
4.1 胸宽/mm	242	253	269	280	307	315	331	219	233	239	260	289	299	319
4.2 胸厚/mm	176	186	191	212	237	245	261	159	170	176	199	230	239	260
4.3 肩宽/mm	330	344	351	375	397	403	415	301	320	328	351	371	377	387

续表

测量项目	男（18～60岁）							女（18～55岁）						
	1	5	10	50	90	95	99	1	5	10	50	90	95	99
4.4 最大肩宽/mm	383	398	405	431	460	469	486	347	363	371	397	428	438	458
4.5 臀宽/mm	273	282	288	306	327	334	346	275	290	296	317	340	346	360
4.6 坐姿臀宽/mm	284	295	300	321	347	355	369	295	310	318	344	374	382	400
4.7 坐姿两肘间宽/mm	353	371	381	422	473	489	518	325	348	360	404	460	478	509
4.8 胸围/mm	762	791	806	867	944	970	1018	717	745	760	825	919	949	1005
4.9 腰围/mm	620	650	665	735	859	895	960	622	650	680	772	904	950	1025
4.10 臀围/mm	780	805	820	875	948	970	1009	795	824	840	900	975	1000	1044

表 2-5　人体头部尺寸

测量项目	男（18～60岁）							女（18～55岁）						
	1	5	10	50	90	95	99	1	5	10	50	90	95	99
5.1 头全高/mm	199	206	210	223	237	241	249	193	200	203	216	228	232	239
5.2 头矢状弧/mm	314	324	329	350	370	375	384	300	310	313	329	344	349	358
5.3 头冠状弧/mm	330	338	344	361	378	383	392	318	327	332	348	366	372	381
5.4 头最大宽/mm	141	115	116	154	162	164	168	137	141	143	149	156	158	162
5.5 头最大长/mm	168	173	175	184	192	195	200	161	165	167	176	184	187	191
5.6 头围/mm	525	536	541	560	580	586	597	510	520	525	5446	567	573	585
5.7 形态面长/mm	104	109	111	119	128	130	135	97	100	102	109	117	119	123

表 2-6　人体手部尺寸

测量项目	男（18～60岁）							女（18～55岁）						
	1	5	10	50	90	95	99	1	5	10	50	90	95	99
6.1 手长/mm	164	170	173	183	193	196	202	154	159	161	171	180	183	189
6.2 手宽/mm	73	76	77	82	87	89	91	67	70	71	76	80	82	84
6.3 食指长/mm	60	63	64	69	74	76	79	57	60	61	66	71	72	76
6.4 食指近位指关节宽/mm	17	18	18	19	20	21	21	15	16	16	17	18	19	20
6.5 食指远位指关节宽/mm	14	15	15	16	17	18	19	13	14	14	15	16	16	17

表 2-7　人体足部尺寸

测量项目	男（18～60岁）							女（18～55岁）						
	1	5	10	50	90	95	99	1	5	10	50	90	95	99
7.1 足长/mm	223	230	234	247	260	264	272	208	213	217	229	241	244	251
7.2 足宽/mm	80	88	90	96	102	103	107	78	81	83	88	93	95	98

需要注意的是，国家标准《中国成年人人体尺寸》(GB 10000—1988)颁布至今已有三十多年，在此期间，中国社会发生了很大的变化，因此中国人的体形也必然发生了较大变化，而该标准尚未更新。

许多行业和企业为了提升产品的用户体验，往往希望得到更准确、更新的人体尺寸数据，并通过小规模测量或参照国内外同行公开的数据进行产品的设计和生产。但由于测量规模(样本数量)及统计分析等问题，这种“非标准”的数据也存在一定偏差。因此，在应用我国成年人人体尺寸时，需要注意国家标准数据发布较早的情况，对数据进行适当修正。

由于人体尺寸数据在不同区域具有差异性，GB 10000—1988 中还给出了六个区域的成年人体重、身高、胸围的均值和标准差(见表 2-8)。需要时，可根据均值与标准差计算百分位数的方法，得到所需的人体尺寸数据。

表 2-8 六个区域的成年人体重、身高、胸围均值和标准差

项目		东北、华北区		西北区		东南区		华中区		华南区		西南区	
		均值	标准差	均值	标准差	均值	标准差	均值	标准差	均值	标准差	均值	标准差
男(18～60岁)	体重/kg	64	8.2	60	7.6	59	7.7	57	6.9	56	6.9	55	6.8
	身高/mm	1693	56.6	1684	53.7	1686	55.2	1669	56.3	1650	57.1	1647	56.7
	胸围/mm	888	55.5	880	51.5	865	52	853	49.2	851	48.9	855	48.3
女(18～55岁)	体重/kg	55	7.7	52	7.1	51	7.2	50	6.8	49	6.5	50	6.9
	身高/mm	1586	51.8	1575	51.9	1575	50.8	1560	50.7	1549	49.7	1546	53.9
	胸围/mm	848	66.4	837	55.9	831	59.8	820	55.8	819	57.6	809	58.8

由于我国进行全国成年人人体尺寸抽样测量工作的时间较早，所以以上六个区域中不包括香港地区。香港地区成年人人体尺寸如表 2-9 所示。

表 2-9 香港地区成年人人体尺寸

测量项目	男			女		
	5	50	95	5	50	95
身高/mm	1585	1680	1775	1455	1555	1655
眼高/mm	1470	1555	1640	1330	1425	1520
肩高/mm	1300	1380	1460	1180	1265	1350
肘高/mm	950	1015	1080	8770	935	1000
胯高/mm	790	855	920	715	785	855
指关节高/mm	685	750	815	715	785	855
指尖高/mm	575	640	705	540	610	680
坐姿高/mm	845	900	955	780	840	900
坐姿眼高/mm	720	780	8440	660	720	780
坐姿肩高/mm	555	605	655	510	560	610
坐姿肘高/mm	190	240	290	165	230	295

续表

测量项目	男			女		
	5	50	95	5	50	95
腿厚/mm	110	135	160	105	130	155
臀-膝长/mm	505	550	595	470	520	570
臀-腿弯长/mm	405	450	495	385	435	485
膝高/mm	450	495	540	410	455	500
腿弯高/mm	365	405	445	325	375	425
胯宽/mm	300	335	370	295	330	365
胸深/mm	155	195	235	160	215	270
腹深/mm	150	210	270	150	215	280
肩宽(两三角肌)/mm	380	425	475	335	385	435
肩宽/mm	335	365	395	315	350	385
肩肘长/mm	310	340	370	290	315	340
肘-指长/mm	410	445	480	360	400	440
上身长/mm	680	730	780	615	660	706
肩-指长/mm	580	620	660	525	560	595
头长/mm	175	190	205	160	175	190
头宽/mm	150	160	170	135	150	165
手长/mm	165	180	195	150	165	180
手宽/mm	70	80	90	60	70	80
足长/mm	235	250	265	205	225	245
足宽/mm	85	95	105	80	85	90
双臂平伸宽/mm	1480	1635	1790	1350	1480	1610
双肘平伸宽/mm	805	885	965	690	775	860
立姿垂直伸及/mm	1835	1970	2105	1685	1825	1965
坐姿垂直伸及/mm	1110	1205	1300	855	9440	1025
前伸及/mm	640	705	770	580	635	690

2. 人体尺寸项目的应用场合

人体尺寸测量的目的是应用，因此应当理解测量相关项目的意义所在，以便在实际应用中正确运用人体尺寸来指导设计。下面对部分人体尺寸项目的应用场合进行简要介绍，以更好地理解人体尺寸的用途。

(1)立姿人体尺寸数据应用。

立姿身高主要用来确定与人相关的各种产品、设备、设施高度，例如，立姿使用的用具高度、危区防护栏高度、床的长度、服装长度、门和通道的最低高度等。

立姿眼高主要用来确定与人的视线有关的产品高度，例如，机床控制显示屏的高度、屏风和开敞式大办公室内隔断高度等。

立姿肘高用于确定人站立工作时较舒适的工作面高度，例如，梳妆台、柜台、厨房案台等工作面。

立姿手功能高是立姿下不需要弯腰的最低操作件高度。人手拉动、拖动地面物体时与此尺寸有关，例如，拉着手提箱行走。

(2)坐姿人体尺寸数据应用。

坐高、坐姿肩高、坐姿肘高、坐姿下肢长等尺寸数据，主要用来确定坐姿作业所需空间，作业最大范围、正常范围、最佳范围，设备、控制器分布位置等。

坐姿眼高常用来确定坐姿操作时各种仪表的高度和需要被观察对象的位置等。

坐姿膝高、坐姿大腿厚等数据，常用来确定设备、工作台、桌子等的容膝空间。

小腿加足高、坐深、臀膝距等尺寸数据主要用来设计座椅等坐具的尺寸。

(3)头、手、足尺寸数据应用。

头部尺寸数据主要用来设计头盔、帽子等相关产品。手、足尺寸数据用来设计手、足操作或穿戴的各类产品的尺寸，例如手柄、脚踏板等。

(4)以身高推算设备、用具高度。

以人体身高为基准，根据设计对象高度与人体身高一般成一定比例关系，可利用图 2-8 推算工作面高度、设备高度和用具高度。图中代号见表 2-10。

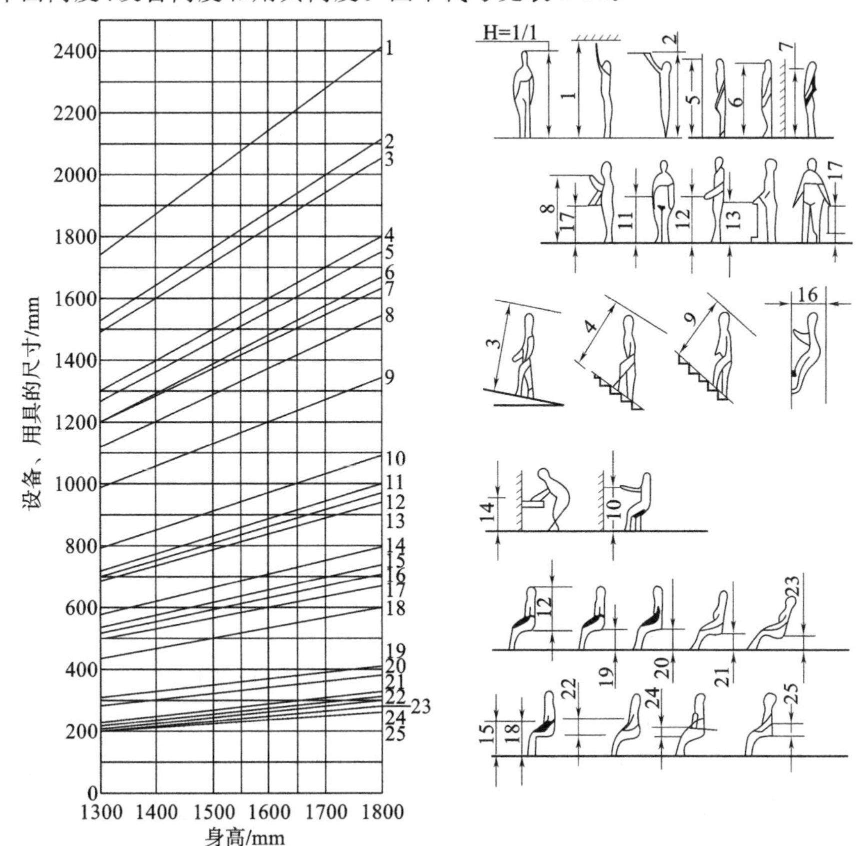

图 2-8 以身高为基准推算设备和用具尺寸图

表 2-10　设备及用具的高度与身高的关系

代号	设备、用具名称	设备、用具高度/身高
1	举手达到的高度	4/3
2	可随意取放东西的搁板高度(上限值)	7/6
3	倾斜地面的顶棚高度(最小值,地面倾斜度为 5°～15°)	8/7
4	楼梯的顶棚高度(最小值,地面倾斜度为 25°～35°)	1/1
5	遮挡住直立姿势视线的隔板	33/34
6	立姿眼高	11/12
7	抽屉高度(上限值)	10/11
8	使用方便的搁板高度(上限值)	6/7
9	斜坡大的楼梯的天棚高度(最小值,倾斜度为 50°左右)	3/4
10	能发挥最大拉力的高度	3/5
11	人体重心高度	5/9
12	立姿时工作面高度	6/11
	坐高(坐姿)	6/11
13	灶台高度	10/19
14	洗脸盆高度	4/9
15	办公桌高度	7/17
16	垂直踏板爬梯的空间尺寸(最小值,倾斜度为 80°～90°)	2/5
17	桌下空间(高度的最小值)	1/8
18	手提物的高度(最大值)	3/8
	使用方便的搁板的高度(下限值)	3/8
19	工作椅的高度	3/13
20	轻度工作用工作椅的高度	3/14
21	小憩用椅子高度	1/6
22	桌椅高度	3/17
23	休息用的椅子高度	1/6
24	桌椅扶手高度	2/13
25	工作用椅子的椅面与靠背点的距离	3/20

2.1.3　我国成年人人体功能尺寸

人体功能尺寸(动态人体尺寸)是人在各种姿势下或做各种动作时的尺寸,在有关活动空间的设计中有着重要的应用。

由于人在不同活动中人体姿势变化较大,比较难于找到具有代表性的标准化的被测姿势,而且测量起来比较复杂,因此人体功能尺寸的相关数据相对来说要少一些,不像人体结构尺寸数据那么丰富。在人体结构尺寸数据的基础上,可以推导出人体活动的可达包络面(reach envelope)图作为活动空间尺寸的设计依据。图 2-9 至图 2-12 是以我国成年男子第

95 百分位身高(1775 mm)为基准进行分析所给出的人体活动的可达包络面图,可作为设计参考。图中虚线表示最佳范围,点划线表示躯干不活动时手可及的最大范围,细实线表示躯干活动时手可及的最大范围。

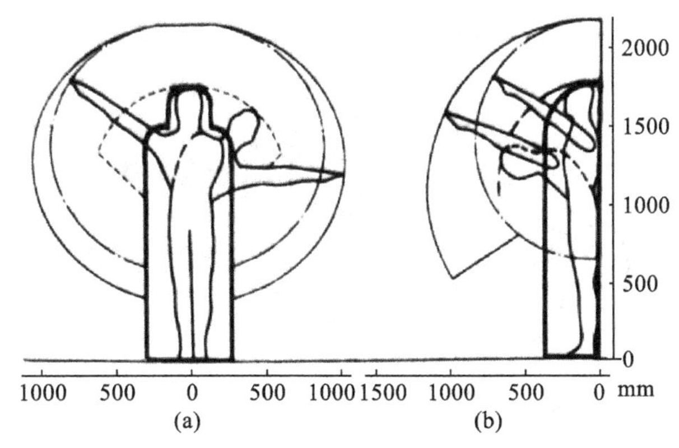

图 2-9　立姿活动可及范围

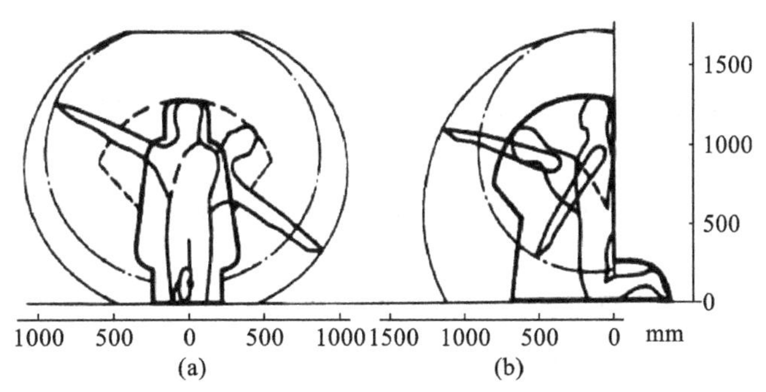

图 2-10　单腿跪姿活动可及范围

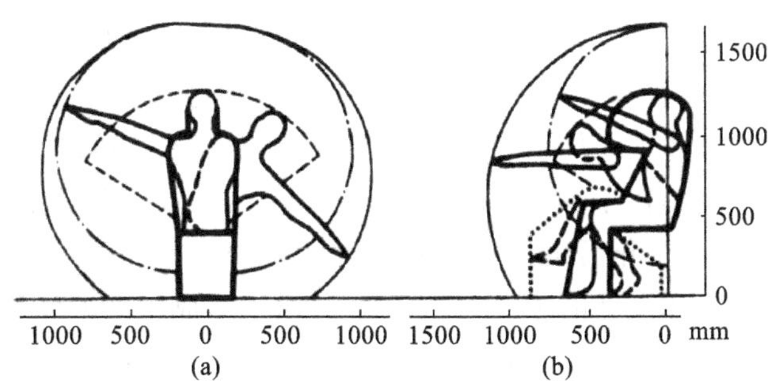

图 2-11　坐姿活动可及范围

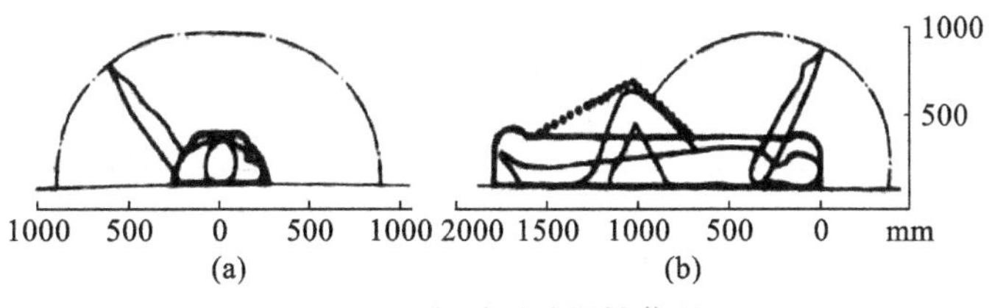

图 2-12　仰卧活动可及范围

对于受限作业空间的设计(见图 2-13),则需要应用各种姿势下的人体功能尺寸测量数据。GB/T 13547—1992 提供了我国成年人立姿、坐姿、跪姿、俯卧姿、爬姿等常用姿势的功能尺寸,其中包括:

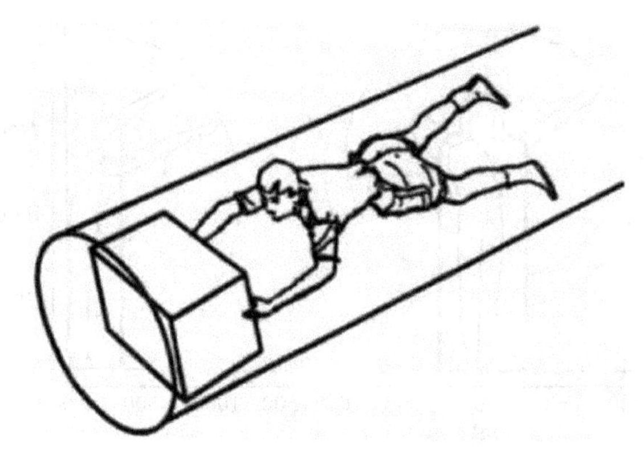

图 2-13 受限通道设计

(1)立姿 6 项:中指指尖点上举高、双臂功能上举高、两臂展开宽、两臂功能展开宽、两肘展开宽、立姿腹厚。

(2)坐姿 5 项:前臂加手前伸长、前臂加手功能前伸长、上肢前伸长、上肢功能前伸长、坐姿中指指尖点上举高。

(3)跪姿、俯卧姿、爬姿共 6 项:跪姿体长、跪姿体高、俯卧姿体长、俯卧姿体高、爬姿体长、爬姿体高。

具体的人体尺寸百分位数可查阅该标准。

2.1.4 我国未成年人人体尺寸

随着我国以人体为基础的研究学科不断发展,人体尺寸数据不再局限于成年人人体尺寸数据,还拓展至未成年人人体尺寸数据。现行的国家标准《中国未成年人人体尺寸》(GB/T 26158—2010)是由中华人民共和国国家质量监督检验检疫总局(现国家市场监督管理总局)、中国国家标准化管理委员会于 2011 年发布并实施的。

国家标准《中国未成年人人体尺寸》中将未成年人范围确定为 4～17 岁。未成年阶段是人体成长时期,不同年龄的孩子,其人体尺寸数据都存在差异。为了保障数据的准确性,该标准将未成年人群分为 5 个年龄组:4～6 岁、7～10 岁、11～12 岁、13～15 岁、16～17 岁。每个年龄组给出了 72 项人体尺寸的 11 个百分位数。由于未成年人人体尺寸数据除了考虑年龄以外,还需要按照不同性别进行区分,数据较多,故本书只选取 11～12 岁的未成年人人体尺寸数据作为参考,其余数据可以查询国家标准。

1.未成年男子人体尺寸百分位数

11～12 岁未成年男子 7 类人体尺寸如表 2-11 至表 2-17 所示。

表 2-11 人体主要尺寸

测量项目	百分位数						
	P_1	P_5	P_{10}	P_{50}	P_{90}	P_{95}	P_{99}
1.1 身高/mm	1309	1350	1374	1466	1582	1620	1677

续表

测量项目	百分位数						
	P_1	P_5	P_{10}	P_{50}	P_{90}	P_{95}	P_{99}
1.2 体重/kg	24.8	27.6	29.1	38	53.9	60.3	75.4
1.3 上臂长/mm	231	243	249	271	296	307	320
1.4 前臂长/mm	170	177	184	202	224	231	242
1.5 大腿长/mm	359	383	393	430	470	484	514
1.6 小腿长/mm	263	284	292	325	366	379	398

表 2-12 立姿人体尺寸

测量项目	百分位数						
	P_1	P_5	P_{10}	P_{50}	P_{90}	P_{95}	P_{99}
2.1 眼高/mm	1182	1350	1374	1466	1582	1620	1677
2.2 肩高/mm	1028	1065	1085	1169	1270	1299	1353
2.3 会阴高/mm	557	580	597	647	702	720	750
2.4 胫骨点高/mm	313	329	338	371	414	425	448

表 2-13 坐姿人体尺寸

测量项目	百分位数						
	P_1	P_5	P_{10}	P_{50}	P_{90}	P_{95}	P_{99}
3.1 坐高/mm	693	715	729	776	834	852	891
3.2 眼高/mm	574	596	610	656	711	729	766
3.3 肩高/mm	429	448	459	498	545	563	592
3.4 肘高/mm	155	170	177	206	238	253	271
3.5 大腿厚/mm	90	97	101	119	144	152	166
3.6 膝高/mm	389	403	411	446	487	501	520
3.7 小腿加足高/mm	310	324	335	367	399	409	430
3.8 臀-膝距/mm	430	448	458	500	549	565	594

表 2-14 人体水平尺寸

测量项目	百分位数						
	P_1	P_5	P_{10}	P_{50}	P_{90}	P_{95}	P_{99}
4.1 胸宽/mm	230	241	247	272	309	322	339
4.2 胸厚/mm	146	154	158	178	211	225	249
4.3 肩宽/mm	272	287	292	318	349	360	384
4.4 肩最大宽/mm	313	323	330	362	409	427	461

续表

测量项目	百分位数						
	P_1	P_5	P_{10}	P_{50}	P_{90}	P_{95}	P_{99}
4.5 臀宽/mm	233	244	250	278	316	329	358
4.6 胸围/mm	618	649	665	750	896	940	1040
4.7 腰围/mm	508	536	549	629	802	854	944
4.8 臀围/mm	645	672	689	771	887	923	1025

表 2-15　人体头部尺寸

测量项目	百分位数						
	P_1	P_5	P_{10}	P_{50}	P_{90}	P_{95}	P_{99}
5.1 头全高/mm	191	199	206	220	238	242	253
5.2 头矢状弧/mm	290	305	314	337	360	367	379
5.3 头冠状围/mm	522	554	570	618	658	663	681
5.4 头宽/mm	146	150	153	161	170	172	177
5.5 头长/mm	169	173	176	185	196	199	205
5.6 头围/mm	501	514	520	543	574	583	608
5.7 形态面长/mm	93	97	99	108	117	120	130

表 2-16　人体手部尺寸

测量项目	百分位数						
	P_1	P_5	P_{10}	P_{50}	P_{90}	P_{95}	P_{99}
6.1 手长/mm	139	145	148	160	176	181	189
6.2 手宽/mm	63	65	67	72	79	82	87
6.3 食指长/mm	52	55	56	62	69	71	75
6.4 食指近位宽/mm	14	15	15	17	19	20	21
6.5 食指远位宽/mm	12	13	14	15	17	18	19

表 2-17　人体足部尺寸

测量项目	百分位数						
	P_1	P_5	P_{10}	P_{50}	P_{90}	P_{95}	P_{99}
7.1 足长/mm	197	206	211	228	248	254	265
7.2 足宽/mm	63	69	72	83	93	97	104

2.11～12 岁未成年女子人体尺寸百分位数

11～12 岁未成年女子 7 类人体尺寸如表 2-18 至表 2-24 所示。

表 2-18 人体主要尺寸

测量项目	百分位数						
	P_1	P_5	P_{10}	P_{50}	P_{90}	P_{95}	P_{99}
1.1 身高/mm	1308	1361	1390	1487	1584	1610	1658
1.2 体重/kg	24.7	27.3	29	37.8	51	56.4	69
1.3 上臂长/mm	231	243	249	274	296	303	320
1.4 前臂长/mm	170	178	184	202	225	231	246
1.5 大腿长/mm	369	390	399	438	477	488	509
1.6 小腿长/mm	274	289	300	331	361	368	391

表 2-19 立姿人体尺寸

测量项目	百分位数						
	P_1	P_5	P_{10}	P_{50}	P_{90}	P_{95}	P_{99}
2.1 眼高/mm	1186	1238	1266	1361	1454	1479	1535
2.2 肩高/mm	1029	1079	1103	1187	1270	1295	1344
2.3 会阴高/mm	568	598	611	661	716	730	752
2.4 胫骨点高/mm	316	333	342	374	47	417	436

表 2-20 坐姿人体尺寸

测量项目	百分位数						
	P_1	P_5	P_{10}	P_{50}	P_{90}	P_{95}	P_{99}
3.1 坐高/mm	700	726	740	794	849	866	888
3.2 眼高/mm	578	607	619	672	726	740	767
3.3 肩高/mm	430	451	466	509	553	563	585
3.4 肘高/mm	162	173	181	213	246	256	271
3.5 大腿厚/mm	90	97	101	119	141	148	161
3.6 膝高/mm	390	406	415	449	482	491	511
3.7 小腿加足高/mm	316	331	339	371	397	404	424
3.8 臀-膝距/mm	439	456	468	511	553	567	600

表 2-21 人体水平尺寸

测量项目	百分位数						
	P_1	P_5	P_{10}	P_{50}	P_{90}	P_{95}	P_{99}
4.1 胸宽/mm	224	234	240	266	300	311	331
4.2 胸厚/mm	141	150	154	173	201	211	234
4.3 肩宽/mm	271	287	295	322	350	359	378
4.4 肩最大宽/mm	308	320	327	358	398	414	438

续表

测量项目	百分位数						
	P_1	P_5	P_{10}	P_{50}	P_{90}	P_{95}	P_{99}
4.5 臀宽/mm	236	247	256	288	324	337	364
4.6 胸围/mm	602	631	652	737	971	909	1001
4.7 腰围/mm	499	523	539	612	742	783	880
4.8 臀围/mm	653	681	699	787	896	929	1020

表 2-22　人体头部尺寸

测量项目	百分位数						
	P_1	P_5	P_{10}	P_{50}	P_{90}	P_{95}	P_{99}
5.1 头全高/mm	195	202	206	220	235	238	249
5.2 头矢状弧/mm	287	296	302	326	350	357	369
5.3 头冠状围/mm	535	559	572	616	652	663	681
5.4 头宽/mm	143	149	151	160	168	171	176
5.5 头长/mm	165	170	173	182	192	196	202
5.6 头围/mm	499	511	518	542	572	584	608
5.7 形态面长/mm	92	95	98	105	116	117	123

表 2-23　人体手部尺寸

测量项目	百分位数						
	P_1	P_5	P_{10}	P_{50}	P_{90}	P_{95}	P_{99}
6.1 手长/mm	140	146	149	162	173	177	182
6.2 手宽/mm	62	64	66	71	76	78	81
6.3 食指长/mm	53	56	58	64	69	71	74
6.4 食指近位宽/mm	13	14	15	16	18	19	20
6.5 食指远位宽/mm	12	13	13	15	16	17	18

表 2-24　人体足部尺寸

测量项目	百分位数						
	P_1	P_5	P_{10}	P_{50}	P_{90}	P_{95}	P_{99}
7.1 足长/mm	195	204	208	225	241	245	256
7.2 足宽/mm	61	68	71	81	90	93	100

不同地区的人群，由于民族、气候条件、饮食结构等方面不同的长期影响，人体尺寸存在差异。GB/T 26158—2010 中还给出了六个区域未成年人体重、身高、胸围的均值和标准差（见表 2-25、表 2-26）。需要时，可根据均值与标准差计算百分位数，得出所需的人体尺寸数据。

表 2-25 我国六个区域未成年男子体重、身高、胸围的均值和标准差

项目		东北华北区		中西部区		长江下游区		长江中游区		两广福建区		云贵川区	
		均值	标准差	均值	标准差	均值	标准差	均值	标准差	均值	标准差	均值	标准差
4～6岁	体重/kg	19.9	4.1	19.2	3.4	20.3	7.8	19.2	3.4	21.3	4.3	18.9	3.2
	身高/mm	1124	74	1122	73	1121	60	1106	75	1130	73	1108	75
	胸围/mm	585	51	588	39	589	41	579	41	6221	53	578	39
7～10岁	体重/kg	31.4	9.4	30.8	8.6	30.4	8.4	28.3	7.2	30.5	7.8	27.6	6.2
	身高/mm	1335	86	1335	90	1332	83	1302	84	1321	79	1307	76
	胸围/mm	682	90	695	86	691	81	656	74	698	79	653	67
11～12岁	体重/kg	44.6	13.8	41.7	10.8	40.8	10.8	38.9	9.1	38.6	8.2	37.3	9.2
	身高/mm	1494	86	1483	75	1486	82	1461	78	1458	69	1453	79
	胸围/mm	780	109	773	92	757	94	731	86	754	75	735	81
13～15岁	体重/kg	56	14.5	52.8	12.8	53.9	12.6	49.5	11	53	13.6	49.3	11.4
	身高/mm	1651	91	1632	89	1650	83	1607	90	1637	93	1611	86
	胸围/mm	836	106	832	95	828	96	804	91	824	96	805	88
16～17岁	体重/kg	64.5	13.6	57.4	9.6	60.2	11	55.4	8.4	58.6	11.4	56.2	8.3
	身高/mm	1733	59	1703	62	1723	59	1679	59	1712	63	1684	59
	胸围/mm	890	97	859	76	877	81	840	63	857	84	853	72

表 2-26 我国六个区域未成年女子体重、身高、胸围的均值和标准差

项目		东北华北区		中西部区		长江下游区		长江中游区		两广福建区		云贵川区	
		均值	标准差	均值	标准差	均值	标准差	均值	标准差	均值	标准差	均值	标准差
4～6岁	体重/kg	19.1	3.5	18.4	3.2	18.7	3.5	18.1	3.1	19.5	3.0	18.1	2.8
	身高/mm	1151	78	1106	80	1113	67	1094	63	1121	64	1102	75
	胸围/mm	568	43	574	55	569	48	562	39	591	36	563	37
7～10岁	体重/kg	29.0	7.5	28.3	7.3	27.5	7.1	26.9	6.8	27.2	6.4	26.5	6.0
	身高/mm	1328	88	1322	91	1313	86	1291	95	1311	92	1299	83
	胸围/mm	656	78	658	76	656	72	631	74	656	59	647	58
11～12岁	体重/kg	42.7	11.0	39.9	9.0	40.3	9.8	37.7	8.0	38.2	7.5	36.9	7.9
	身高/mm	1507	77	1494	81	1502	75	1469	69	1489	71	1469	71
	胸围/mm	767	97	749	84	750	90	718	78	738	68	730	76
13～15岁	体重/kg	51.9	11.5	48.6	9.6	47.7	8.7	46.1	8.3	47.9	9.2	46.8	8.6
	身高/mm	1592	61	1578	56	1582	60	1555	53	1575	59	1554	60
	胸围/mm	838	91	819	82	817	80	797	71	817	78	816	75
16～17岁	体重/kg	54.3	8.5	51.7	6.8	51.3	8.0	51.3	7.0	48.8	6.1	50.3	7.2
	身高/mm	1611	54	1597	55	1602	52	1572	52	1577	52	1577	55
	胸围/mm	858	71	855	63	848	74	840	66	828	55	841	75

2.2 人体尺寸数据的应用

2.2.1 人体尺寸应用原则

1. 可调性设计原则

可调性设计原则是用两个人体尺寸百分位数分别作为尺寸上限值和下限值的设计原则，又称双限值设计原则。由于采用可调性设计原则确定的产品尺寸在应用时可以在一定范围内(上下限值之间)任意变动，可以满足大部分人的使用需求，因此产品具有较强的适用性。例如，汽车驾驶室的座椅采用可调性设计原则，坐高的上下调节以及座椅位置的前后调节，使不同的驾驶员都可以方便地操纵方向盘，具有良好的视野，有效控制加速、制动及离合器踏板；而靠背的调节可使驾驶员的后背得到舒适的支撑。

产品尺寸采用可调性设计，具有较好的适用性，但同时会导致产品结构的复杂化和成本的上升，因此是否选用可调性设计应综合考虑。

2. 极限设计原则

采用某一人体尺寸百分位数作为产品尺寸的极限值的设计原则，称为极限设计原则，又称单限值设计原则。极限设计原则又可根据选用的百分位数分为大尺寸设计原则与小尺寸设计原则两种情形。采用高百分位数作为尺寸极限值的设计，称为大尺寸设计。

大尺寸设计确定的是产品尺寸的下限值。例如，普通家庭房门的最小高度以高百分位数作为设计依据，这样只要高个的人能通过，其他人就能顺利通行。又如，电梯的载重量设计，当承载人数明确后，应采用高百分位数(即大体重数据)作为电梯的最小载重量设计依据，这样才能保证电梯在正常使用条件下安全运行。

小尺寸设计则是确定产品尺寸的上限值。小尺寸设计原则要求产品的某项尺寸不能过大，否则会影响身材瘦小者的使用。例如，安全网的最大开口尺寸、图书馆书架的上层高度、公共汽车的踏步板高度等。又如，如图 2-14 所示，办公桌上的按钮位置与人的上肢可伸及长度有关，按钮到座椅侧桌面边缘间的距离应以臂长的小百分位数为设计依据，否则上臂短的人士使用时会受影响。

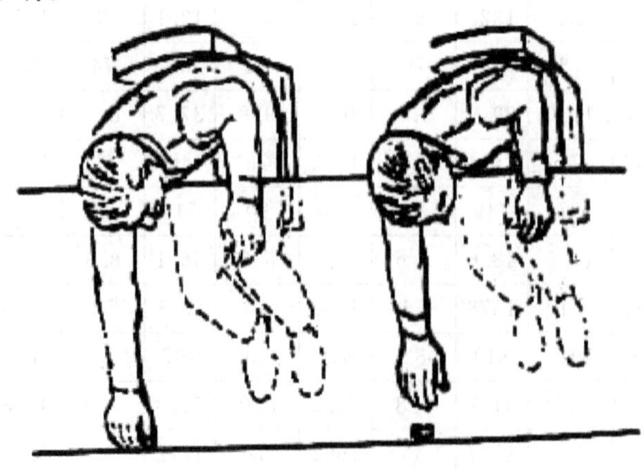

图 2-14 按钮到桌边距离设计

3. 平均尺寸设计原则

平均尺寸设计原则即采用第 50 百分位数的人体尺寸作为产品尺寸设计依据的设计原则。当产品尺寸与使用者的身材关系不大，或虽有一些关系，但不适宜用极限设计或调节性设计原则，无法兼顾大身材与小身材使用者的时候，可采用人体尺寸均值(即第 50 百分位数)作为设计依据。这实际上是一种尺寸设计上的“折中”。例如，门上把手、门锁锁眼离地面高度，付账柜台高度，门铃安装高度一般以适合中等身材者使用为原则进行设计。

需要注意的是，设计中不应简单地对所有的设计尺寸都采用人体尺寸的平均值。因为研究表明，各项尺寸都与人体尺寸平均值相吻合的“平均人”在实际生活当中是难以存在的(见图 2-15)。

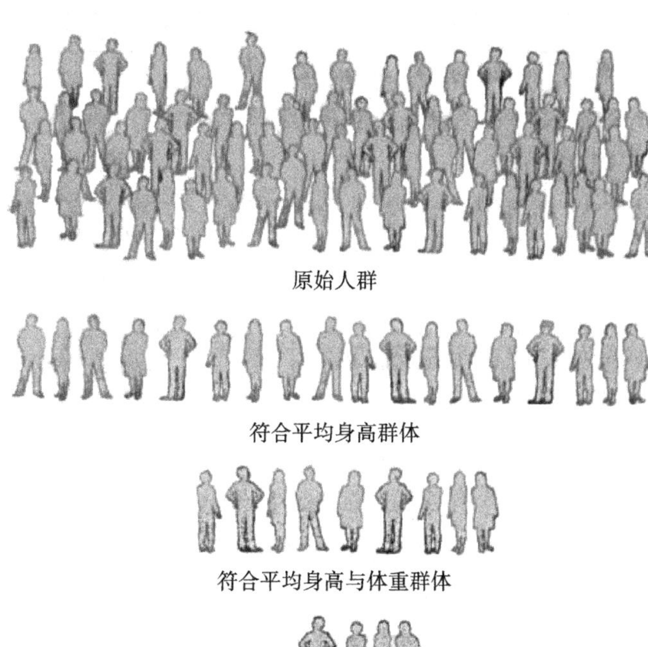

原始人群

符合平均身高群体

符合平均身高与体重群体

符合平均身高、体重与臀围群体

符合平均身高、体重、臀围与小腿长者

图 2-15　“平均人”难以存在

4. 产品尺寸设计类型

为了便于在产品设计中选择人体尺寸百分位数，根据产品确定尺寸设计极限值(最大值或最小值)的方式，将产品尺寸设计类型分为Ⅰ型、Ⅱ(ⅡA、ⅡB)型、Ⅲ型等几种。

Ⅰ型产品尺寸设计：需要用两个人体尺寸百分位数作为尺寸上限值和下限值的依据，对应可调性设计原则。

Ⅱ型产品尺寸设计：只需要一个人体尺寸百分位数作为尺寸上限值或下限值的依据，对应极限设计原则(单限值设计原则)。Ⅱ型产品尺寸设计又可细分为ⅡA与ⅡB两种类型。

ⅡA采用某一人体尺寸百分位数作为产品尺寸下限值的依据，对应大尺寸设计原则。ⅡB采用某一人体尺寸百分位数作为产品尺寸上限值的依据，对应小尺寸设计原则。

Ⅲ型产品尺寸设计：只需要人体尺寸第50百分位数作为产品尺寸设计的依据，对应平均尺寸设计原则。

以上几种产品尺寸设计类型与产品尺寸设计原则的对应关系可用图2-16表示。

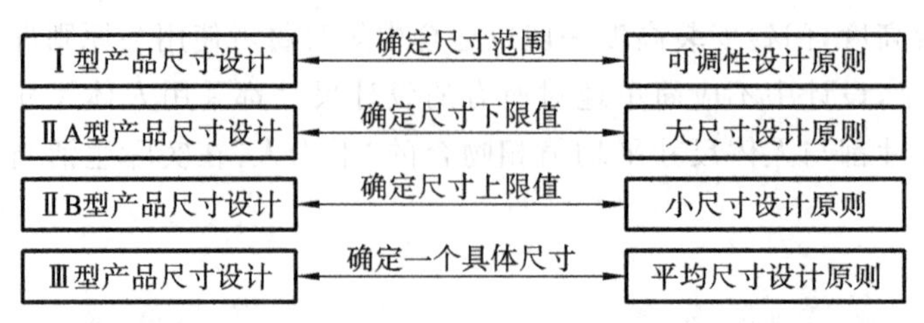

图2-16 产品尺寸设计类型与尺寸设计原则对应关系

2.2.2 人体尺寸的修正

人体尺寸数据是在特定的条件下测得的，即在被测者赤脚免冠、较少衣着与特定姿势的条件下进行测量。但人们在日常生活中要穿鞋袜衣裤，且身体处于放松状况下的自然姿势与测量姿势也不一致(见图2-17)。因此，应用人体尺寸数据进行产品设计时，应当在相应的人体尺寸百分位数的基础上增加适当的修正量，对其进行修正。

图2-17 工作中的人体姿势

根据修正量的性质与作用，可将其分为功能修正量与心理修正量两类。

1.功能修正量

功能修正量是指为实现产品功能而对作为产品设计依据的人体尺寸百分位数所做的尺寸修正量，主要分为穿着修正量、姿势修正量和操作修正量。穿着修正量是由于穿着鞋及衣裤所带来的尺寸修正量。姿势修正量是考虑身体处于自然放松状态下，姿势不同所引起的人体尺寸的变化。操作修正量是为实现产品不同操作功能所做的尺寸修正量。例如，在确定各种操纵装置的布置位置时，应以上肢前展长为依据，但上肢前展长是后背至中指指尖的距离，因此对按按钮、推滑板推钮、搬动搬钮开关的不同操作功能应做不同的操作修正量。

国标GB/T 12985—1991《在产品设计中应用人体尺寸百分位数的通则》的附录中给出了部分参考值，现总结部分数据(见表2-27)，以便参考使用。

表2-27 人体尺寸修正量参考值

修正量类别		人体尺寸项目	修正量大小
穿着修正量	穿鞋修正量	立姿身高、眼高、肩高、肘高、手功能高、会阴高等	男+25 mm，女+20 mm

续表

修正量类别		人体尺寸项目	修正量大小
穿着修正量	着衣裤修正量	坐姿坐高、眼高、肩高、肘高	+6 mm
		肩宽、臀宽	+13 mm
		胸厚	+10 mm
		臀膝距	+20 mm
姿势修正量		立姿身高、眼高、肩高、肘高等	−10 mm
		坐姿坐高、眼高、肩高、肘高等	−44 mm
操作修正量		上肢前展长	按按钮−12 mm，推和搬拨按钮−25 mm

表 2-27 中的参考值只是一般条件下的参考值，没有形成标准。设计人员在工作中遇到具体问题时，可通过实验进行实际测量。

2. 心理修正量

心理修正量是指为消除空间压抑感、恐惧感或为追求美观等心理需要而做的尺寸修正量。例如，对于3～5 m 高的平台上的护栏，其高度只要略高于人体重心高度，在正常情况下就能防止人员从平台跌落的事故。但对于更高的平台，人们站在平台栏杆旁边时会产生恐惧心理，甚至导致腿脚酸软，手心和腋下出冷汗，因此有必要进一步加高栏杆高度，这项附加的“加高量”就是心理修正量。又如，为了美观而做出的鞋尖部分的“超长度”也是心理修正量。

心理修正量应当根据实际需要和条件许可两个因素来确定。例如，歌剧院与家庭居室的室内空间相比，歌剧院应保持空间宽阔，给人放松的心理体验，因此其空间尺寸的心理修正量显然比家庭居室的要大。心理修正量也可通过实验的方法确定，常用方法有设置场景，记录被试者的主观评价，综合分析后得出数据。

修正量有正有负，总的尺寸修正量应当是各修正量的代数和。

3. 产品功能尺寸与修正量

产品的功能尺寸是指为保证产品实现某项功能而对与人体尺寸有关的产品尺寸进行修正所得出的基本尺寸。功能尺寸分为最小功能尺寸与最佳功能尺寸两类。为了保证实现产品的某项功能而设定的产品最小尺寸称为产品最小功能尺寸。为达到方便、舒适的目的，在最小功能尺寸的基础上增加心理修正量的产品尺寸，称为产品最佳功能尺寸。

如图 2-18 所示，人体尺寸百分位数、产品功能尺寸与修正量之间的关系如下：

产品最小功能尺寸=(相应)人体尺寸百分位数+功能修正量

产品最佳功能尺寸=(相应)人体尺寸百分位数+功能修正量+心理修正量
=产品最小功能尺寸+心理修正量

也就是说，人体尺寸百分位数、最小功能尺寸、最佳功能尺寸是递增的关系，递增量就是修正量。与功能修正量相比较，心理修正量满足了人的更高层次的需求，使产品设计更加人性化，因此在条件许可的情况下，产品尺寸设计尽量采用最佳功能尺寸。由于心理修正量的

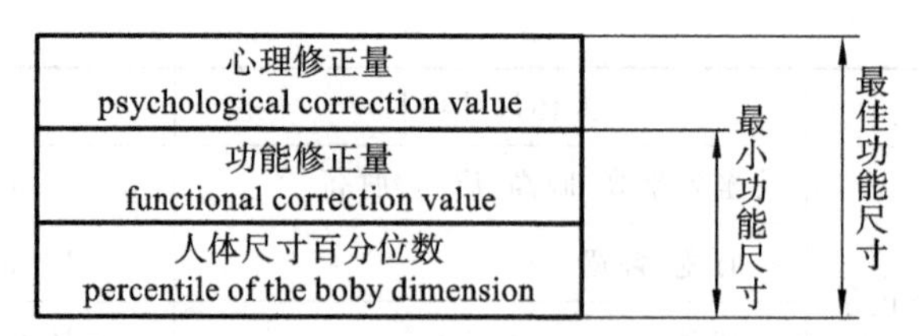

图 2-18　功能尺寸、人体尺寸百分位数与修正量关系

个体差异性很大，因此所谓最佳功能尺寸的“最佳”是相对而言的，这一点需要注意。

2.2.3　人体尺寸应用方法

正确地应用人体尺寸数据进行产品尺寸设计，是人机工程设计的一个重要步骤。从产品尺寸的设计分析到最终产品的功能尺寸的确定，一般经过以下过程。

1. 确定使用对象

我们已经看到，不同类型的人体尺寸差异较大，因此在设计中应该考虑使用对象这个因素：使用此产品的是男性还是女性？是老年人还是少儿？是在国内销售还是出口？若是出口，出口到哪个国家？一件产品可能适合于某一类使用者，但对另一类使用者是不适合的。另外，使用对象的数量也非常关键，因为如果用户群体少，产品批量就不会太大，制造成本也就增高了。

2. 确定产品尺寸中与人体有关的尺寸

根据使用者对产品的使用情况，分析产品的哪些尺寸与人体操作有关，哪些尺寸会影响到使用过程中的舒适性、安全性等特点。另外，要注意不同产品涉及人体不同的尺寸，如各种劳动工具涉及人手的尺寸，而在设计座椅时，我们要考虑到人的膝高、坐深、臀宽、坐姿肘高等。这些尺寸的重要性也不同，有时甚至是相矛盾的，这需要在设计时统一考虑。

3. 分析产品尺寸设计类型

分析产品的尺寸设计类型时要综合考虑产品的用户群体、整体结构、成本、技术可行性等因素，确定采用哪种尺寸设计类型最适宜。例如，过街天桥的防护栏高度只要能保证身材高大者的要求，就同样适用于身材矮小者，因此适合大尺寸设计原则。

4. 选择人体尺寸百分位数

除了Ⅲ型产品尺寸设计明确选择人体尺寸第 50 百分位数外，其他类型的产品尺寸设计都涉及百分位数的选择。

人体尺寸百分位数的选择与“满足度”的确定有关。所谓满足度，是指设计的产品在尺寸上满足多少人使用，以适合使用的人占使用者群体的百分比表示。一般而言，产品尺寸是根据用户群的人体尺寸来设计的，当选定人体尺寸百分位数后，产品尺寸的适用范围也就确定了，这个范围只占人体尺寸分布的一部分，其所占比例即产品用户群的人数占总人群人数的比例。从统计和分布的角度讲，满足度就是产品尺寸的“适应域”。例如，假设可调性设计高低百分位数分别为 P_{95} 和 P_{5}，则满足度为 90%。

满足度高则产品适用的人多，但过高的满足度会带来其他方面的影响。例如，火车卧铺长度设计若取人体尺寸第 99 百分位数，满足度虽很高，但必然会使卧铺旁的通道宽度降低，带来极大不便。满足度取值要考虑到使用者群体的人体尺寸差异性，以及生产该产品的技术可行性与经济合理性等因素。对于产品设计中人体尺寸百分位数的选择，GB/T 12985—1991 给出了一般原则：

对于一般产品，大小百分位数通常选用 P_{95} 和 P_5，或者酌情选择 P_{90} 和 P_{10}。

对于涉及人的健康、安全的产品，大小百分位数选用 P_{99} 和 P_1，或者酌情选择 P_{95} 和 P_5。

对于成年男、女通用的产品，Ⅰ型、ⅡA 型与ⅡB 型的大百分位数选用男性的 P_{90}、P_{95}、P_{99}，小百分位数选用女性的 P_{10}、P_5、P_1；而Ⅲ型选用男、女人体尺寸第 50 百分位数的平均值——$(P_{50男}+P_{50女})/2$。

5. 进行产品尺寸的修正

确定合理的功能修正量与心理修正量数值大小及正负。

6. 得出产品的功能尺寸

例：确定客轮层高的最小功能尺寸和最佳功能尺寸。

解：层高属于大尺寸设计类型，选用男子身高的第 95 百分位数 $H_{95男}=1775$ mm。

功能修正量 $X_{功能}$ 确定：取穿鞋修正量 25 mm，由于轮船行进中的水面起伏，人行走时要保证头顶不碰船舱顶，假设安全余量为 85 mm，则 $X_{功能}=25$ mm$+85$ mm$=110$ mm。

最小功能尺寸 $H_{最小}=1775$ mm$+110$ mm$=1885$ mm。

假设心理修正量为 $X_{心理}=110$ mm，则最佳功能尺寸 $H_{最佳}=1885$ mm$+110$ mm$=1995$ mm。

2.3 特殊人群的人体尺寸

2.3.1 老年人群

2020 年第七次全国人口普查数据显示，我国 60 岁及以上老年人口占比已达到18.73%，农村老龄化程度高于城镇，80 岁及以上高龄老年人口占总人口比例达到 2.54%。在 60 岁及以上老年人口中，高龄老年人口占比在 1990 年为 7.93%，2010 年增至 11.82%，2020 年已达到 13.56%，老年人口高龄化现象日益凸显[11]。

随着年龄的增长，人体会发生一系列的变化，例如身高下降、骨质疏松、听力和视力减弱等。老年人的行动也出现一定困难，腰部、腿部、脊椎等都会发生不同程度的变化，有些老年人会出现关节病痛，例如老年人手臂抬起高度受限、行走中步长减小、腰部动作幅度减小等。老年人会出现身高下降，这主要是由椎间盘逐渐变薄、脊椎变弯、锥骨扁平化以及下肢弯曲所导致的。老年人常有不同程度的骨质疏松，因而脊柱压缩后呈后突状。老年人典型的身材改变是四肢与躯干的比例发生变化，年龄越大这种改变越明显。体重的改变是因人而异的，与进食量和运动量都有关系。同时调查发现，中老年人会出现不同程度的肥胖情况，以腹部脂肪增多为典型。在人机工程学中，我们经常会研究针对老年人的产品项目，这些产品需要的数据尚未发布，相关数据需要研究者在参考国家标准的基础上通过测量和计算得到。

老年人是最需要关注的设计群体之一。提高老年人的生活品质既是中国“孝道”文化的内生要求，也是“老有所养”的时代需求。老年产品设计既关乎老年人的生活幸福感，也关乎整个家庭的幸福感，从而有着更广泛的社会意义。因而，设计师们从老年人体尺寸应用的细节入手来做好老年产品设计，是其责无旁贷的要求。

我国现行的国家标准《中国成年人人体尺寸》(GB 10000—1988)只涵盖了部分老年人的数据(截至男60岁、女55岁)。由于老年人身体机能随年龄增加而衰减的特点，老年人身体尺寸的差异性会更为显著。目前涵盖更大范围的老年人群的静态尺寸、动态尺寸标准尚没有发布。因此，在研究老年产品项目时，可以按照实际需求，进行相应的人体尺寸测量、数据采集、统计分析和应用。

数据采集过程中需要注意的事项基本与采集成年人人体尺寸数据相同，需要考虑数据的差异性，例如地区差异、性别差异等。值得注意的是，在测量老年人人体尺寸数据时，一般对跪姿参数不做研究。老年人骨骼支撑力和身体活动能力下降，很多姿态可能会引起不适，通常只测量立姿、坐姿静态尺寸和手臂活动范围数据。

供老年人使用的健身器材要根据老年人的人体尺寸数据进行设计，需要考虑老年人人体静态尺寸、动态尺寸、四肢活动范围以及老年人心理因素等参数。例如，针对老年人进行健身器材设计时，其外观与结构设计首先需要根据人体尺寸计算所需的操作空间，在此基础上，结合健身的动作设计出适合老年用户的安全且适宜的健身器材。如果能设计调节结构，使得器材尺寸可调，做到因人而异，就可进一步提高健身器材使用的舒适性。同时，由于老年人自我保护能力较弱，健身器材需要具有紧急保护功能，提高设备的安全性。

2.3.2 残疾人群

由于身体上的缺陷和心理上的阻碍，残疾人士不能很好地体验家庭及社会生活，再加上某种程度上的环境限制使得残疾人士的社会生活参与度极低，这就导致残疾人士在心理、生理、情感、性格、运动机能等方面容易出现问题[12]。为了保证残疾人的正常生活，人们不断研究康复设备和健身器材，其中人机工程学的运用显得尤为重要。在研究过程中，人们发现残疾人康复设备不能完全按照国家标准人体尺寸进行设计，由于一些残疾人的身体形态发生了变化，因此需要采用特殊数据。

根据《中华人民共和国残疾人保障法》规定，残疾人是指在心理、生理、人体结构上，某种组织、功能丧失或者不正常，全部或者部分丧失以正常方式从事某种活动能力的人，具体包括视力残疾、听力残疾、言语残疾、肢体残疾、智力残疾、精神残疾、多重残疾和其他残疾的人。其中肢体残疾人群对康复设备和健身器材的需求量较大，是人机工程学的重点研究对象之一。

对于肢体残疾人士，康复设备帮助其恢复身体功能，健身器材帮助其保持身体健康。肢体残疾人士可分为三种类型：一是左右肢体有一侧发育不正常；二是下肢完全没有运动功能，需要依靠辅助工具生活；三是部分肢体残缺，这种类型一般是非先天性缺失[12]。研究器械时需要考虑他们的行为习惯、生理结构需求和心理需求[12]。

第一种类型常用的健身方式就是走路，在走路过程中为了维持身体平衡，运动受限一侧的脚部和腿部会发生变形，因此他们行走的过程中需要相关器械为身体提供更多的支撑，避免受限一侧出现二次伤害[12]，同时器械应方便使用，帮助使用者轻松行走。

第二种类型的肢体残疾人士，其下肢完全没有运动功能，而长期使用轮椅、缺少必要的运动，必将导致肌肉萎缩退化和下肢肌力减退。有效的康复医治能够减缓身体机能衰退，极大地减少中风的概率，强化腿部肌肉，逐渐修复疾病，甚至可以辅助患者独立行走[13]。研究相关器械时可以从两个方面进行考虑，一方面考虑轮椅尺寸，使残疾人士在使用轮椅的条件下就可以使用健身器材，提高器材使用的方便性；另一方面结合人体变化直接设计健身器材，采用区间数值定义尺寸，使产品满足大多数人的使用需求。此外，多数使用轮椅者的行动受到较大限制，而使用拐杖者水平推力差，对常规的运动节奏较难适应，设计产品时要考虑到使用者的活动应该较慢且动作不能过大。

第三种类型是部分肢体残缺。手指缺失者握力和持续用手能力较差；单臂缺失者只能进行单侧行为，难以完成需要双手配合的工作；单腿缺失者身体平衡能力差，他们的生活多依赖于拐杖，而拐杖在一定程度上限制了身体的灵活性，也增加了人体活动的危险性。应针对这一类残疾者在日常生活和运动时需要更强的保护措施的需求研究器械，防止其发生危险时不能及时自救。

智力残疾、言语残疾、听力残疾、视力残疾一般对人体尺寸的影响不会太大，但这四种先天性残疾会在人的成长过程中产生影响，所以这四类情况一般分析未成年人身体形态。

身高、体重和胸围是评价残疾儿童、青少年成长状况的三个重要形态指标，大多数指标参数具有规律性，符合人体生长发育的基本规律。通过查阅相关资料发现，言语残疾、听力残疾人群的身体指标与正常未成年人基本一致，可以参考国家标准尺寸；智力残疾人群的身高普遍偏低，男生在13岁以前体重大于正常未成年人，13岁后情况相反，而女生的体重一般大于正常未成年人。视力残疾人群的情况比以上三种人群复杂，在不同的年龄段呈现不一样的规律，女生的各项数据均小于正常未成年人，男生在9岁前身高差距较小，9岁以后身高略低于正常未成年人，13岁以后男生的体重和胸围都略大于正常未成年人。一般来说，视力残疾人群身高低于正常未成年人，体重和胸围大于正常未成年人，呈矮粗体型。

2.3.3 其他特殊人群

除了老年人群、残疾人群以外，还存在其他特殊人群，这些人群往往也需要使用健身器械，他们也是人机工程学的研究对象。

1.孕妇人群

孕妇是一种极为特殊的人群，她们的身体形态会随着孕育周期的增加而发生变化。随着社会不断进步，研究者们开始关注孕妇日常生活中的需求，例如，研究孕妇逛超市使用的手推车、孕妇座椅等。研究这些设备的一个前提就是要知道孕妇的人体尺寸，显然国家标准提供的成年人人体尺寸并不能代表这一特殊群体的人体尺寸，所以往往需要统计孕妇的相关数据作为参考。

一般把女性孕期分为三个时期，分别是1～3月的孕早期、4～6月的孕中期和7～10月的孕晚期[14]。在这三个不同时期，孕妇的身体形态会出现不同的变化，如图2-19所示。孕

孕早期

孕中期

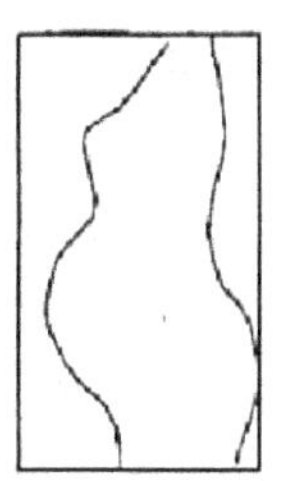

孕晚期

图2-19 不同时期孕妇身体形态

妇在孕早期的身体变化不会太明显，胸部、腰部、大腿部位会出现增大的趋势。孕中期孕妇的下腹部变化较明显，会出现颈部前倾、胸部后倾、肩部下垂、腰腹部增粗以及臀部增大等。孕晚期时段最大的身体变化在腹部，腹部已经增大到肚脐甚至腰部以上，整体增长 20～25 cm。值得注意的是，孕妇腹部增长不是按球形等比增长的，主要方向为向前增长。因此孕妇侧面的腹部尺寸相比正面而言增长要更显著[14]。

在怀孕期间，孕妇腹部重量不断增加，造成身体重心偏移，在没有外力的帮助下会形成肩部、头部、背部向后倾斜，腰部向前的姿势，会造成身高的降低，在采用数据时需要考虑到孕妇的体型特点[14]。而为了追求心理上的安全感，孕妇对产品的使用要求更高，因此需要根据孕妇需求确定心理修正量，对产品尺寸进行调整[14]。

2. 脑瘫人群

脑性瘫痪，顾名思义就是由脑损伤引起的四肢、躯干的瘫痪。由于疾病的原因，脑瘫患儿常出现非特征性身体姿态和不规则步态，使他们在运动控制方面面临巨大的挑战。例如：出现上下肢协调和发力方面的损害、步态障碍、四肢僵硬，以及不自觉地重复移动肢体可能使他们难以行走或站立，严重影响患儿的日常生活以及活动[15]。

由于存在四肢瘫痪、肌张力低等运动障碍问题，63％的脑瘫患儿在教育环境中的参与受到限制，57％的患儿在社会活动中的参与受到限制[15]。上肢功能障碍以缓慢和生硬的伸手，无法抓握和操作物体为特征，是脑瘫患儿常见的临床症状之一。脑瘫患儿下肢障碍可出现无力和运动控制能力差，导致患儿出现行走不便[15]。

在设计和制作康复设备时，应充分考虑人机工程学因素，如产品是否与人体尺寸、形状及用力相配合，是否顺手和方便使用等。首先，分别对各年龄段脑瘫儿进行坐姿拍摄、测量，观察各年龄段脑瘫儿坐姿异常状况，记录患儿坐高、胸围、腰围、脊柱不同节段运动范围及负荷等基础数据，并分析坐姿异常产生原因；其次，根据人机工程学原理和人体测量标准，通过查阅文献、临床调查等方法调研康复相关领域对改善脑瘫儿坐姿功能康复辅助设备及技术的研究情况，构思维持脑瘫儿正常坐姿康复辅具的造型、主要参数、结构（可调节等）、材质、功能及其对患儿的影响[16]。

此外，要考虑设计的外部因素，缩短治疗周期，提高康复效率，提供娱乐化的康复模式，提高患儿主动参与的积极性等[15]。

除了先天性脑瘫的儿童之外，一些疾病也会引起后天性的脑瘫，这些患者的身体尺寸一般不会有太多变化。

3. 不同职业

伴随互联网技术的迅猛发展，电脑成为各行各业不可缺少的办公设备，而人们在长期使用电脑的过程中，也产生了职业病，如办公室工作人员长期坐着使用电脑，导致颈椎病、肩周炎、鼠标手、腰背疼痛、干眼症等。此外，当代青少年的近视情况已经达到严重程度，而久坐正是诱发近视、驼背、腰背疼痛、颈椎病的一大原因。

以上这些症状的出现大多数与办公室桌椅有关，这就需要在设计桌椅时以人机工程学的理论为指导，分析坐姿工作者的作业姿势，关键是要对人体上半身的手肘、胳膊、腰部、背部及手腕进行研究分析。

操作键盘时，无论键盘是放在桌面上，还是放在键盘托板上，由于桌面和键盘托板都不能给使用者的双肘及前臂提供支承，使用者只能采取肘部及前臂悬空、没有依托的作业姿势[17]。无论是操作键盘还是鼠标，由于肘部悬空，必然要依赖手腕处的支承，使得手腕的肌肉一直处于紧张状态，也容易导致鼠标手[17]。此外，应关注人的腰背部与椅子靠背能不能接触，椅子靠背的作用能不能发挥出来。肘部及前臂悬空、没有依托的不良作业姿势还会影响人的坐姿。因为在双肘没有依托时，前伸双臂操作键盘会感觉吃力，人们必然要把上臂夹在上身的两侧，这样，前臂前伸操作键盘时，必然要带动上身前倾，导致人的腰背部脱离椅子的靠背，这就引发了一系列的不良后果[17]。

因此在设计办公室桌椅时，除了要满足对桌面高度、桌下容膝容足空间等传统的要求之外，还必须注意三个要点。第一，在办公桌上必须提供对肘部及前臂的合理支承，这种支承不仅要求高度合理，而且要求位置合理，因此建议采用"支肘板"这种新型的桌面结构。第二，必须发挥椅子靠背的作用，尤其是椅子腰靠对腰椎的支承。第三，必须使手腕的支承面与作业面之间在高度上相互协调[17]。

需要强调的一点是，即使人们有合适的办公设备辅助工作，长时间维持同一动作办公还是会对人体造成一定程度的伤害，因此在办公过程中还要注意劳逸结合。

运动员是一种特殊的职业，他们长期进行同一种训练，会导致身体发生严重变形。短道速滑运动对平衡协调能力要求较高；膝关节的伸展主要提供滑行动力，而等长屈曲动作主要用于维持滑行姿势；右腿胫骨前肌与股直肌对速度贡献最大；滑行姿势与弯道技术限制了运动员的最大摄氧量水平并导致血流供输与氧利用出现左右腿差异[18]。短道速滑运动员由于常年穿着冰刀鞋训练，整个脚部严重变形。合理的辅助训练工具既可以帮助运动员提高自身水平，又可以帮助保护他们自身。由运动特点看，短道速滑运动员沿逆时针运动，在弯道滑行时以左腿支撑为主，因此左腿膝、踝关节的力量应强于右腿。但相对静态的右腿支撑切过弯道的动作又对右腿膝、踝关节屈肌肌群的力量提出了较高的要求，所以两侧下肢同名肌肉群力量相对均衡应是高水平短道速滑运动员专项力量发展的方向与要求。在设计辅助训练工具时，帮助提高稳定程度和调节平衡能力是十分重要的[18]。除此之外，针对其他项目的运动员，也要基于人机工程学原理，参考训练情况，为其设计安全合理的辅助训练工具。

4. 不同科室

人机工程学也可以运用在医院的病房中，不同科室的病人需求也不同。

在儿科住院病房，需要采取一些细致入微的处理办法才能够达到较为理想的效果。根据现代心理科学的研究成果，住院经历会对儿童的心理产生较大的冲击[19]，如果处理不当，一些不好的记忆会牢牢地留在其脑海中，可能会对其一生产生深远的影响，甚至留下恐怖的阴影，经久不散。相反，如果他们能够身处一个活泼、浪漫、温馨的医院环境之中，他们的不安和恐惧感就会大大降低，病情的康复就会加快[19]。所以，除了要关注儿童在住院期间的生理需要和疾病治疗，还要充分重视他们心理上的需求，这也就要求儿科病房的环境设计能够体现上述原则[19]。结合医疗所需，病房内的家具应该满足可移动、可放置相应生活器具、可放置相应医疗器械以及实现相应的医疗功能的要求。在功能设计中，要充分考虑安全因素，既要满足功能的需要，又要避免在实现功能的同时造成不可预见的危险。

在脑科、胸科等病房，椅子是必不可少的，它是除床之外患者生活休息的另一个"着点"，有助于患者恢复正常生活能力。座椅首先要满足人机尺度，使人坐起来舒适，椅子的尺寸、结构、材质都是影响其舒适度的重要因素。原则上椅子的座面高度要略小于使用者小腿长度，使其脚部能自然地放在地面而得到全面放松，座面和靠背形成的角度要等于或大于95度，且两者根据需要后倾以支持身体重量。

对于骨科、神经科及老年科，为方便卧床病人、疼痛及体力原因移动范围窄的病人，要减少病房内的设施之间的距离。在病床、座椅、洗漱台、马桶等设施附近安装扶手，避免患者摔伤。卫生间及淋浴设施方便使用，较易对灯光、电视等设备进行控制，护士可随叫随到。有存放个人物品的地方，有接待来访者的地方，空间明确。病房应有良好的朝向，均设置卫生间与阳台，外阳台应充分引入阳光、绿化，应尽可能减少空调使用时间。房间不仅应能够获取良好的自然采光和照明，更应尽力使病人看到窗外景致，宜人的环境极有益于病人身心健康[20]。

根据心理学研究，色彩能够传递情感和情绪。颜色对人的影响是比较复杂的，而且存在着极大的个体差异，影响效果更是千变万化。对色彩心理学的深入探究可以很好地帮助人们通过颜色来解决心理或生理上的问题。在设计医院病房时，可以从患者的情感角度出发，为患者营造舒适的就医环境。例如在色彩方面，急诊室和抢救室可以采用令人情绪稳定的蓝色，住院病房可以采用令人心境平和的暖色调；灯光方面要注意灯具色温和装配方式的选择，避免炫光；装饰方面可以选择更多的艺术作品，以大型壁画和装饰画的形式布置在公共活动空间；在音响方面可以设置背景音乐，通过播放轻音乐来制造平和亲切的气氛[21]。视觉感受往往会引起不同的生理刺激与情绪反应，进而使得患者产生不同的心理感受。

第3章 人的感知觉

3.1 人的感觉

感觉，是人的大脑对直接作用于感觉器官的客观事物的个别属性的反映。感觉不仅反映客观事物的个别属性，也反映身体各部分的位置和运动状态。

3.1.1 感觉的分类

1. 视觉

1)人眼结构

人类获取信息最重要的通道是视觉，我们所获取的信息中有80%来自视觉。视觉是由眼、视神经和视觉中枢的共同作用完成的。眼是视觉系统的外周感受器官，是以光波为适宜刺激的特殊器官。外界物体发光，透过眼的透明组织发生折射，在眼底视网膜上形成物像；视网膜感受光的刺激，并把光能转变成神经冲动，再通过视神经将冲动传入视觉中枢，从而产生视觉。所以眼睛具有折光成像和感光换能两种作用。眼睛的结构如图3-1所示。

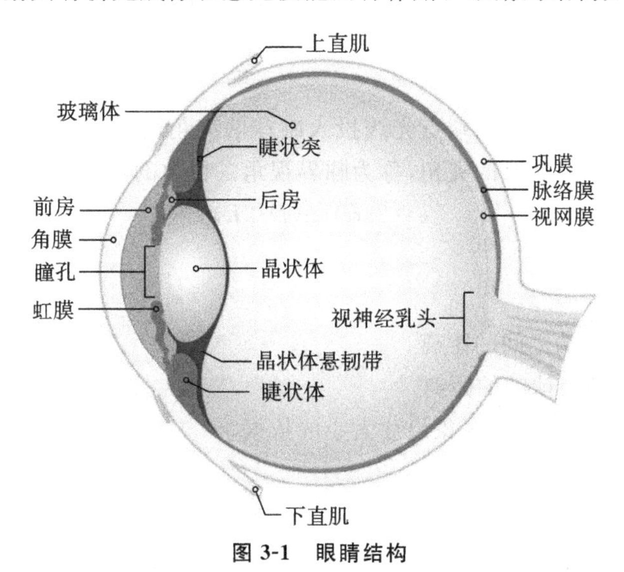

图3-1 眼睛结构

眼睛的构造与功能和照相机有些相似，包括折光部分和感光部分。折光部分包括眼球最前面的透光组织——角膜和白色不透明的巩膜。角膜凭借其弯曲的形状实现眼球的折光功能。巩膜主要起巩固和保护眼球的作用。

虹膜位于角膜和晶状体之间，中央是瞳孔。瞳孔的大小由虹膜的扩瞳肌和缩瞳肌的拮抗活动来控制。瞳孔的主要功能是调节进入眼内的光量。光弱时瞳孔增大，进入眼内的光量增加。在强光下，瞳孔缩小，以减少进入眼球的光量，避免视网膜遭受强光刺激而受损伤。

瞳孔后面是晶状体。晶状体起着调节眼睛焦距的作用，使人看清远近不同的物体，这种调节通过改变其曲率半径来实现。晶状体起着类似于透镜的作用，保证来自外界物像的光线在视网膜上聚焦，并形成清晰的倒像。

视网膜是眼睛的感光部分，内有两种感光细胞——杆状细胞和锥状细胞，两者的功能有明显的差别。杆状细胞对光的感受性比锥状细胞约强 500 倍，主要在暗视觉条件下起作用，但它不具备锥状细胞分辨物体细节、辨认颜色的能力，也没有较高的视觉敏感性。锥状细胞密集在视网膜中央，离视网膜中央越远，锥状细胞数量越少，而杆状细胞的密度急剧增加。视网膜上感光细胞的分布直接决定着该部分视网膜的感光特性，中央处具有最敏锐的物体细节和颜色辨别能力；离中央越远，视敏度和辨色能力越低。弱光条件下，主要由视网膜边缘的杆状细胞起作用，这种视觉称为边缘视觉。

视网膜的感光细胞将接收到的光刺激转化为神经冲动，神经冲动沿视神经传导。视神经由四级神经元组成。一、二、三级神经元位于视网膜内，第四级神经元在外侧膝状体接收来自前神经元的神经冲动并上传到视觉中枢。

人眼所能感受的光线的波长为 380～780 nm，波长大于 780 nm 的红外线，或波长小于 380 nm 的紫外线都不能引起视觉反应，人能感受到不同的颜色，是眼睛接收不同波长的光的结果。

视觉是所有感觉中神经数量最多的感觉系统，其优点是：可在短时间内获取大量信息；可利用颜色和形状传递性质不同的信息；对信息敏感，反应速度快；感觉范围广，分辨率高；不容易残留以前刺激的影响。但也存在容易发生错视、错觉和容易疲劳等缺点。

2)视觉机能

(1)视角。

视角指的是被看目标物的两端点光线投入眼球的夹角(见图 3-2)。眼睛能分辨被看目标物最近两点光线投入眼球时的夹角，称为临界视角。视角的计算公式为：

$$\alpha = 2\arctan(D/2L)$$

式中：

α 为视角；

D 为被看目标物两端之间的距离；

L 为被看目标物到眼球间的距离。

在设计中，视角是确定设计对象尺寸大小的依据。

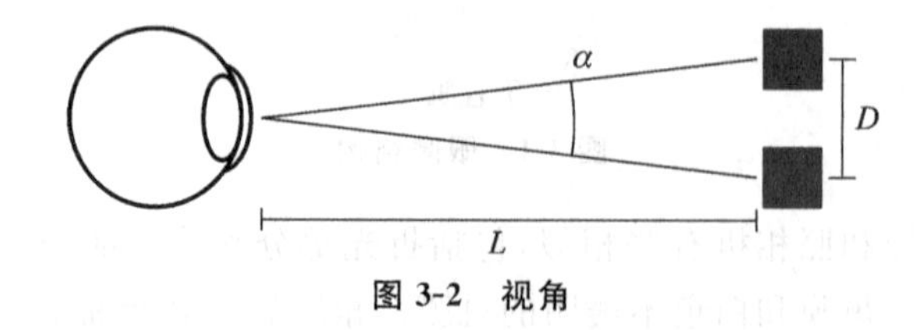

图 3-2　视角

(2)视力。

视力是眼睛分辨视野中物体细节的能力，又称视敏度或视锐度，用临界视角的倒数来表示，即

视力＝1/临界视角

在视距一定的条件下，分辨物体细节的角度越小，视力就越好，视力是评价人的视觉功能的主要指标。

影响视力的因素有很多，具体如下：

①人的生理。视网膜不同部位的视力不同，中央凹的地方视力较高，而离中央凹处越远，视力越低。另外，视力还随年龄的增长而改变，视力一般在 14～20 岁时最高，40 岁之后开始下降，60 岁之后的视力只有 20 岁视力的 1/4～1/3。

②亮度。一般情况下，视力会随环境亮度的增加而升高，但视力与亮度之间并非呈线性关系，当亮度为 500 asb 时，视力最高。因此，亮度对视力有很大的影响。其中，目标物体亮度与其背景亮度的对比对人的视力影响很大，两者亮度对比越大，物体越易被看清，这时的视力就比较高；反之，物体越难被看清，视力也就越差。

③物体的运动。一般来讲，人眼看静止事物的视力要高于看运动的事物。另外，年龄越大，看运动事物的能力越低。

(3)视野与视线。

视野是指人的头部和眼球固定不动的情况下，眼睛观看正前方物体时所能看得见的空间范围，常以角度来表示。视野的大小和形状与视网膜上感觉细胞的分布有关。

视野又可细分为静视野、眼动视野和观察视野三种：①静视野也称直接视野，指当头与两眼静止不同时，人眼可观察到的水平面与铅垂面内所有的空间。②眼动视野，指头保持不动，眼球跟随目标移动时，能依次觉察到的水平面与铅垂面内所有的空间。③观察视野，指身体保持在固定位置，头与眼睛转动注视目标时，能依次觉察到的水平面与铅垂面内所有的空间。

正常视线是指头部和双眼都处于放松状态，头部与眼睛轴线的夹角在 105°～110°时的视线，该视线在水平线以下 25°～35°(图 3-3)。

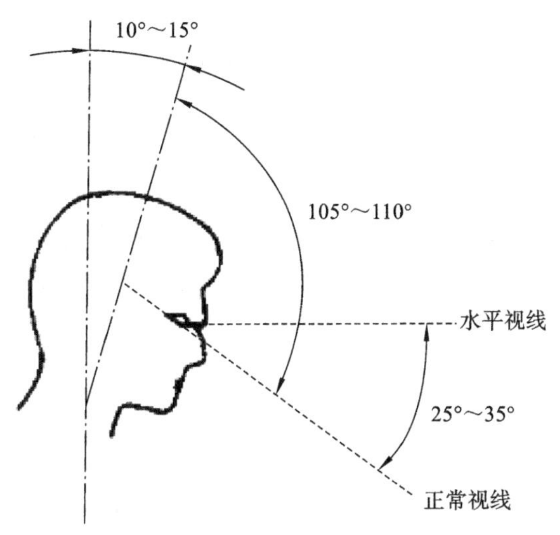

图 3-3 正常视线

图 3-4 至图 3-6 分别为直接视野、眼动视野、观察视野在水平和垂直两个方向上的最佳值。三种视野的关系如下：

眼动视野最佳值＝直接视野最佳值＋眼球可轻松偏转的角度(头部不动)

观察视野最佳值＝眼动视野最佳值＋头部可轻松偏转的角度(躯干不动)

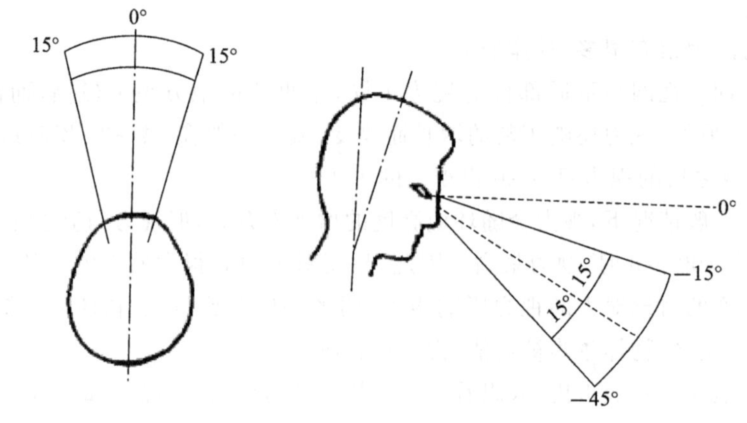

图 3-4　最佳的直接视野

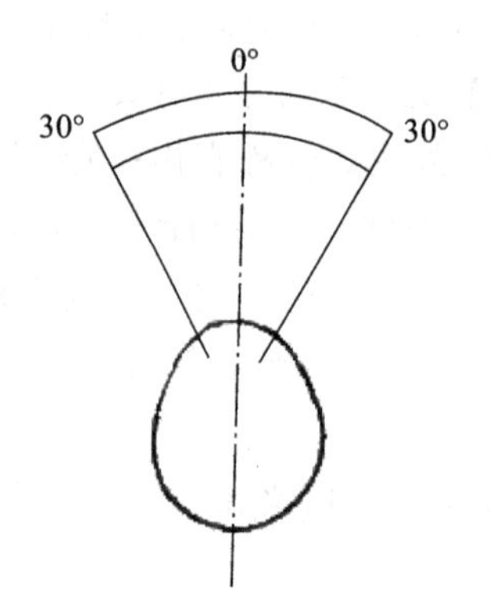

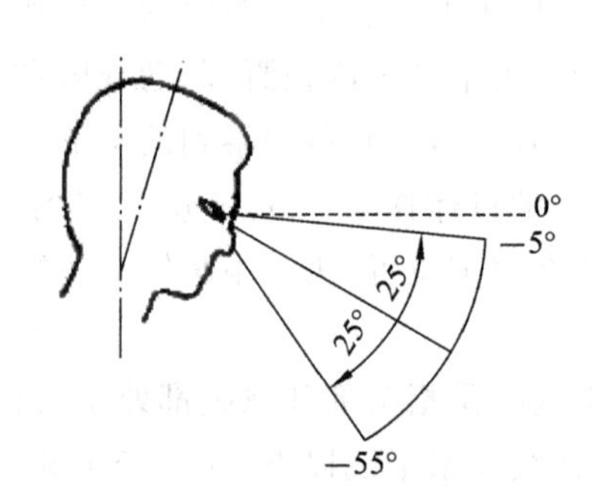

图 3-5　最佳的眼动视野

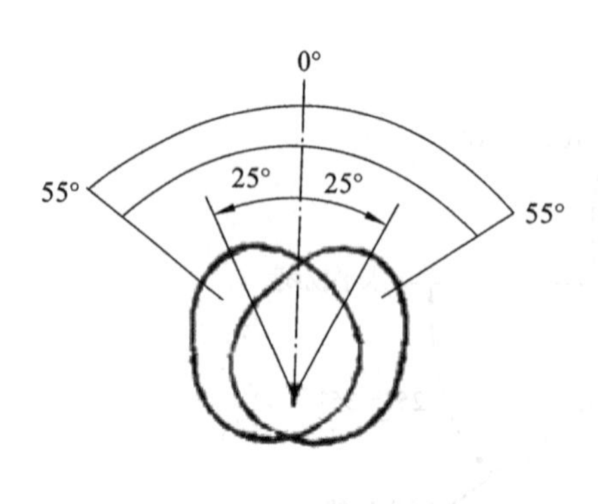

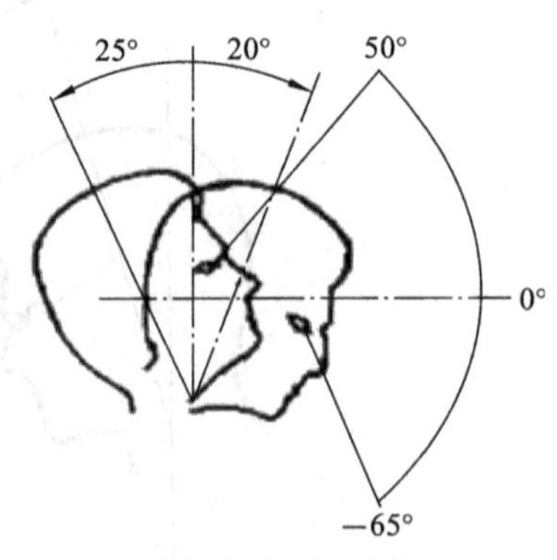

图 3-6　最佳的观察视野

色觉视野是指颜色对眼的刺激能引起感觉的范围。由图 3-7 可看出,各种颜色的视野由大到小依次是白色、黄色、蓝色、红色、绿色。在为产品上的标识和文字等选择颜色和安排位置时，应当注意人的色觉视野因素。

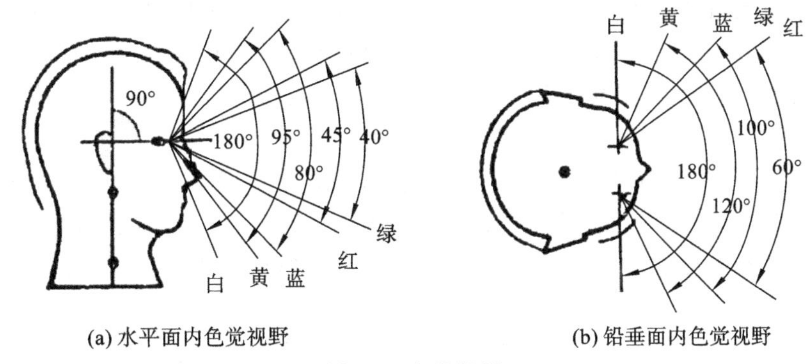

(a) 水平面内色觉视野　　(b) 铅垂面内色觉视野

图 3-7　色觉视野

(4)立体视觉。

外界物体通过光投射在人视网膜上的映像是二维的，但人能够知觉物体的立体形态，这就是立体视觉。两只眼睛中所形成的物象融合为双眼单视后，可用于辨别物体的高低、深浅、远近、大小，这种辨别物体立体位置的视力也可以称为深度觉。促使立体视觉产生的因素有两眼视差、肌体调节、两眼辐合和运动视差。

(5)视距。

视距是指人在操作过程中进行正常观察的距离。观察各种装置时，视距过远或过近都会影响认读的速度和准确性。一般情况下，视距范围为 38～76 cm。其中，56 cm 最为适宜，低于 38 cm 会引起目眩，超过 78 cm 则看不清细节。此外，观察距离与工作的精确程度密切相关，应根据具体任务的要求来选择最佳的视距。

(6)对比感度。

物体与背景有一定的对比度时，人眼才能看清物体的形状。这种对比可以是颜色对比(背景与物体具有不同的颜色)，也可以是亮度对比(背景与物体在亮度上有一定的差别)。人眼刚刚能辨别物体时，背景与物体之间的最小亮度差称为临界亮度差，临界亮度差与背景亮度之比称为临界对比，临界对比的倒数就称为对比感度。具体关系如下：

$$S_c = 1/C_p = L_b/\Delta L_p = L_b/(L_p - L_o)$$

式中：

C_p——临界对比；

ΔL_p——临界亮度差；

L_b——背景亮度；

L_o——物体的亮度；

S_c——对比感度。

对比感度与照度、物体尺寸、视距和眼的适应情况等因素都有关，在理想情况下，视力好的人其临界对比约为 0.01，也就是对比感度为 100。

(7)视觉适应。

视觉感受性随外界环境中不同的光刺激而发生变化的特性称为视觉适应。人眼的视网膜包含视杆细胞和视锥细胞两种感光细胞，视觉适应与这两种细胞有很大的关系。视觉适应一般分为暗适应和明适应两种。

①暗适应。当人们从明亮的环境转入黑暗的环境中时，一开始什么都看不清楚，需经过一段时间才能慢慢看清物体，这种现象称为视觉的暗适应。暗适应过程开始时，瞳孔开始放大，使得进入眼睛的光通量增加；与此同时，对弱刺激敏感的视杆细胞逐渐进入工作状态，即视觉感受性提高。暗适应在开始的 1～2 min 进行得很快，但完全的暗适应需要 30 min 以上。

②明适应。与暗适应相反，当人由暗环境转入明亮的环境中时，瞳孔开始变小，使得进入眼睛的光通量减少，即视觉感受性降低；同时，视杆细胞停止工作，而视锥细胞的数量迅速增加。由于视锥细胞反应较快，明适应在最初 30 s 内进行得很快，然后渐慢，经过 1～2 min 便可完全适应。

人眼虽然具有适应性的特点，但当视野内明暗急剧变化时，眼睛便不能很好地适应，不仅会引起视力下降，还会影响工作效率，甚至引起事故。因此，在一般的工作环境中，要求工作面的亮度均匀且不产生阴影。

3)视觉规律

(1)眼睛沿水平方向运动比沿垂直方向运动快，而且不易疲劳。一般先看到水平方向的物体，后看到垂直方向的物体，因此，很多仪表的外形都设计成横向长方形(图 3-8、图 3-9)。

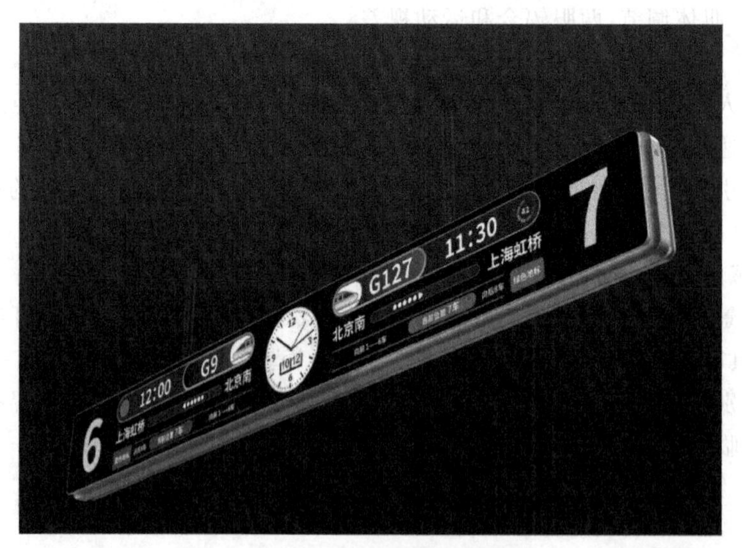

图 3-8 索利奥帕高铁显示屏

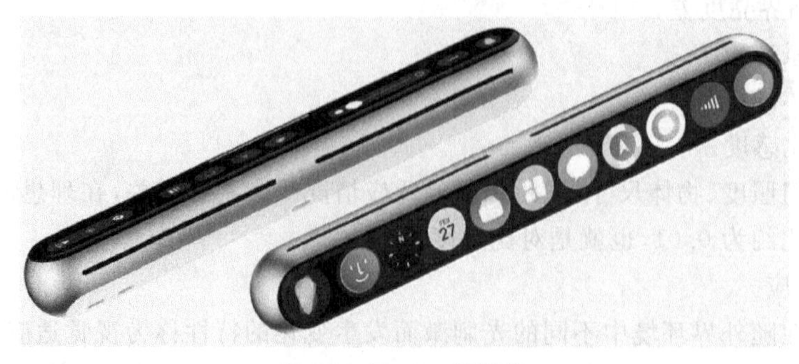

图 3-9 Taptop 触控条

(2)视线习惯于从左到右、从上到下运动和沿顺时针方向运动，所以，仪表的刻度方向设计应遵循这一规律。

(3)人眼对水平方向尺寸和比例的估计比对垂直方向尺寸和比例的估计要准确得多，因此，水平式仪表的误读率(28%)比垂直式仪表的误读率(35%)低。

(4)当眼睛偏离视中心时，在偏离距离相等的情况下，人眼对左上限的观察最优，其次为右上限、左下限，而右下限最差。因此，左上部和上中部可以被称为“最佳视域”，例如，报头、商品名、展览名称等重要的信息一般都放在左上角。图 3-10 所示为站酷网站首页，页面左上角为该网站的名称。当然，这种划分也受文化因素的影响，比如阿拉伯文字是从右向左书写的，这时最佳视域就是右上部。

图 3-10　站酷网站首页

(5)两眼运动总是协调的、同步的，在正常情况下，不可能一只眼睛转动，而另一只眼睛不动；在一般操作中，不可能一只眼睛视物，而另一只眼睛不视物。因此，通常以双眼视野为设计依据。

(6)直线轮廓比曲线轮廓更易于被人眼接受。

(7)在一定条件下，人们可以通过视知觉把握到事物其他的感觉特性，这一现象称为视觉质感。视觉质感的产生与人的联觉有关。联觉是指感觉的相互作用，即某种感觉感受器的刺激能够在其他不同的感觉领域中产生经验。

(8)颜色对比与人眼辨色能力有一定关系。当人从远处辨认前方的多种不同颜色时，其易于辨认的顺序是红、绿、黄、白，即红色最先被看到。所以，停车、危险等信号标志都采用红色[22]，如图 3-11 所示。

2. 听觉

1)听觉器官

听觉是人耳接受 16～20000 Hz 的机械振动波，即声波刺激所引起的感觉。听觉系统是人获得外部世界信息的又一个重要感官系统，主要包括耳、传导神经与大脑皮层听区三个部分。耳可分为外耳、中耳、内耳三部分。

外耳包括耳郭和外耳道。中耳包括鼓膜、听小骨以及与其相连的肌肉，还有一条通向咽部的咽鼓管。内耳包括耳蜗、前庭和半规管三部分，也称为内耳迷路。内耳中与听觉有关的是耳蜗，前庭和半规管则与人的平衡感觉有关。

耳蜗内充满淋巴液，耳蜗的螺旋器上的毛细胞是听觉感受器。人接受声音刺激时，声音

图 3-11 警示标志

先要经过听觉器官的传音装置(外耳和中耳),再传到感音装置(内耳螺旋器)。这时,毛细胞受到刺激而兴奋,于是产生神经冲动,该冲动通过第八对脑神经(前庭蜗神经)到达听觉中枢,在大脑产生听觉。

由上述听觉的产生过程可以看到,内耳中螺旋器毛细胞的换能作用(将振动机械能转换为神经冲动的电能)起着非常重要的作用。外耳、中耳在听觉的产生过程中则发挥着集音、传音的辅助作用。

2)听阈与痛阈

声音的声压必须超过某一最小值,才能使人产生听觉。能引起有声音感觉的最小声压级称为听阈。不同频率的声音听阈不同,声音 2000～5000 Hz 范围的听阈最小,频率大于或小于这个范围,听阈都增高。例如,在 1000 Hz 时,4 dB 的声音人耳就可以察听,而在 100 Hz 时,声音只有达到 30 dB 以上人耳才能听到。当声压级增大到使人感到很不舒服、刺耳和有头痛感时,这个阈值称为痛阈。听阈和痛阈的声压级分别为 0 dB 与 120～130 dB。听阈也存在个体差异。人耳对高频声比较敏感,对低频声不敏感,这一特征对避免听觉被低频声干扰是有益的。人耳的可听频率范围为 20～20000 Hz,在高频区域,随着年龄的增长,听觉逐渐下降。

3)听觉特征

(1)声音的音调、音强和音色。声波的频率决定音调,声波的振幅决定音强,声波的波形决定音色。人耳对音调的感觉很灵敏，对音强的感觉次之。频率小于 500 Hz 或大于 4000 Hz 时，频率差达 1%就能分辨出来；频率在 500～4000 Hz 时，频率相差 3%便可分辨出来。

（2）声音的方位和远近。声源发出的声音到达两耳的距离不同或传播途中的屏障条件不同，声波传入两耳的时间和强度也不同，人耳通过这种强度差和时间差即可判断声源的方位。该现象称为双耳效应（图 3-12）。高频声主要依据声音强度差判断，低频声主要依据时间差判断。

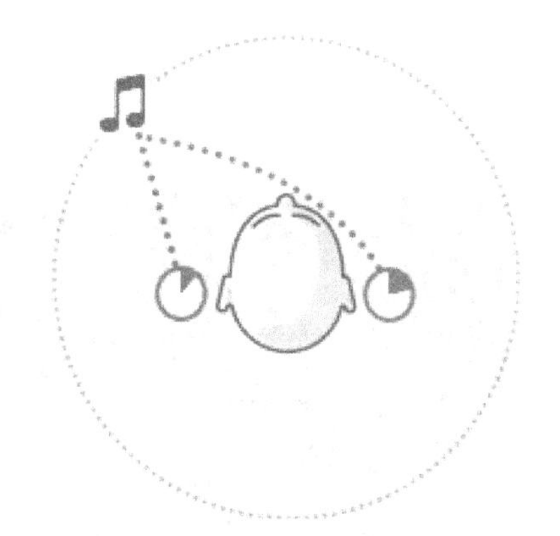

图 3-12　双耳效应

（3）听觉的适应。听觉的适应是指声音较长时间作用于听觉器官时，听觉感受性会降低，其主要表现为对声音的刺激及与其频率相似的声音的感受性降低。

（4）听觉的掩蔽现象。听觉器官在接收某一种频率的声音时，对另一种频率的声音敏感性下降，这种现象被称为听觉的掩蔽现象。

①人耳能察觉的声音的临界值是 5～10 dB。这时可以听到声音，但分辨不出说的是什么。

②人耳能知觉的声音的临界值是 13～18 dB。这时可以从声音中分辨出某些词，但无法理解由词组成的句子。

③人耳能理解的声音的临界值是 17～21 dB。这时可以理解由词组成的句子所表达的意思。

④人耳能理解的声音的最佳值是 60～80 dB。

⑤人耳能忍受的声音的临界上限值是 140 dB。[23]

3. 肤觉

皮肤是肤觉的感受器官，其上分布着三种感受器：触觉感受器、温度感受器和痛觉感受器。以不同性质的刺激实验检验人的皮肤感觉时可以发现，不同感觉的感受器在皮肤表面呈现相互独立的点状分布。

1）触觉

（1）触觉感受器。

触觉是由微小的机械刺激触及皮肤浅层的触觉感受器而引起的，而压觉是由较强的机械刺激压迫皮肤深层组织并使之变形而产生的感觉，触觉和压觉通常合称为触压觉。一般来讲，触觉能辨别物体的大小、形状、硬度、光滑程度以及表面肌理等机械性质的触感。

分布在皮肤和皮下组织中的触觉感受器有游离神经末梢、触觉小体、触盘、毛发神经末梢、棱状小体、环层小体等。不同的触觉感受器决定了对触觉刺激的敏感度和适应出现的速度。

（2）触觉阈限。

恰能给人带来触觉感的刺激量称为触觉阈限。皮肤不同区域的触觉敏感性有相当大的差别，这种差别主要是由皮肤的厚度、神经分布状况不同引起的。其中面部、口唇、指尖等处的触觉敏感性较高，而手背、背部等处的触觉敏感性较低。一般来说，女性的触觉阈限较男性小，即女性比男性更为敏感。

如果皮肤表面相邻的两点同时受到刺激，人将感受到只有一个刺激；接着将这两个点略为分开并使人感受到有两个不同的刺激点，这种能被感知到的两个刺激点间最小的距离称为两点阈限。两点阈限因皮肤区域不同而异，其中手指的两点阈限值最低，这是手指触觉操作的一种“天赋”。

图 3-13　Blackmagic URSA Mini Pro 4.6K 界面

触觉在盲人定向行走和认识外界事物、阅读盲文中起到重要作用。盲人通过皮肤与外界刺激物直接接触的方式来感知外界事物，以补偿视觉缺陷。盲人使用触觉不能感知到事物的颜色、亮度等触觉范围之外的事物，但可以感知到事物的温度、硬度、质地等。图 3-13 是 Blackmagic URSA Mini Pro 4.6K 相机的交互界面设计，不同形状的控制键和旋钮带来不一样的触觉感受，便于使用者区分不同的功能。

2）温度觉

温度觉分为冷觉和热觉两种，这两种温度觉是由两种感受不同温度范围的温度感受器引起的。冷感受器在皮肤温度低于 30 ℃时开始发生冲动，而热感受器在皮肤温度高于30 ℃开始发生冲动，到 47 ℃时冲动发生频率最高。

温度感受器分布在皮肤的不同部位，形成所谓冷点和热点。每 1 cm^2 皮肤内有 6～23 个冷点，有 3 个热点。温度觉的强度取决于温度刺激强度和被刺激部位的面积大小。在冷刺激或热刺激的持续作用下，温度觉就会产生适应。

图 3-14 是一款名为 Fingertip Temperature 的水杯，视障人群通过将拇指放在手柄的顶部接头上来测量热水的液位。该接头所在的位置（在杯子的内部）有一个开口，当热水到达开口时，它会渗入手柄并在拇指附近产生热量，向用户发出停止加水的信号。

图 3-14　Fingertip Temperature 水杯

3）痛觉

凡是剧烈的刺激，不论是冷、热接触，还是压力等，作用于肤觉感受器时都会给人带来痛觉。组织学的检查证明，各个组织的器官内都有一些特殊的游离神经末梢，在一定刺激强度下会产生兴奋，从而出现痛觉。这些神经末梢在皮肤中分布的部位就是痛点。每1 cm^2的皮肤表面约有100个痛点，在人体全身皮肤表面，痛点的数目可达100万个。

痛觉的中枢部分位于大脑皮层。痛觉具有很大的生物学意义，因为痛觉的产生将促使机体产生一系列保护性反应来回避刺激物，动员人的机体进行防卫或改变本身的活动来适应新的情况。

4）味觉

味觉是溶解性物质刺激口腔内味蕾而引起的感觉。味觉的感受器是味蕾，分布于口腔黏膜内，主要分布于舌的背面，特别是舌尖和侧缘。儿童的味蕾较成年人分布广泛，老年人的味蕾则由于萎缩而减少。味蕾是由味觉细胞和支持细胞组成的。味觉细胞受到刺激时引起神经冲动，味觉信息由这些神经传送到延髓，再传到间脑，最后进入大脑皮层的味觉区，引起味觉。

味觉有甜、酸、苦、咸四种，称为四原味。其他味觉都是由这四种原味相互配合而产生的。不同味觉的产生一方面取决于味蕾兴奋时在时间和空间上产生冲动的形式不同，另一方面可能与味觉中枢细胞的感受性的差别有关。味觉的反应速度很慢，恢复原状也需要时间。当一种有味物质进入口腔后，需要1 s才能有感觉，而恢复原状需要10 s～1 min，甚至更长。这一特征给品尝工作造成很大困难。味觉灵敏度往往受食物或其他刺激物温度的影响，在20～30 ℃时味觉最灵敏。另外，味觉的辨别能力受到血液中化学成分的影响。

5）嗅觉

鼻腔上端的嗅黏膜是嗅觉感受器，其上分布着嗅觉细胞。嗅觉细胞受到刺激时产生神经冲动，上传到嗅觉中枢而引起嗅觉。人的嗅觉灵敏度用嗅觉阈表示，即能引起嗅觉的气体物质的最小浓度。正常人的嗅觉很灵敏，因此嗅觉有时用于传递警示信息。但是嗅觉很容易产生适应，并且个体差异较大，因此利用嗅觉感知信息要特别谨慎。图3-15是一款名为sensorwake的闹钟，不同于传统闹钟用声音唤醒用户的方式，sensorwake通过散发气味唤醒用户，比如浓缩咖啡、桃子、海滨甚至是美元的气味（印刷美元的墨水味）。用户自行设置时间，设置方法和普通闹钟无异；在闹钟上方插入香味槽，一到起床时间，闹钟就开始慢慢散发香味，唤醒用户。如果用户在3分钟之内没起床，sensorwake就会改变叫醒机制，通过声音唤醒用户。

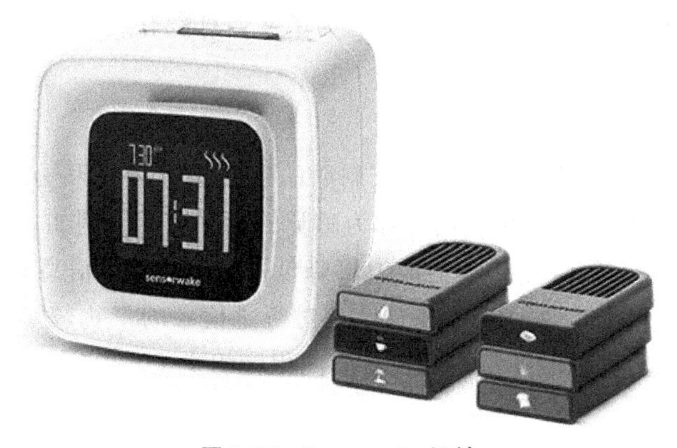

图3-15 Sensorwake闹钟

6)平衡觉

人对自身姿势和空间位置变化的感觉称为平衡觉,它的外周感觉器官是前庭器官。前庭器官由椭圆囊、球囊与半规管组成。机体在进行直线运动或旋转运动时,速度的变化会引起前庭器官中感受器的兴奋。这类感受器的兴奋对于机体运动的调节以及平衡的维持具有特殊作用。机体静止时,同样通过这类感受器来感受机体,特别是头部的空间位置。虽然前庭感觉直接关系到机体的空间位置感觉和运动感觉并进而反射地维持机体的平衡,但它必须与视觉、深度感觉以及皮肤感觉等其他感觉器官协同作用,共同维持机体平衡。[24]

3.1.2 感觉的特征

1.适宜刺激

感觉器官只对相应的刺激起反应,这种刺激形式称为该感觉器官的适宜刺激。各种感觉器官的适宜刺激及其识别特征见表3-1。

表3-1 各种感觉器官的适宜刺激及其识别特征

感觉类型	感觉器官	适宜刺激	识别特征
视觉	眼	光	形状、色彩、方向等
听觉	耳	声	声音的强弱、高低、远近、方向等
嗅觉	鼻	挥发性物质	气味
味觉	舌	可被唾液溶解物	酸、甜、苦、辣、咸等
肤觉	皮肤及皮下组织	物理化学作用	触压、温度、痛觉等
平衡觉	前庭系统	运动和位置变化	旋转、直线运动和摆动

2.适应

感觉器官接受刺激后,若刺激强度不变,则经过一段时间,感觉会逐渐变弱乃至消退,这种现象称为适应。人们通常所说的"久而不闻其臭"就是嗅觉器官产生适应的典型例子。对于人体而言,不同的感觉器官,其适应的速度和程度不同,其中触觉和压觉的适应速度最快。

3.感觉阈限

人的各种感受器在接收信息时有较大的局限性,它们对刺激作用的感受在强度上有一定的限制。刚刚能引起感觉的最小刺激量,称为感觉阈下限;而刚刚使人产生不正常感觉或引起感受器不适的刺激量,称为感觉阈上限。为了使信息能有效地被感受器接收,应把刺激的强度控制在感觉阈上、下限范围之内。

4.相互作用

在一定条件下,各种感觉器官对其适宜刺激的感受能力都将因受到其他刺激的干扰影响而降低,这种使感受性发生变化的现象称为感觉的相互作用。例如,同时输入两个强度相等的听觉信息,对其中一个信息的辨别能力将降低50%;当视觉信息与听觉信息同时输入时,听觉信息对视觉信息的干扰较大,视觉信息对听觉信息的干扰较小。此外,味觉、嗅觉、平衡觉等都会受其他感觉刺激的影响而发生不同程度的变化。

5.对比

同一感受器接受两种完全不同但属同类的刺激物的作用,而使感受器发生变化的现象称为对比。感受对比分为同时对比和继时对比两种。

几种刺激物同时作用于同一感受器时所产生的对比称为同时对比。如图3-16所示，同样一个灰色图形，在白色背景上看起来显得深一些，而在黑色背景上显得浅一些，这是明度的同时对比。

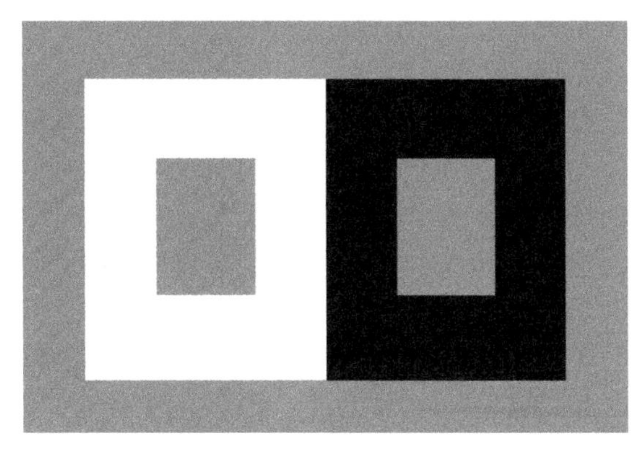

图3-16 明度的同时对比

几个刺激物先后作用于同一感受器时，将产生继时对比现象。如吃过糖之后再吃苹果，会觉得苹果发酸，这是味觉的继时对比。

6.余觉

刺激消失后，感觉还可存在一段极短的时间，这种现象叫余觉。例如，"余音绕梁，三日不绝"就是声音产生的余觉现象。再如，我们注视亮着的白炽灯，过一会儿闭上眼睛会发现灯丝在空中游动，这是发光灯丝产生的余觉现象。

3.2 人的知觉

知觉，是人脑对直接作用于感觉器官的客观事物和主观状况的整体反映。

3.2.1 知觉的分类

根据知觉过程中起主导作用的感官特性，我们可把知觉分为视知觉、听知觉、触知觉、味知觉等。在这些知觉中，除起主导作用的感官以外，还有其他感觉成分参加，如在对物体形状和大小产生的视知觉中，常常有触知觉和动知觉参加；在对言语产生的听知觉中，常常有动知觉参加。

根据人脑所认识的事物特性，我们还可以把知觉分成空间知觉、时间知觉和运动知觉三种。空间知觉用来处理物体的大小、形状、方位和距离的信息；时间知觉用来处理事物的延续性和顺序性的信息；运动知觉用来处理物体在空间的位移等的信息。

3.2.2 知觉的特征

1.整体性

人的知觉系统具有把个别属性、个别部分综合成为一个统一的有机整体的能力，这种特性称为知觉的整体性。例如，苹果看起来是红色的，形状是圆的，摸上去比较光滑，闻起来有淡淡的水果香味，吃到嘴里酸中带甜，所有这些感觉综合起来，就让我们知觉到这是一只苹果。

一方面，知觉的整体性使人们在感知自己熟悉的对象时，只根据其个别属性或主要特征便可将其作为一个整体而知觉到，如毕加索画的抽象化的牛（图 3-17）。而我们对个别成分（或部分）的知觉，又依赖于事物的整体特性。图 3-18 说明了部分对整体的依赖关系，同样一个图形，当它处在数字序列中时，我们把它看成数字 13；当它处在字母序列中时，我们就把它看成字母 B 了。

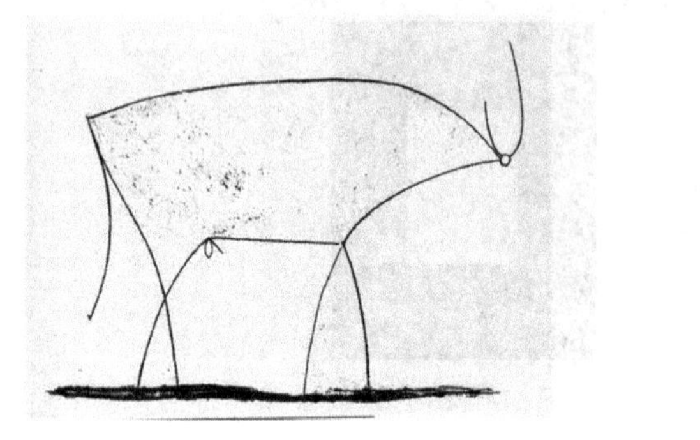

图 3-17　毕加索画的牛

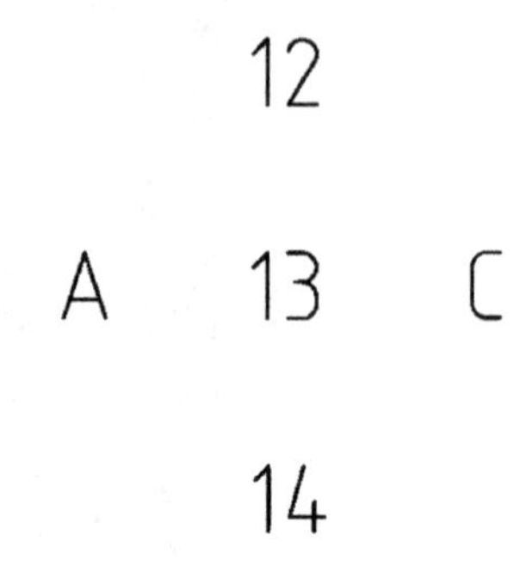

图 3-18　部分对整体的依赖关系

另一方面，在感知不熟悉的对象时，人们倾向于把它感知为具有一定结构的有意义的整体。

影响知觉整体性的因素有以下几个方面。

（1）邻近性。在其他条件相同时，空间上彼此接近的部分容易形成整体，如图 3-19 所示。

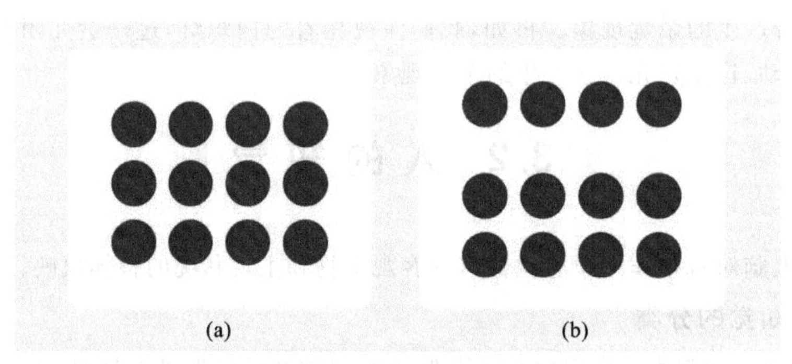

图 3-19　邻近性

（2）相似性。视野中相似的成分容易组成整体，如图 3-20 所示。

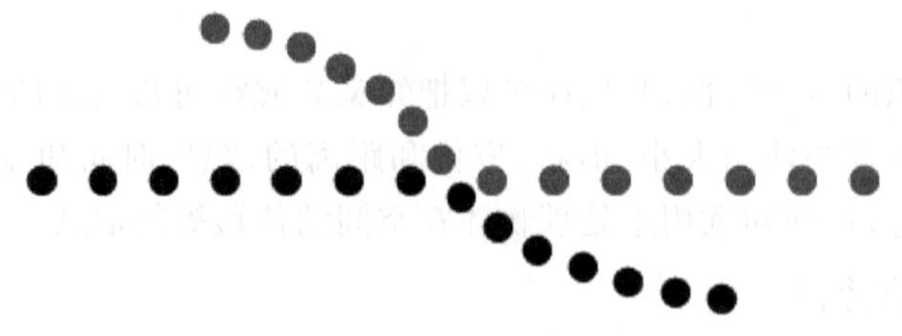

图 3-20　相似性

（3）对称性。在视野中，对称的部分容易形成整体，如图 3-21 所示。

（4）封闭性。视野中封闭的线段容易形成整体，如图 3-22 所示。

（5）连续性。具有良好连续性的几条线段容易形成整体，如图 3-23 所示。

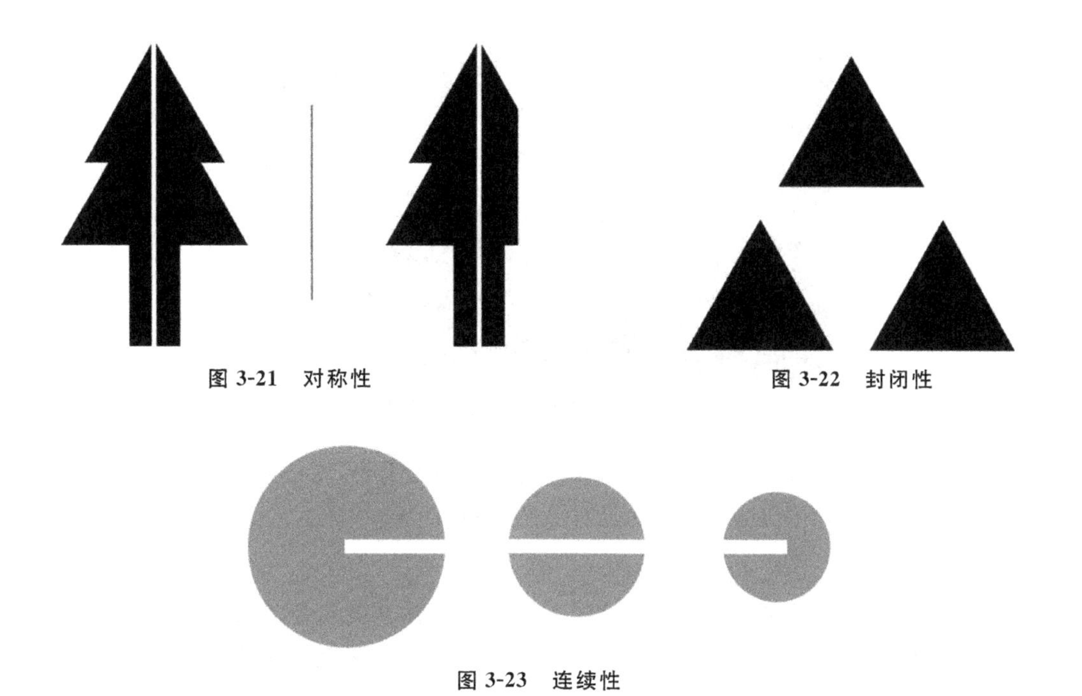

图 3-21　对称性

图 3-22　封闭性

图 3-23　连续性

2.选择性

人在用知觉感受客观世界时，总是有选择地把少数事物当成知觉的对象，而把其他事物当成知觉的背景，以便更清晰地感知一定的事物或对象，这种特性称为知觉的选择性。从知觉背景中感知出对象，一般取决于下列条件。

(1)对象和背景的差别。对象和背景的差别(包括颜色、形态、刺激强度等)越大，对象就越容易从背景中凸显出来，给人清晰的反馈。如新闻或广告标题往往用彩色套印或者采用特殊字体，就是为了突出效果，如图 3-24 所示的广告牌。

图 3-24　广告牌

(2)对象的运动。在固定不变的背景上，运动的物体容易成为知觉对象。图 3-25 所示的警车用电子闪光信号灯，更能引人注目，提高知觉效率。

图 3-25　警车用电子闪光信号灯

(3)主观因素。人的主观因素对于选择知觉对象相当重要，当任务、目的、知识、年龄、经验、兴趣、情绪等因素不同时，选择的知觉对象便不同。

3. 理解性

在知觉过程中，用以往所获得的知识经验来理解当前知觉对象的特性称为知觉的理解性。人们在感知事物的过程中，往往会根据以往的知识经验来理解事物。由于每个人的知识经验不同，因此对知觉对象的理解也会不同，知识经验越丰富，对知觉对象的理解也就越深刻。在复杂的环境中，知觉对象隐蔽、外部标志不鲜明、提供的信息不充分时，语言的提示或思维的推论，可唤起过去的经验，帮助人们理解眼前的知觉对象，并使之完整化，此外，人的情绪状况也会影响人对知觉对象的理解。比如“氵”，有人看到这个偏旁想到的是河，有人想到的是江，还有人想到的是湖，等等。当出示同一事物时，大家看到的结果不一致，这就是知觉的理解性。

4. 恒常性

当知觉的客观条件在一定范围内改变时，人们的知觉映像在相当程度上却保持相对稳定的特性，这种特性叫知觉的恒常性。知觉的恒常性主要有以下几类。

(1)形状恒常性。

当我们从不同角度观察同一物体时，物体在人的视网膜上投射的形状是不断变化的。但是，我们知觉到的物体形状并没有发生很大的变化，这就是形状的恒常性。例如一扇从关闭到敞开的门，尽管这扇门在我们视网膜上的投影形状各不相同，但我们知觉到的门都是长方形的，如图 3-26 所示。

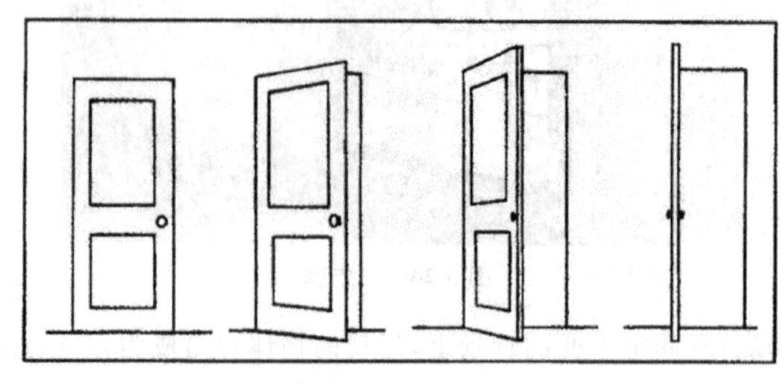

图 3-26　形状恒常性

(2)大小恒常性。

当我们从不同距离观看同一物体时,物体在人的视网膜上成像的大小是不同的。距离远,视网膜成像小;距离近,则视网膜成像较大。但是,在实际生活中,人们看到的对象大小的变化,并不和视网膜映像大小的变化相吻合。例如,在 5 m 和 10 m 处观看一个身高为 1.7 m的人,虽然视网膜上的映像大小不一样。但我们总是把他感知为同样的高度,这就是大小恒常性。

(3)明度恒常性。

在照明条件改变时,我们知觉到的物体的相对明度保持不变,这种特性叫明度恒常性。例如,在阳光和月光下观看白墙,我们都知觉到它是白的;而无论在白天还是晚上,我们知觉到煤块总是黑的。白墙总是被感知为白的,是因为无论在阳光还是月光下,它反射出来的光的强度和其他物体反射出来的光的强度比例相同。可见,我们看到的物体明度并不取决于照明条件,而是取决于物体表面的反射系数。

(4)颜色恒常性。

一个有色物体在色光照明下,其表面颜色在我们的感受中并不受色光照明的影响,而是保持相对不变。例如室内家具在不同的灯光照明下,它的颜色保持相对不变,这就是颜色的恒常性。

5.错觉

错觉是人对外界事物不正确的知觉,是我们的知觉不能正确地表达外界事物的特征而出现的种种歪曲的知觉。错觉的产生,除来自客观刺激本身特点的影响外,还有观察者生理和心理上的原因,其机制现在尚未完全弄清。生理方面的原因与我们感觉器官的机构和特性有关,心理方面的原因和我们生存的条件以及生活的经验有关。

错觉的种类有很多,包括空间错觉、时间错觉、运动错觉等。空间错觉又包括大小错觉、形状错觉、方向错觉、倾斜错觉等,其中大小错觉、形状错觉和方向错觉统称为几何图形错觉。

1)大小错觉

大小错觉是人们由于种种原因对几何图形大小或线段长短所产生的错觉。

缪勒-莱耶错觉:又称箭形错觉,两条长度相等的直线段,由于受到两端箭头方向的影响,下边的线段显得比上边的长,如图 3-27 所示。

潘佐错觉:又称铁轨错觉,两条辐合线的中间有两条等长的直线,结果上面一条直线看上去比下面一条直线要长些,如图 3-28 所示。

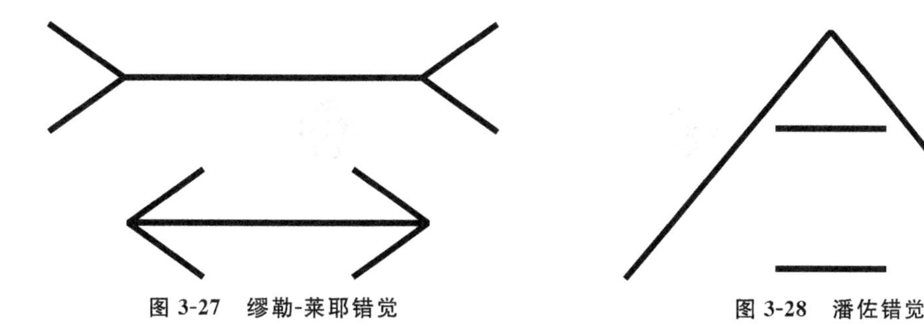

图 3-27 缪勒-莱耶错觉

图 3-28 潘佐错觉

垂直-水平错觉：两条等长的直线，一条垂直于另一条的中点，结果垂直线看上去比水平线要长些，如图 3-29 所示。

2）方向错觉

波根多夫错觉：两条线段本在同一直线上，由于被两条平行线切断或被实物覆盖，看起来像出现了“错位”，如图 3-30 所示。

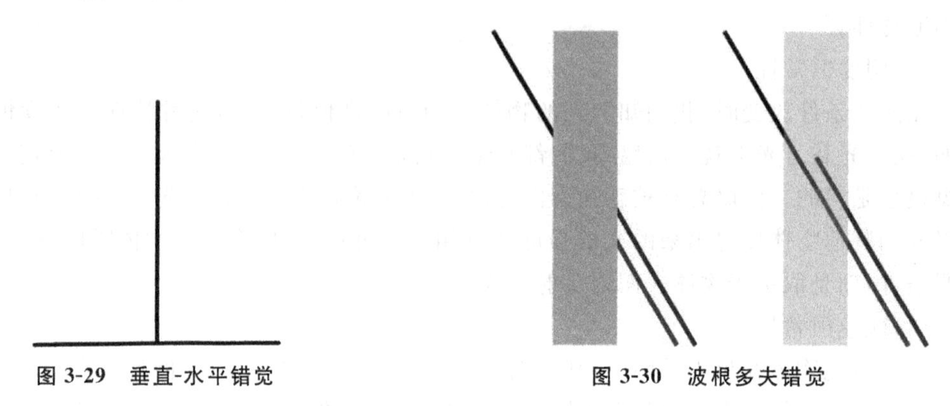

图 3-29　垂直-水平错觉　　图 3-30　波根多夫错觉

冯特错觉：两条平行线由于附加线段的影响，看起来好像是弯曲的，如图 3-31 所示。

3）对比错觉

赫曼错觉：赫曼方格之间的阴影实际上并不存在，如图 3-32 所示。

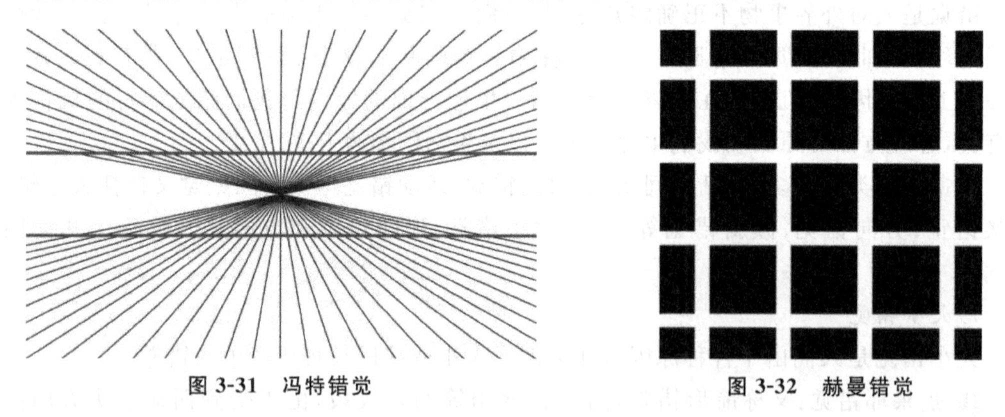

图 3-31　冯特错觉　　图 3-32　赫曼错觉

艾宾浩斯错觉：中间的两个黑色的圆本是同样大小，由于受到周围的圆的影响，被小圆包围的圆看起来显得大一些，如图 3-33 所示。

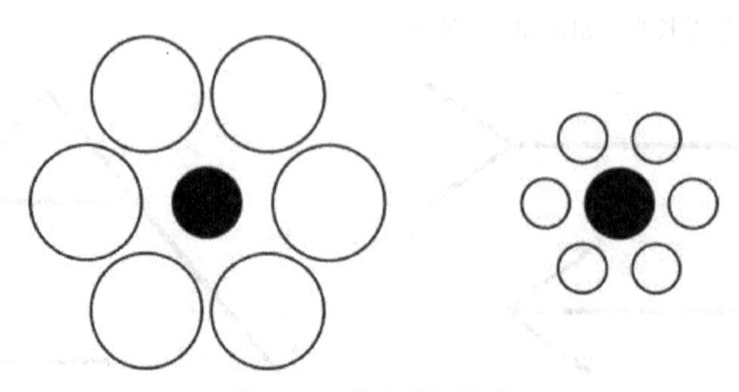

图 3-33　艾宾浩斯错觉

研究错觉具有重要的理论意义。错觉的产生既有客观原因，也有主观原因，因此研究错觉的成因有助于揭示人们正常知觉客观世界的规律。

研究错觉还具有实践意义。一方面，这种研究有助于消除错觉对人类实践活动的不利影响；另一方面，人们可以利用某些错觉为人类服务。[23]

图 3-34 是乌克兰设计师设计的一款名为 Field 的置物架，这款置物架的特点在于，能够使人们产生一种物品悬浮于空中的错觉，充满了趣味。

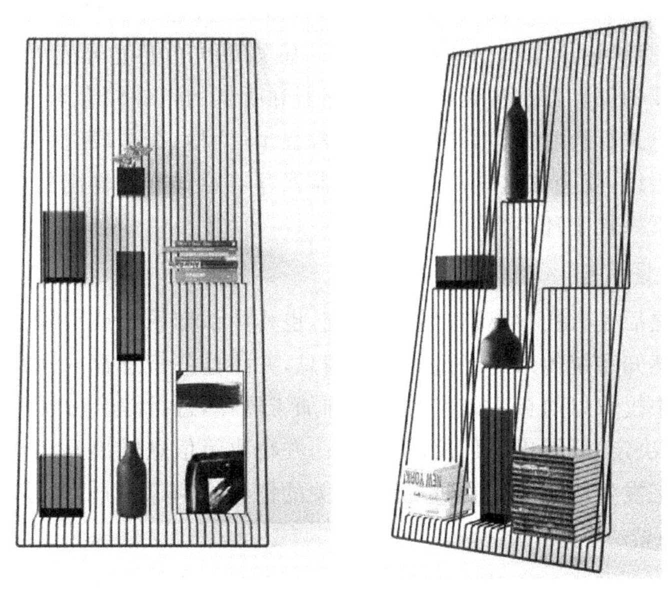

图 3-34　Field 置物架

3.2.3　感觉与知觉的关系

1. 感觉和知觉的联系

(1)感觉是知觉产生的基础。感觉是知觉的有机组成部分，是知觉产生的基本条件，没有反映客观事物个别属性的感觉，就不可能有反映客观事物整体的知觉。

(2)知觉是感觉的深入与发展。一般来说，若对某客观事物或现象感觉到的个别属性越丰富、越完善，那么对该事物的知觉就越完整、越准确。

(3)知觉是高于感觉的心理活动，但并非感觉的简单相加，它是在个体知识经验的参与下和个体心理特征(如需要、动机、兴趣、情绪状态等)的影响下产生的。

2. 感觉和知觉的区别

(1)产生来源不同：感觉是介于心理和生理之间的活动，它主要来源于感觉器官的生理活动以及客观刺激的物理特性；知觉是在感觉的基础上对客观事物的各种属性进行综合和解释的心理活动，表现出人的知识经验和主观因素的参与。

(2)反映的具体内容不同：感觉是对客观事物的个别属性的反映，知觉则是对客观事物的各个属性综合的、整体的反映。

(3)生理机制不同：感觉是单一分析器活动的结果，知觉是多种分析器协同活动，对复杂刺激物及刺激物之间关系进行综合分析的结果。

3.3 人的信息处理系统

3.3.1 人的信息处理系统结构

1.感知系统

人的信息处理的第一个阶段是感知。在这一阶段，人通过各种感觉器官接收外界的信息，然后把这些信息传递给中枢信息处理系统。感知系统由感觉器官及与其相关的记忆储存器组成。最重要的储存器是视觉的形象储存器和听觉的声像储存器。这些储存器的功能是将感知到的信息进行暂时储存，储存时间通常在1～2秒，在这段时间内，如果信息无法进入中枢信息处理系统，就会在这里消失。储存器保存着感觉器官输出的全部信息，对信息进行编码并输送到下一加工环节。

2.中枢信息处理系统

在感知系统之后是人的中枢信息处理系统，也称为认知系统或决策系统。在这里，人的认知系统接收从感知系统传入的经过编码的信息，并将这些信息存入本系统的工作记忆中，同时从长时记忆中提取以前存入的有关信息和加工规律，进行综合分析（对获得的信息进行编译、整理、选择、决定）后做出如何反应的决策，并将决策信息输出到运动系统。这期间，要不断地与人的记忆发生联系，从记忆中提取相关的信息，把有用的信息储存到大脑中。

3.运动（反应）系统

在中枢信息处理系统之后是人的运动（反应）系统，它执行中枢信息处理系统发出的命令，完成人的信息处理系统的输出（图3-35）。信息经过感知、中枢信息处理、反应三个阶段时，几乎都离不开注意。注意的重要功能是对外界的大量信息进行过滤、筛选，避开无关和干扰信息，使符合需要的信息在大脑中得到精细加工。人的注意资源量是有限的，假如有些阶段的信息处理占用了较多的注意资源，那么其他阶段能分配到的注意资源就比较少，处理信息的效率就会因此而降低。只有具备较高的注意分配能力，才能提高工作效率，防止出现差错和发生事故。

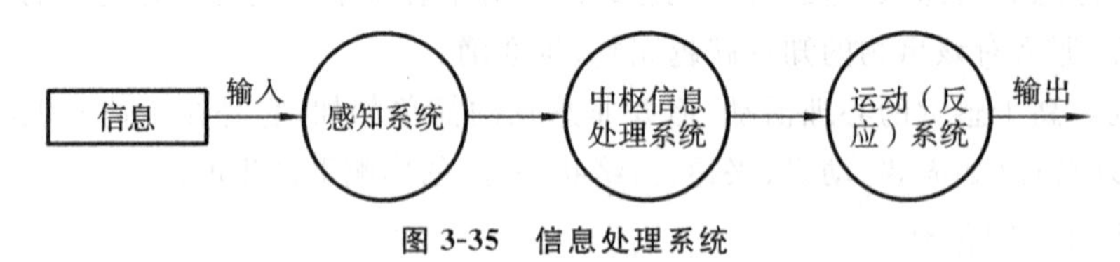

图3-35 信息处理系统

3.3.2 人的信息处理过程

1.信息的接收

人的眼、耳、鼻、舌等各种感受器是接收信息的专门装置。来自人体内外的各种信息通过一定的刺激形式作用于感受器，引起分布于感受器内的神经末梢产生神经冲动，这种神经冲动沿着输入神经传送到大脑皮层相应的感觉区，从而产生感觉。前文已提及，每一种感受器只对适宜刺激产生反应，对于非适宜刺激的作用，一般不产生反应，或只产生很模糊的反应。

2.信息的传递

从刺激发生到做出反应，信息传递需经历三个阶段：第一阶段是感觉输入阶段，即信息被感受器接收后传递到大脑；第二阶段是信息加工阶段，即大脑对信息进行加工，发出指令；第三阶段是运动输出阶段，即指令信息从大脑传输到运动器官，这是信息的输出通道。

人有多种不同的信息输入通道以及多种不同的信息输出通道，各种信息通道的传递能力有明显差异。

3.信息的加工

1)感觉贮存

感觉贮存又称感觉登记、感觉记忆或者瞬时记忆，它贮存输入感觉器官的刺激信息，保持极短时间的记忆，是人接收信息的第一步。人的感觉通道容量有限，而人所接收的输入信息又大大超过了人的中枢神经系统的通道容量，因此大量的信息在传递过程中被过滤掉了，而只有一部分进入神经中枢的高级部位。感觉信息进入神经中枢后，在大脑中贮存一段时间，大脑提取感觉信息中的有用部分，抽取其特征并进行模式识别。这种感觉信息贮存过程衰减很快，所能贮存的信息数量也有一定限度，延长信息显示时间并不能增加它的贮存量。

2)知觉过程

信息加工主要表现在知觉、记忆、思维决策过程中。知觉是在感觉的基础上产生的，是多种感觉综合的结果。知觉过程也是对当前输入信息与记忆中的信息进行综合加工的过程。知觉过程的信息加工方式可分为自下而上和自上而下两种相互联系、相互补充的方式。自下而上的加工是指由外部刺激开始的加工，主要依赖于刺激自身的性质和特点；自上而下的加工是由有关知觉对象的一般认识开始的加工。

知觉过程还涉及整体加工和局部加工的问题。知觉对象的客体包含着不同的部分，例如，一个橘子包含形、色、香、味等属性，一座房子包含墙、顶、门、窗等组成部分，一个图形包含点、线、面等构成要素。对于一个客体，是先知觉其各部分，进而再知觉整体，还是先知觉整体，再由此知觉其各部分？对此问题，人们有两种不同的看法：一种认为在对客体的知觉过程中优先加工的是客体的组成成分，整体形象知觉是在对客体的组成部分进行加工后综合而成的；另一种认为对客体的知觉过程是先有整体形象，而后才对其组成部分进行加工。如格式塔心理学派提出，整体不等于部分的简单相加，而是大于部分之和。

4.信息的储存

人的记忆可分为感觉记忆、短时记忆和长时记忆三个阶段，这三个阶段是相互联系、相互影响并密切配合的，也是三个不同水平的信息处理过程(图3-36)。

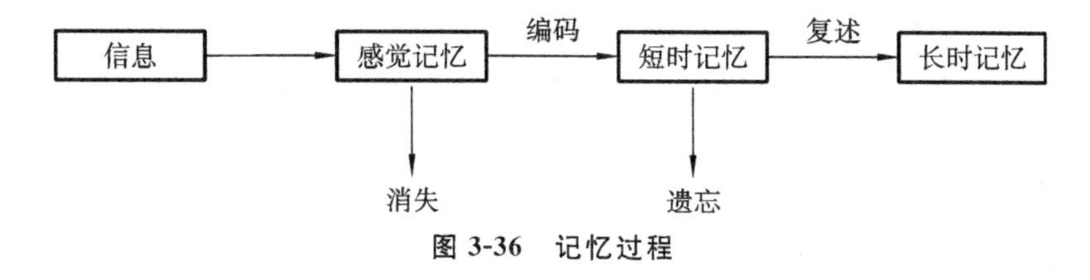

图3-36 记忆过程

1)感觉记忆

感觉记忆是记忆的初始阶段，它是外界刺激以极短的时间一次呈现后，一定数量的信息在感觉通道迅速被登记并保持一瞬间的过程，因此又被称为瞬时记忆或者感觉登记。感觉记忆具有形象鲜明、信息保持时间极短、记忆容量较大等特点，其保存的信息如果得不到强化，就会很快淡化而消失，若得到强化，就会进入短时记忆中。

感觉记忆主要包括图像记忆和声像记忆两种。图像记忆是指作用于视觉器官的图像消失后，图像立即被登记在视觉记录器内，并保持约 300 ms 的记忆；声像记忆是指作用于听觉器官的刺激消失后，声音信息被登记在听觉记录器内，并保持约 4 s 的记忆。感觉记忆的功能在于为大脑提供对输入信息进行选择和识别的时间。

2)短时记忆

短时记忆又称工作记忆或操作记忆，是指信息一次呈现后，保持时间在 1 min 以内的记忆。

短时记忆的容量较小，信息一次呈现后，能立即正确记忆的最大量一般为 7±2 个不相关联的项目。但若把输入的信息重新编码，按一定的顺序或按某种关系将记忆材料组合成一定的结构形式或具有某种意义的单元(组块)，减少信息中独立成分的数量，即可明显扩大短时记忆的广度，增加记忆的信息量。因此，为了保证短时记忆的作业效能，一方面要求短时记忆的信息数量不超过人脑的贮存容量，即信息编码尽量简短，如电话号码、商标字母等最好不超过 7 个；另一方面可改变编码方式，如选用作业者十分熟悉的内容或者信号编码，从而增加短时记忆的容量。

短时记忆中贮存的信息若不加以复述或运用，很快就会被忘记。如打电话时从电话簿上查到的号码，打了电话后很快就会被忘记，但若打过电话后对该号码复述数遍，它就可在人的记忆中保存得长一些，且复述次数越多，保存时间就越长。这是因为短时记忆中的信息经过多次复述后就会转入长时记忆中。

短时记忆在现代化的通信、生产、管理和人机系统中具有重要的作用，如在自动化监控系统中，作业者根据仪表所显示的数据进行操作和控制，操作完毕，即可忘记刚才所记忆的数据。而日常生活和工作中人们也经常要用到短时记忆，如学生上课或听报告时做笔记、接线员接听外界电话及翻译人员进行口译等，都离不开短时记忆。在设计人机系统时，设计师更是应该考虑人的短时记忆的特点，从而避免增加操作者的心理负荷，造成人为差错。

3)长时记忆

长时记忆是记忆的高级阶段，记忆保存时间在 1 min 以上。长时记忆中贮存的信息，大多是由短时记忆中的信息通过各种形式的复述或复习转入的，但也有些是由对个体具有特别重大的意义或使人印象深刻的事物在感知中一次形成的，譬如有些广告由于形式新颖、编排奇特而使人过目不忘。

长时记忆中的信息是按意义进行编码和组织加工的。编码主要有两类：一类是语义编码，对于语言材料，多采用此类编码；另一类是表象编码，即以视觉、听觉以及其他感觉等心理图像或映象形式对材料进行意义编码。

长时记忆具有极大的容量，理论上是无限的，可以包含人一生所获得的全部知识和经验。但这并不意味着人总是能记住和利用长时记忆中的信息，这是因为：一是找不到读取信息的线索，即无法进行信息提取；二是相似的信息和线索混在一起彼此干扰，以至于阻碍目标信息的读取。所以有时尽管某个信息客观上贮存在长时记忆中，但实质上已丧失了它的功能。[25]

5.信息的输出

操作者在接收来自系统的信息并对其进行中枢加工后，便根据加工的结果对系统做出反应，后一个过程便称为操作者的信息输出。信息输出是对系统进行有效控制并使其正常运转的必要环节。例如，汽车驾驶员为避免撞上前方突然出现的行人而刹住汽车，飞行员将瞄准器对准欲攻击的目标等，此类行为都是运动输出的表现。

在实际情境中，操作者的信息输出形式多种多样。言语是信息输出的一种形式。人们可通过叫、喊表示紧急情况，通过言语报告或传递某种信息。人们还可以通过具有某种特点的言语输出直接控制系统的开、关或调整系统。随着智能技术的发展，人们还将通过言语输出控制更复杂的系统。

图3-37展示的S-Play视频通话终端可帮助老年人与小孩轻松地通过语音控制来直接拨打或接听固定电话与手机，甚至进行高清视频通话。老人与小孩也可以轻松地通过S-Play的语音功能控制家庭中的其他智能设备。另外，S-Play能实现音视频播放、小孩在线学习、老人观看新闻及获取天气资讯等多种常用的娱乐功能。

图3-37 中国移动S-Play视频通话终端

信息输出最重要的方式是运动输出。手、腿的运动，姿势的变换甚至眼神的变化都是运动输出的具体形式。根据运动学特征和操作活动的形式或运动的自动化程度，运动输出可分为多种类型。接下来介绍按操作活动的形式进行分类的运动输出形式。

(1)定位运动。定位运动是指身体相关部位根据作业所要求达到的目标，从一个位置移向另一个位置的运动，是操纵控制中的一种基本运动。

定位运动包括视觉定位运动和盲目定位运动。前者是在视觉控制下进行的运动，后者则是在排除视觉的情况下，凭借记忆中储存的关于运动轨迹的信息，依靠运动觉反馈而进行的定位运动。例如，汽车行驶在公路上，驾驶员要注意前方路面上出现的过往行人、车辆、路面状况以及各种信号、标志等，此时，操纵方向盘及各种把手的动作便是盲目定位运动。

(2)重复运动。重复运动是在作业过程中多次重复某一动作的运动，如用手旋转手轮或曲柄、敲击物体、用锤子钉钉子等动作。

(3)连续运动。连续运动也称为追踪动作，是操作者对操纵控制对象连续进行控制、调节的运动。例如，铣工按线条用机、手并动的方法铣削零件，焊工按事先画好的图形用焊枪割毛料(坯)等。

(4)操作运动。操作运动是指摆弄、操纵部件、工具以及控制机器等运动。

(5)序列运动。序列运动是若干个基本动作按一定顺序相对独立地进行的运动。例如，雨夜中开动汽车的动作，首先打开点火开关，接着按下启动按钮、打开车灯和开动雨刷等一连串基本动作有次序地完成，即为序列运动。

(6)静态调节运动。静态调节运动是在一段时间内，没有外部运动表现，而是把身体的有关部位保持在某一位置上的状态。例如，在焊接作业中，手持焊枪使其稳定在一定位置上，以保证焊接质量。

上述各种运动输出形式经常按一定的关系并行或连续出现。例如，静态调节运动与其他各种运动同时存在，连续运动与操作运动穿插进行，重复运动往往在序列运动中出现等。[26]

第4章 人机工程学中的心理因素

4.1 人机工程学中心理学相关的应用

工程心理学是人机工程学的重要知识基础[27]。在智能产品交互设计、体验性设计等兴起的背景下,各个细分的心理学分支内容进一步拓宽了人机工程学的心理学因素的广度与深度。认知心理学、生理心理学、社会心理学等心理学分支在人机交互、人机匹配、界面优化策略、情感化设计和通用设计等多个领域都有广泛的应用。

4.1.1 认知心理学

认知心理学是一门研究认知及行为背后的心智处理(包括思维、决定、推理和一些动机和情感的程度)的心理科学。这门科学包括了广泛的研究领域,旨在研究记忆、注意、感知、知识表征、推理、创造力,及问题解决的运作。认知心理学可以从人的认知特点出发,对人-机-环境这一综合体进行研究,因此在人机工程学相关的内容中应用非常多。例如计算机软件界面的设计(图4-1),为了使界面更符合人的思维和行为习惯,实现好的用户体验,需要考虑人的知觉特点、记忆特点和思维特点。具体可以通过产品的形态、色彩、材料、肌理等几个方面的设计来实现。

图4-1 软件界面设计

形态是一系列视觉符号的传达,它并不是一个孤立的外观形式,形态的设计目的在于传递产品信息,提高人们认识产品的效率;色彩是人们对产品感觉的开始与产品重要的外部特征,在大多数时候,人们选择商品时只需要短短几秒就可以判断出自己是否对其感兴趣[28];材料与肌理作为设计的物质基础,自身就具备了审美属性,这些属性特征可以通过人的视觉、嗅觉、触觉等认知过程,向用户传达特定的心理感受乃至情感态度。而在《设计心理学》关于三个层次设计的内容中,作者唐纳德·诺曼也有类似的阐述。关于这些属性特征的应用,最近两年十分火热的CMF设计就是典型之一。在当今各行业产品形态设计趋于同质化的大背景下，CMF设计渐入佳境，走出了利用色彩、材料、工艺、图案纹理等元素进行产品创新的道路，其产品的表现形式也层出不穷(图4-2)。

图4-2 CMF设计在手机行业的应用

4.1.2 生理心理学

生理心理学是从人体生理和神经生理、神经解剖、神经生物化学等方面进行关于心理的生理基础和机制研究的学科，是心理学基础研究的重要组成部分。生理心理学在现代脑科学研究成果和现代技术方法的基础上，揭示各种心理现象在脑的解剖部位及脑功能上发生的规律。在医疗康复产品的人机工程设计方面，生理心理学同样有着重要的应用价值，例如康复器械的设计不仅要考虑人体尺寸的因素，还要综合长期康复治疗过程中的心理因素，逐步排除病患的心理障碍，帮助病患康复后更好地融入正常生活(图4-3)。

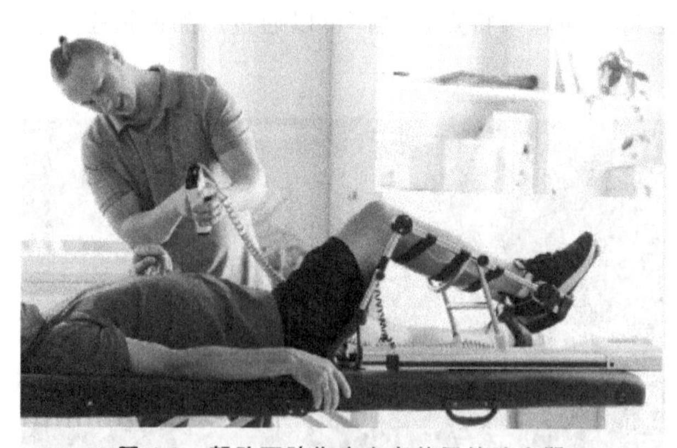

图4-3 帮助下肢伤病患者伸展的助力器

4.1.3 社会心理学

社会心理学是研究个体在特定社会、群体条件下，心理、动机、人际关系发生发展及其规律的学科。社会心理学着重探讨个体社会化的条件和规律，个体的社会动机与态度的形成，人际关系和群体心理的形成与影响等方面的一般规律。社会心理学包括民族心理学、家庭心理学等分支学科。在人机工程学的人机环境互动设计方面，也需要充分考虑社会语义符号、习俗等相关因素，以达到让产品更易理解的目标。例如，在涉及股票交易的界面设计时，就需要充分明确产品将在哪国使用。由于社会文化的差异，美股与国内A股涨跌的颜色是完全相反的——A股红色为上涨，绿色为下跌；而美股红色为下跌，绿色为上涨(图4-4)。

图 4-4 国内 A 股“红涨绿跌”与美股“红跌绿涨”

4.2 人感知过程中的心理因素

感知是一种最简单而又最基本的心理过程，在人的各种活动过程中起着极其重要的作用。人除了通过感觉分辨外界事物的个别属性和了解自身器官的工作状况外，一切较高级的、较复杂的心理活动，如思维、情感等都是在感知的基础上产生的。所以说，感知是人了解自身状态和认识客观世界的开端。感知类型上一章已经做过详细介绍，这里不再赘述。而感知的基本过程可以分为适宜刺激、达到感觉阈限、适应、相互作用、对比、余觉这几个过程[4]。

1. 适宜刺激

适宜刺激是指人体的各种感觉器官都有各自最敏感的刺激形式，这种刺激形式称为相应感觉器官的适宜刺激，它包括视觉、听觉、嗅觉、味觉等多种形式(表 4-1)。

表 4-1 适宜刺激和识别特征

感觉类型	感觉器官	适宜刺激	刺激来源	识别外界的特征
视觉	眼	一定频率范围的电磁波	外部	形状、大小、位置、远近、色彩、明暗、运动方向等
听觉	耳	一定频率范围的声波	外部	声音的强弱的高低，声源的方向和远近等
嗅觉	鼻	挥发的和飞散的物质	外部	辣气、香气、臭气等
味觉	舌	被唾液溶解的物质	接触表面	甜、咸、酸、辣、苦等
皮肤感觉	皮肤及皮下组织	物理和化学物质对皮肤的作用	直接和间接接触	触压觉、温度觉、痛觉等
深部感觉	肌体神经和关节	物质对肌体的作用	外部和内部	撞击、重力、姿势等

续表

感觉类型	感觉器官	适宜刺激	刺激来源	识别外界的特征
平衡感觉	半规管	运动和位置变化	内部和外部	旋转运动、直线运动、摆动等

2.达到感觉阈限

刺激必须达到一定强度方能对感觉器官发生作用。刚刚能引起感觉的最小刺激量,称为感觉阈下限;能产生正常感觉的最大刺激量,称为感觉阈上限。刺激强度不允许超过感觉阈上限,否则不但无效,而且会引起相应感觉器官的损伤。这种能被感觉器官所感受的刺激强度范围,称为绝对感觉阈值。

3.适应

感觉器官经持续刺激一段时间后,在刺激不变的情况下,感觉会逐渐减小以至消失,这种现象称为“适应”。例如,照明正常情况下,突然将灯泡熄灭,人会短暂地出现失明,但在几秒后,人眼会逐渐适应变化后的光照环境。

4.相互作用

在一定条件下,各种感觉器官对其适宜刺激的感受能力都将因受到其他刺激的干扰影响而降低,这种使感受性发生变化的现象称为感觉的相互作用。例如,同时输入两个视觉信息,人往往只注意其中一个而忽视另一个;相似的,味觉、嗅觉、平衡感觉等都会受其他感觉刺激的影响而发生不同程度的变化。利用感觉相互作用的规律来改善劳动环境和劳动条件,以适应操作者的主观状态,对提高生产率具有积极的作用。因此,对感觉相互作用的研究在人机工程学设计中具有重要意义。

5.对比

同一感觉器官接受两种完全不同但属同一类的刺激物的作用,而使感受性发生变化的现象称为对比。感觉的对比分为同时对比和继时对比两种。几种刺激物同时作用于同一感受器官时产生的对比称为同时对比。例如,同样一个灰色的图形,在白色的背景上看起来显得颜色深一些,在黑色的背景上则显得颜色浅一些,这是无彩色对比(图4-5);而灰色图形放在红色背景上呈绿色,放在绿色背景上则呈红色,这种图形在彩色背景上而产生向背景的补色方向变化的现象叫彩色对比。

图4-5 色彩对比的“错觉”

6.余觉

刺激取消以后,感觉可以存在极短的时间,这种现象叫“余觉”。例如,长时间盯着一个图形观看,之后突然看往别处,别处会出现之前图形的“残影”(图 4-6)。

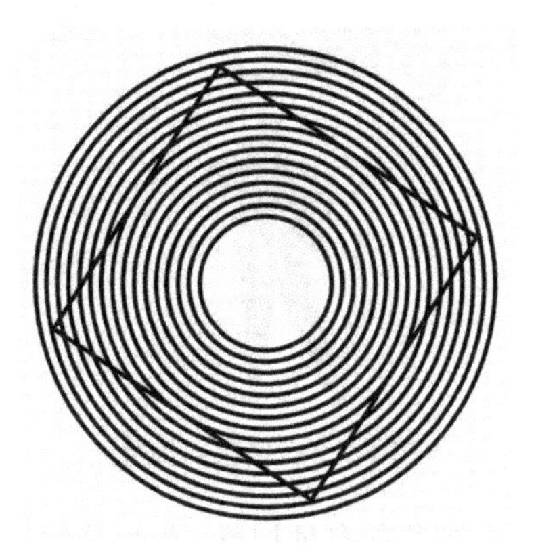

图 4-6 易让人眼产生“残影”的图形

4.3 人认知过程中的心理因素

4.3.1 思维的过程

人接收信息之后,由感知过程过渡到认知这一高级阶段,即进入思维过程。只有经过这一过程,人们才能够获得知识和经验,才能适应和改变环境。思维的基本过程是分析、综合、比较、抽象和概括。

(1)分析,就是在头脑中把事物整体分解为各个部分进行思考的过程。如室内设计包含的内容很多,但在思维过程中可将各种因素如室内空间、室内环境中的色彩、光影等分解为各个部分来思考其特点。

(2)综合,就是在头脑中把事物的各个部分联系起来进行思考的过程。如室内设计的各种因素,既有本身的特性和设计要求,又受到其他因素的影响,故设计时要综合考虑。

(3)比较,就是在头脑中把事物加以对比,确定它们的相同点和不同点的过程。如室内的光和色彩,就有很多共同的特点和不同的地方,需要加以比较。

(4)抽象,就是在头脑中把事物的本质特征和非本质特征区别开来的过程。如室内的墙面是米色的,天棚是白色的,地面是棕色的,通过抽象思考,从中抽取出它们的本质特征(图 4-7)。

(5)概括,就是把事物和现象中共同的和一般的东西分离出来,并以此为基础,在头脑中把它们联系起来的过程。

4.3.2 思维的特征

思维是人最复杂的心理活动之一,是人类认识过程的高级阶段。在心理学上一般把思维定义为:思维是人脑对客观事物间接的、概括的认识过程,通过这种认识,可以把握事物的一般属性、本质属性和规律性。按照信息论的观点,思维是人脑对接收到的各种信息进行加

图 4-7　由经验到抽象

工处理与变换的过程。任何事物都具有多种属性，有些是常见的，有些是不常见的；有些是具体的，靠感觉、知觉能直接把握的，有些则属于“类”的范畴，单靠感知觉不能直接把握。任何事物都有外在的现象，也有内在的本质，本质深藏在现象的背后。事物与事物之间的联系也是如此，有的是表面的，一看便知，有的则是复杂的，并不能一眼看穿。因此，要全面而深刻地认识事物，认识事物的本质及规律性，必须借助思维这种理性认识才能办到。思维是认知在感知觉基础上的进一步深化。人的思维具有以下基本特征：

（1）思维的间接性，是指人能借助于已有的知识和经验，去理解和把握那些没有直接感知过的或根本不能感知到的事物，以及预见和推知事物的发展进程。如人们常说的“以近知远”“以微知著”“以小知大”“举一反三”“闻一知十”等，就反映了思维的间接性。

（2）思维的概括性，是指人脑对客观事物的概括认识过程。概括认识不是建立在个别事实或个别现象之上的，而是依据大量的已知事实和已有经验，通过舍弃各个事物的个别特点和属性，抽出它们共同具有的一般或本质属性，进而将一类事物联系起来的认识过程。概括性思维可以扩大人对事物的认识广度和深度。

（3）思维与语言具有不可分性。正常成人的思维活动一般都是借助语言实现的。语言是由“词”构成的，而任何“词”都是一种概括化的描述方式，如人、机器、人-机系统等，反映的都是一类事物的共有或本质特性，它们是人类在长期的社会发展进程中固定下来的，为全体社会成员所理解的一种“信号”与“符号”，是以往人类经验和认识的凝结。利用语言（或词、概念）进行思维，大大简化了思维过程，增强了信息交换的效率，也减轻了人类大脑的负荷。

4.3.3　用户心智模型

有关心智模型，唐纳德·诺曼在《设计心理学》一书中的解释如下：心智模型是存在于用户头脑中的对一个产品应具有的概念和行为的知识。这种知识可能来源于用户以前使用类似产品沉淀下来的经验，或者是用户根据使用该产品要达到的目标而对产品的概念和行为的一种期望。心智模型本身是我们对未来发展的预测，也就是我们内心基于以往的经验对接下来要发生的事所提前写好的剧本，并且坚信这个预测是正确的，它将指导我们采取相应的行为。而采取行为后所获得的反馈又可能反向补给我们经验，心智模型再根据新的经验进行不断的动态修正，如此循环往复（图 4-8）。

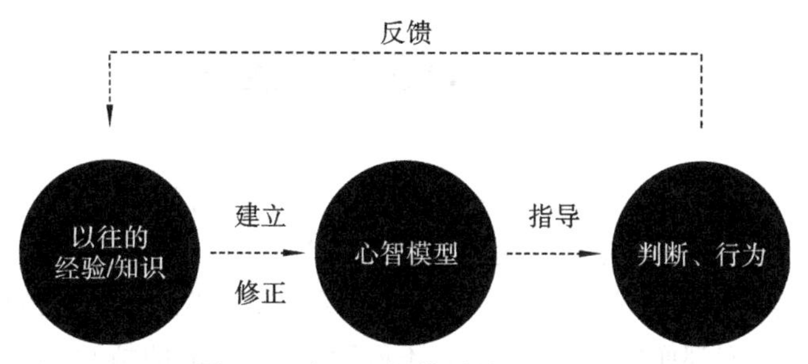

图 4-8 建立心智模型的一般过程

用户心智模型在产品设计中有大量的应用。Alan Cooper 在《交互设计精髓》一书中曾提出三个模型——表现模型、实现模型和用户心智模型[29]，并提到设计者的最基本目的之一就是要使表现模型与用户的心智模型尽可能地接近，即符合用户预期。所谓符合用户预期，就是站在用户的角度去思考产品的使用情境，其实就是符合用户的心智模型。例如，苹果公司在它的 iMac、iPad、MacBook 和 iPhone 等产品的界面中都使用了相似的视觉风格和交互方式，这让用户在不同的产品之间转换时，很容易找到他们使用过的产品的影子，从而缩短学习和摸索的时间，迅速地适应新产品（图 4-9）。在汽车领域，汽车座椅控制按钮也是用户心智模型在交互设计中的良好应用：按钮的造型按照座椅的形象进行了简化还原，其映射关系十分明确，要调整座椅，可以用手指对按钮相关部位进行推、拉、抬起和下压，座椅对应的部位会相应地移动（图 4-10），非常直观方便。

图 4-9 苹果公司产品相似的视觉风格

图 4-10 汽车座椅控制按钮

4.4 人的情感因素

“情感”一词往往用来表示许多不同的反应。一般来说，情感包含了很多不同的心理状态和生理状态，每一种情感状态都有着不同的特征，对我们的行为方式（如集中注意力、决策、举止等）产生了不同的影响。在我们的生活中，情感表现为各种不同的、复杂的情绪体验。

在日常生活中，我们都倾向于用“好”与“不好”来描述当前的情感状态，但其实二者同属一个情感维度，而我们体验到的情感应该描述为由两个不同情感维度构成的综合体。其中一个维度是生理上的刺激或者唤醒程度（level of arousal）；另一个维度是我们内心对事物情感价值的判断，体验的痛苦感和愉快感会对此产生影响[30]。在唐纳德·诺曼的《设计心理学》一书中，他将类似的过程划分为三个层次——本能层次、行为层次和反思层次，并指出所有与人情感相关的设计，都是这三个层次综合作用的产物[31]。

4.4.1 情感价值判断

我们在评论日常生活中的一些体验时，相当一部分判断都是大脑在无意识的状态下做出的——令人愉快的事情是好的，让人痛苦的事情是不好的。但如果事后进行有意识的思考，我们可能会发现，一些当时让人痛苦或者不舒服的事情，例如规律锻炼、坚持阅读等延迟满足行为，从长远看反而更为有益。但在大多数情况下，我们会有意识地将大脑的无意识冲动视为合理，放弃这些长远计划（图 4-11）。基于痛苦和愉快而做出的这些有意识与无意识的判断，被称为情感价值判断。

图 4-11 锻炼有益于身体健康，但我选择平躺

如上所述，情感价值判断可以是有意识的，也可以是无意识的。有意识判断是通过评估来触发的，评估可以分为两种——初级评估和次级评估。初级评估的重点在于某个物体、事件或体验是否有助于实现个体的目标。次级评估则重点评估个体是否拥有必要的内外部资源，用以处理当前事件或对象，在具体社会语境中表现为，产品的存在除了实现用户的目标之外，是否能给用户带来额外的情感体验。例如最近两年非常火的“炒冷饭经济”，将各种旧产品、旧游戏、老电影进行重制，使其以全新的面貌弥补用户年少时的“遗憾”，点燃对应人群的怀旧之情（图 4-12、图 4-13）。这种设计与营销策略很好地契合了目标用户的需求，很大一部分是“为反思层次而设计”的体现。

图 4-12　复古造型的尼康无反相机——Zfc

图 4-13　经典游戏——魔兽争霸 3 重制版

4.4.2　唤醒

我们对现实的感受总会受到自己身体状态的影响，例如在经历了一系列不顺心的事情之后，哪怕一丁点的坏消息都可能让人感到崩溃，而这种程度的刺激就是上文称为唤醒的情感维度。唤醒是情感在生理方面的表现，这也说明了情感和感觉是相互影响的。在很大程度上，身体的当前状态决定了情感体验的强烈程度，在这个过程中，针对身体与精神的高度刺激会进一步放大情感体验，无论体验是好是坏；同时，较弱的唤醒会降低体验的剧烈程度。

唤醒与焦虑、注意力、激动和积极性等其他一些概念密切相关。唤醒程度可以看作个体在生理和心理上做好提高或降低反应的准备的程度，过低的唤醒程度会使人感到厌倦或缺乏挑战，进而丧失动力与注意力，较高的唤醒程度有助于集中注意力，但过高可能导致视野狭窄。

4.4.3　情感对人的影响

情感会影响我们与生活中一切人和物的认知与互动，其影响的方式就是情感效应(emotional effect)。情感效应指的是很可能导致意识、面部表情、身体语言、生理机能和行为产生变化的情感反应。唐纳德・诺曼在《设计心理学》中将情感效应定义为整个评判系统的总称，它与是否有意识无关。在这个系统中，情感表现为情感效应的有意识体验。

情感效应对人的信息处理及任务表现的影响，取决于主体被感知到的积极程度。积极的情感效应是让人继续当前行为的信号，消极的情感效应则会提醒人们调整思维过程或改变身体行为。一方面，情感效应会对正在变化的信息产生影响；当需要评估的信息本身性质不甚明确时，这种影响会更为显著。另一方面，情感在个体体验和社会情境两方面对人产生影响，它不仅会改变人的思维过程和对事件的感知与解释，改变人与人之间的互动过程，也会改变人与事物之间的互动方式。例如近些年网络用语与表情包的语义解构与重构，以一种近乎戏谑的方式反映了个体情感与社会集体意识的变迁，催生了一系列相关产品设计（图4-14），不断地重新定义人与人、人与物之间的关系。

图 4-14　火出圈的流汗黄豆人表情包

所有这一切，都使得情感效应成为进行产品交互设计时一项重要的考虑因素，尤其是对于那些会在紧急突发状况下用到的产品，清晰有效的互动方式是至关重要的。

4.4.4　情感与“心流”

大多数人都曾经历过一种心理或情感状态，在这种状态下，人们能够把全部注意力集中于某项活动。契克森米哈赖根据研究对象的描述，将这种状态命名为心流（flow）[32]。处于这种意识状态下，人会非常专注且十分享受这种体验，往往能发挥出最佳表现；此外，这时人对时间的感知会变得迟钝，实际上已经度过几个小时，在感觉上仿佛才几分钟光景。当环境中几乎没有干扰因素，并且确信自己能够利用现有技能来应对挑战时，就会比较容易进入这种状态。这种状态下的反馈是即时性的，人们能够时刻获知自身努力的成果。当今世界对这种心理现象研究最为透彻的当属各大游戏公司（图4-15）。

图 4-15　任天堂 Switch

心流状态发生在焦虑与厌倦两个状态间的临界点上，你也可以把它想象成积极压力和消极压力之间的最佳点。比较一下用户对挑战的感知，我们可以这样认为：挑战过多，技能要求过高，将导致焦虑；挑战过少，技能要求过低，将丧失动力（图4-16）。随着挑战难度逐渐增加，我们会变得更加焦虑，无法保持心流状态，想要重新达到心流状态，需要提高技能来适应挑战的要求，从而减轻焦虑。随着自身技能水平的提高，也可能会感到厌倦，除非挑战的难度再次提升，与更强的技能相匹配。因此，情感是有助于人达到心流状态的。

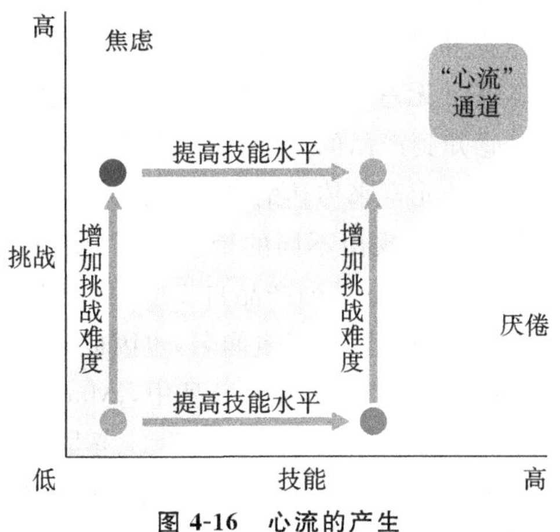

图4-16 心流的产生

除了情感影响（emotional affect）之外，唤醒（arousal）程度也对心流的产生有较大的影响。无论情感体验是否愉快，都有可能增强或减弱唤醒程度。例如，挫折和振奋都属于高度唤醒的情感。设计中的各种元素，不但会影响情感价值，也会影响唤醒程度，例如大尺寸图片、鲜艳的色彩、高对比度，都会增强唤醒程度，提升注意力。增大图片的尺寸，让相框内所有物体更加紧密，也会增强唤醒程度。要保持唤醒程度的平稳，关键就在于挑战难度要与用户技能水平相匹配。由于用户的技能水平有所不同，因此对于新手来说，用户界面必须友好，同时要使高级用户能找到适合自身技能水平的挑战级别，这一观点与Alan Cooper在《交互设计精髓》中提到的"为中级用户设计"的倡议不谋而合。而这既涉及审美，也涉及内容、格式方面的问题。简言之，用户界面相关的所有设计，包括内容、信息架构、交互设计和视觉设计，都应有助于人们达到心流状态（图4-17）。

图4-17 各种交互方式

4.5 感知、认知因素与设计

4.5.1 感知与本能层次设计

基于视觉、听觉、触觉、味觉和嗅觉的感知过程收到的信息，人们可以感觉到情感和个性，并且这些感觉的产生是迅速且无意识的，在整个过程中，人的大脑都没有进行思考。基于审美和互动信号，我们可以感知到产品的个性特征，其中产品的特性是通过比例、构图、布局、色彩、材质、字体和反馈等设计元素来传达的，即所谓的“为本能层次设计”。所有这些元素以不同的方式结合起来，使产品表现出不同的个性特征，例如苹果公司的 iMac 系列与联想 ThinkPad 系列产品(图 4-18)。iMac 系列产品自 1998 年问世以来，就以其明亮动人的色彩、细腻精致的表面处理工艺和高规格屏幕素质闻名，也因此在全世界范围内吸引了大量用户的关注和追捧。可以说在本能层次上，在同类产品中，iMac 在令人愉悦这一点上做到了极致，然而，其为美观和轻量化而牺牲自身可用性的设计考量，也一直为众多用户所诟病。与苹果公司 iMac 所传达出来的令人愉悦的个性特征不同，联想公司的 ThinkPad 系列从诞生以来，就以其一成不变的黑红配色传达出冰冷、高效率的个性特征。

图 4-18　苹果新款 iMac 与联想 ThinkPad 系列产品

4.5.2 认知与行为层次设计

在上一节中我们提到，对事物认知的过程可以粗略地看作思维的过程，而考虑到设计与这个过程的关系时，我们可以将其看作“为行为层次设计”。行为层次设计和使用有关，这时，外观和原理就要退居其次了，唯一重要的是功能的实现。优秀的行为层次设计应考虑四个要素，即功能、易理解性、易用性和感受。

1. 功能

不论是什么产品，都要弄明白它的功能是什么。如果产品宣称的功能与用户预期目标不符，或者产品功能定位模糊，无法实现目标用户的需求，那么它就是一个失败的产品。例如谷歌之前推出的一款多媒体机顶盒——Nexus Q(图 4-19)，将其连接到电视就能观看 YouTube 等流媒体平台的内容，但一方面，由于缺乏对应的影视资源，无法满足用户对该类产品的功能需求，另一方面，由于 Nexus Q 售价高昂，因此迟迟没有打开市场，导致项目流产，早早地就停止了生产销售。

图 4-19　谷歌 Nexus Q

2. 易理解性

一个好的产品应易于理解，带给用户直白、明确的使用体验，省去用户反复记忆的过程。而使产品易于理解的秘诀，唐纳德·诺曼在《设计心理学》一书中有过叙述，即建立一个明确的概念模型——使设计师模型与使用者模型之间保持平衡，充分从用户的角度思考产品的使用流程。类似的观点"设计师需要让表现模型贴近用户心理模型"，也出现在艾伦·库伯的《交互设计精髓》一书中。此外，良好的理解性还来源于及时的反馈。在易理解性这方面，电子游戏公司任天堂做得十分出色，突出表现在游戏机 Switch 及其相关外设方面(图4-20)，这款产品的硬件和软件引导做得非常易于理解，得益于优秀的操作逻辑以及体感振动和声效反馈，就连几岁的小孩都可以在几分钟之内学会并熟练使用。

图 4-20　任天堂游戏《超级马力欧派对》及 Switch 硬件

3. 易用性

在日常生活中，大部分东西的使用都不用花费我们很多时间去学习和练习，甚至拿起来就会用。这一方面是因为我们在过往的生活中使用过类似的产品，它们给了我们明确的示能(affordance)，另一方面是因为产品的易用性很好，这也是常见的产品设计逻辑之一。易用性是一个关键的产品设计检验标准，具体可以从三个方面考量：易见(easy to discover)、易学(easy to learn)、易操作(easy to use)。

易见意味着产品功能易于发现，用户可以一目了然地找到自己想要的功能，即所谓的“所见即所得，所得即所见”。这要求我们对用户的操作频率进行统计分析，并将最常用的功能置于最突出的位置。例如来自普象网的一款改良作文纸，它解决了一个细微但常见的问题：当人们撰写文章时，文章标题需要居中，但是很多情况下大家找不到中间点，而这款改良作文纸通过将页眉中间部分改为虚线，实现了居中引导功能（图 4-21）。用户在拿到这款改良作文纸时，很自然地就会明白虚线的用处。另外，对于软件产品，可定制的图形用户界面（GUI）也是常用的使功能易见方法。

图 4-21　带居中引导的改良作文纸（图源：普象网）

易学意味着产品功能学起来容易。良好的设计能使用户一目了然地知道如何进行操作，减少用户查看使用手册的次数。这要求产品设计人员熟悉用户的操作习惯，并在界面提示、名称和术语等方面努力工作。

易操作意味着操作简便快捷，较常用的评估标准是操作次数、操作距离和操作时间。对于软件产品，最常见的输入设备有键盘、鼠标和触摸屏，如何利用这些输入设备为用户提供最便捷的操作方式是软件产品的设计重点。

综合易用性这些要点，可以在行为层次设计的阶段应用以人为本的设计原则，以求获得较好的设计效果。

4. 感受

实体的感受很重要，毕竟我们都是有生命的，有实在的身体。而我们的大脑很大一部分被感官系统占据，不断地探知周围的环境并与之互动。好的产品应该能够充分利用这种互动，带给我们一种好的感受。

在设计的整个流程中，好的行为层次设计必须从一开始就成为一个基础部分，因为产品一旦完成，就不可能再采用这种准则了。如果这个基础部分在设计流程中有所缺失，那么整个设计可以说是失败的。此外，行为层次设计始于对用户需求的了解，最好是在家庭、学校、工作场所或者其他产品被使用的地方，对相关行为进行研究之后获得的了解。

4.6　情感因素与设计

4.6.1　情感与反思层次设计

当谈及“为情感而设计”时，我们真正想要设计的是一种情感反应，它能够增加用户执行特定行为的可能性。换言之,设计产品在某种意义上是设计一种行为,设计人与物或人与人的一种交互方式[33]。而无论我们期待的是什么样的行为,应用情感设计的原理,都可以在正确的时间将用户的注意力引导到正确的地方,从而产生互动,并进一步将其发展成一种关联。在这个阶段,“本能层次设计”和“行为层次设计”就很有可能不足以满足产品设计的目标了,因此在实现与这两个层次对应的产品的美观度和易用性等特性的基础上,我们应该基于用户与产品的长期关系这一方面去考虑设计,即“反思层次设计”。反思层次的设计与物品的意义有关,它受到环境、身份、社会认可等方面的影响,也随社会文化语境而变化。这一层次与用户的长期感受有关,因此产品需要建立长期的价值,并通过互动影响自我形象、满意度与记忆等方式,与用户建立起情感的联系,最终实现成功的情感设计。

每一样我们选择的事物,都表现出我们的过去、现在和将来,都表现了以前的自我、现在的身份与潜在的愿望。有些物品像符号一样代表着过去的成就,帮助我们通过回忆确认自己的身份和自我意识。这种符号当今被大量应用于现实与虚拟世界中,例如各类活动的奖状、奖牌,以及网络社交平台与电子游戏中的成就系统(图 4-22、图 4-23)。这些产品通过这种方式来激励用户与增强用户黏性,用户会意识到自己已达成了某项成就,并可以获得与之对应的符号进行记录,给过去的事件赋予意义。

图 4-22　某音乐社交平台为用户总结的年度成就

图 4-23　PlayStation 的奖杯成就系统

4.6.2　三个心理层次与设计

大脑的本能、行为和反思三个层次相互作用、相互调节。当行为由最低的本能层次发起时，被称作“自下而上”的行为；当行为由最高的反思层次发起时，则被称为“自上而下”的行为，这些术语描述了大脑结构活动的典型模式。自下而上的过程由感知驱动，自上而下的过程则由认知驱动，情感因素贯穿在两种过程之中。对应到现实生活中，我们所做的任何事情都包含认知和情感的成分——认知赋予事物以意义，情感则赋予其以价值。同样的，我们生活中出现的所有经过设计的物品，无论是复杂精密的汽车(图 4-24)，还是简单廉价的儿童玩具(图 4-25)，都不是纯粹的本能层次设计、行为层次设计以及反思层次设计。没有任何一种产品能够满足每一个人，在实际中，很少有产品只涉及单一层次，它们都是三个层次综合作用的产物。

图 4-24　复杂精密的汽车

图 4-25　充满儿时气息的廉价铁皮玩具

我们都是设计师。在生活中，我们会取得成功，也会遭遇失败，会收获欢喜，也会经历悲伤。而这些都是构建自己的世界的必要过程。某些情境、任务、物品具有特殊的意义和情感，都是我们与自己的过去和未来的联系。当产品能给人带来快乐，成为人们生活的一部分，并且与之互动能够让人找到自己在社会中的位置时，它就是一款充满了情感与关怀的产品，是一个好的设计。

第5章

环境分析与设计应用

5.1 环境概述

5.1.1 环境因素分类

在人-机-环境系统中，环境因素对工作效率和安全的影响很大。影响人体及功效的主要环境因素大致分为以下4类：

(1)物理环境因素：微气候、光与色彩、噪声振动、空气污染。

(2)化学因素：刺激性、致敏性、致突变性的化学因素，通过呼吸道、消化道或皮肤入侵人体。

(3)生物因素：微生物、寄生虫、动物、植物等。

(4)劳动与社会心理因素：负荷、单调作业、人际关系等。

本章主要讲述物理环境因素及其影响评价与控制方法，主要包括微气候环境、光色环境、声音环境与振动、空气环境。随着人类生产活动领域的扩大，影响人-机-环境系统的还有失重、超重、异常气压、加速度、电离辐射等特殊环境因素。[34]

5.1.2 人对环境的适应程度

根据环境对人体的影响和人体对环境的适应程度，可将环境分为以下几类。

(1)最舒适区：各项指标最佳，使人在劳动过程之中感到满意。

(2)舒适区：这种环境使人能够接受，不会感到刺激和疲劳。舒适性是一个复杂的、动态的相对概念，它因人、因时、因地而不同。若能使该环境中的80%的人感到满意，那么这个环境就是这个时期的舒适环境。使人体舒适而又有利于工作的环境称为舒适环境。

(3)不舒适区：作业环境的某种条件偏离了舒适指标的正常值，较长时间处于这种环境下会使人疲劳，影响工作效率，需要采取保护措施。不危害人体健康和基本不影响工作效率的环境条件称为允许环境。

(4)不能忍受区：若无保护措施，在该环境下人将难以生存，需要采取现代化手段(如采取密封措施或使用个体防护器具)，使人与有害的外界环境隔离开来，保证人体不受伤害。

人机工程中最佳的系统设计方案是建立一个使人体舒适而又有利于工作的环境。因此，必须了解环境条件应当保持在什么范围内才能使人感到舒适并且保证工作效率达到最高。然而，由于技术和经济等原因，在生产实践中很难保证时刻处于舒适的环境条件下，因此只能降低要求，建立一个允许环境，即保证环境条件在不危害人体健康和基本不影响工作效率的范围内。有时由于事故、故障等原因，上述基本允许的环境条件也难以充分保证，在这种情况下，必须保证人体不受伤害的最低限度的环境条件，建立一个安全的环境，并利用各种个体防护用具来对抗种种不利的环境条件或者降低不舒适的程度。[35]

5.2 微气候环境

微气候环境是指工作或生活场所所处的局部气候条件，包括空气温度（气温）、湿度、气流速度（风速）及热辐射四个要素。

微气候环境直接影响人的情绪、疲劳程度、健康、舒适感觉和工作效率，不良的微气候环境条件会增加人的疲劳感，降低劳动效率，影响人的健康。

本书主要研究微气候环境的几个要素对人体健康、工作效率、生活质量及安全的影响。[34]

5.2.1 微气候的要素及其相互关系

1. 气温

空气的冷热程度称为气温。它是人机系统中评价作业环境气候条件的主要指标，通常用干泡温度计（寒暑表）测定，并称为干泡温度。

人-机-环境系统中的气温除取决于大气温度外，还受太阳辐射和作业场所的各类热源以及人体散热的影响。

2. 湿度

空气的干湿程度称为湿度。湿度分为绝对湿度（A. H.）和相对湿度（R. H.）。

人对湿度的感受取决于相对湿度，在一定的气温下，相对湿度小，水分蒸发快，人感到凉爽。高温条件下，相对湿度大使人感到闷热；低温条件下，相对湿度大使人感到阴冷。

生产环境的湿度通常也用相对湿度表示。相对湿度在80%以上称为高湿度，低于30%称为低湿度。高湿度主要由水分蒸发与释放蒸汽所致，如印染、造纸以及潮湿的矿井隧道等作业场所常为高湿度。冬季的高温车间可能出现低湿度。

3. 气流速度

空气流动的速度称为气流速度，单位为 m/s。人类工作或生活场所中的气流速度除受外界风力影响外，主要是冷热空气对流所致。测量室内的气流速度一般用热球微风仪或风速仪。

在舒适温度范围内，当气流速度为 0.15 m/s 时，人便可感到空气新鲜；如果气流速度太小，即使温度适宜，在室内也会有沉闷感，这种沉闷感在密封的空调房内就可以感受到。

4. 热辐射

物体在热力学温度大于 0 K 时的辐射能量称为热辐射，例如，太阳、加热物体等均能产生热辐射。周围物体向人体辐射称为正辐射，反之称为负辐射。负辐射有利于人体散热，在防暑降温上有一定的意义。热辐射体在单位时间、单位面积上所辐射出的热量称为物体的热辐射强度[J/(cm^2 · min)]。通常用黑球温度计测量热辐射。

5. 微气候各要素之间的关系

在人类作业或起居环境中，气温、湿度、热辐射和气流速度对人体的影响是可以相互替代的，某一要素的变化对人体的影响可以由另一要素的变化所补偿。人体受热辐射所获得的热量可被低气温抵消，即当气温增高时，若相应增大气流速度，会使人感到不是很热。例如，当室内气流速度在 0.6 m/s 以下时，气流速度每增加 0.1 m/s，相当于气温下降 0.3 ℃；当气流速度在 0.6～1.0 m/s 时，气流速度每增加 0.1 m/s，相当于气温下降 0.15 ℃。

低温、高湿使人体散热量增加，会导致冻伤；高温、高湿使人体丧失热蒸发机能，会导致热疲劳。因此，微气候对人体的影响是由其构成因素共同作用而产生的，所以必须综合评价微气候条件，使用微气候指标。[35]

5.2.2　微气候环境对人的影响

1. 人体的热交换与平衡

人体是一个开放、复杂的系统，和外界环境之间存在着各种复杂的关系。为了保证正常的生理活动和良好的人机功效，人体在进行自身的生理调节(通过新陈代谢产生大量的热，其中一小部分用于生理活动和肌肉做功，以维持生命或从事劳动)之外，必须控制周围的温度环境，保证人体产生的热量能够及时散发到周围环境中，从而达到维持人体热平衡、保持适当体温的目的。因此，人体可以看成一个能够保持恒温(36.5 ℃)的温度自动调节器。

人体所受的热有以下两个来源：

(1)机体代谢产热；

(2)外界作用的环境热量，如图 5-1 和图 5-2 所示。[36]

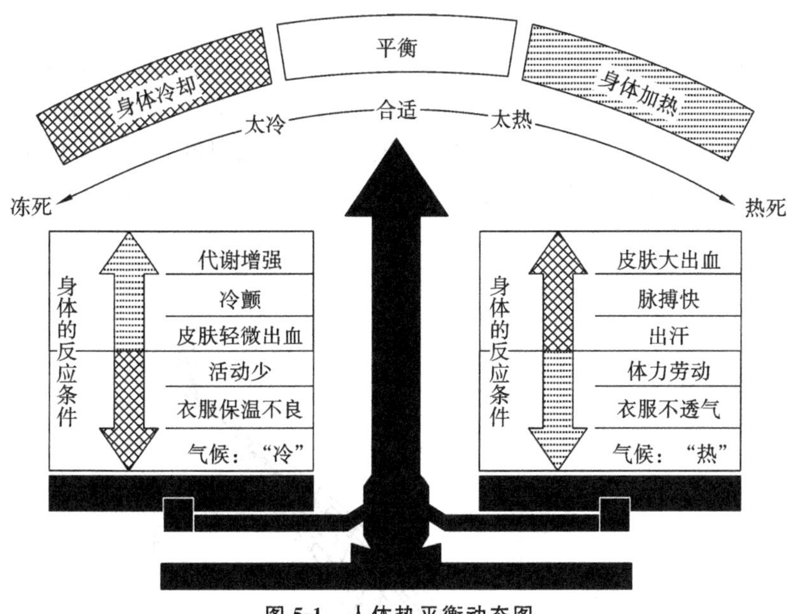

图 5-1　人体热平衡动态图

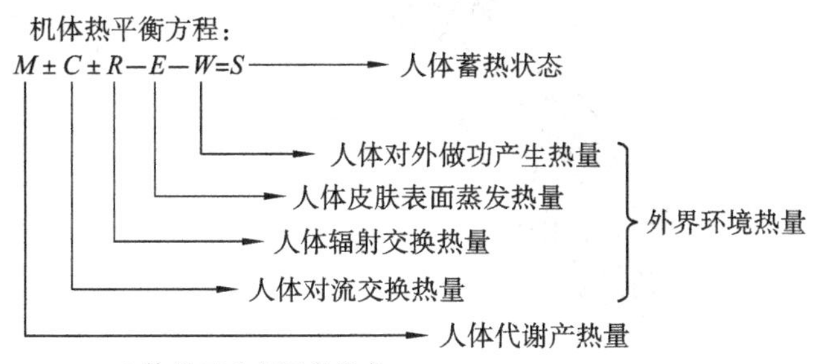

图 5-2　用公式表示的人体热平衡动态图

2. 人体对微气候环境的主观感觉和综合评价

人在心理状态上感到满意的热环境为热舒适环境。其主要影响因素包括空气干球温度、空气中水蒸气分压力、气流速度、室内物体和壁面辐射温度，人的新陈代谢和着装、大气压力、人的肥胖程度及汗腺功能为次要影响因素。

舒适温度是指人体生理上的适宜温度，包括人的体温和环境温度，也指人主观感觉到舒适的温度。生理学上将环境的舒适温度规定为，在一个标准大气压下，无强迫热对流时坐着休息、穿薄衣、未经热习服的人所感觉到舒适的温度。按此规定，环境的舒适温度应该在19～24 ℃。

关于舒适湿度，一般认为是40%～60%。室内空气湿度 φ(%)与室内气温 t(℃)之间的较佳关系为：$\varphi=188-7.2t$($t<26$ ℃)。

人体对微气候环境的主观感觉是一种模糊评价，它是对多种因素的综合反应。人们试图将微气候的几个要素集成为单一的热环境综合指数，下面讨论其中几个热舒适性指标。

1)有效温度(effective temperature，ET)

为了综合反映人体对气温、湿度、气流速度的感觉，美国人杨格鲁(C. P. Yaglou)和霍顿(F. C. Houghton)提出了有效温度的概念。存在A、B两个环境空间，A环境空间为自然对流(风速小于等于0.1 m/s)、饱和湿度，B环境空间为湿度、风速、温度自由组合。若两环境空间中的热感觉相同，则将A环境空间中的温度定义为有效温度。杨格鲁以干球温度、湿球温度、气流速度为参数，通过实验建立了有效温度图，例如，图5-3为穿正常衣服进行轻劳动时的有效温度图。

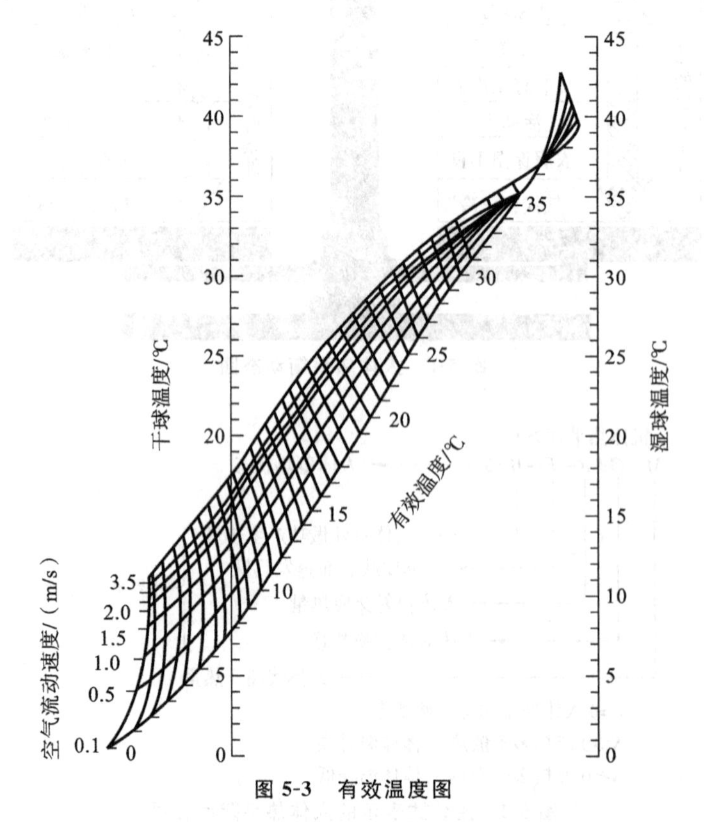

图5-3 有效温度图

2)不舒适指数(discomfort index,DI)

不舒适指数综合考虑了气温和湿度两个因素,可由下式求出:

$$DI=0.72\times(\text{干球温度}+\text{湿球温度})+40.6$$

实验表明,当 DI<70 时,绝大多数人感到舒适;当 DI=75 时,50%的人感到不舒适;当 DI>79 时,绝大多数人感到不舒适。

3)湿球黑球温度(wet bulb globe temperature,WBGT)

用干球温度、湿球温度、气流速度和热辐射 4 个因素的综合指标作为微气候的衡量指标。

(1)非人工通风条件下,当气流速度小于 1.5 m/s 时,采用下式计算:

$$WBGT=0.7WBT+0.2GT+0.1DBT$$

(2)人工通风条件下,当气流速度大于 1.5 m/s 时,采用下式计算:

$$WBGT=0.63WBT+0.2GT+0.17DBT$$

式中:WBT——湿球温度(℃);DBT——干球温度(℃);GT——黑球温度(℃)。[34]

5.2.3 微气候环境对人机系统的影响

1.高温作业环境的影响

工作地点平均 WBGT 指数等于或大于 25 ℃的作业为高温作业。由于工业企业和服务行业工作地点具有生产性热源,当室外实际气温达到本地区夏季室外通风设计计算温度时,其工作地点的温度高于室外 2 ℃或以上的作业为高温作业。热源散热量大于 84 $kJ/(m^2\cdot h)$ 的环境,客观上属于高温作业环境。

1)高温作业的类型

(1)高温、强热辐射作业:气温高,热辐射强度大,相对湿度较低,例如铸造等作业。

(2)高温、高湿作业:气温高,湿度大,若通风不良会形成湿热环境,例如造纸等作业。

(3)夏季露天作业:例如,农民在田间劳动,建筑、搬运等露天作业。

2)高温作业环境对人生理和心理的影响

高温环境下的作业者,新陈代谢加快,人体产热增加,这时人体通过呼吸、出汗及体表血管的扩张向体外散热。若产热大于散热,则体内蓄热增加,体温升高,呼吸和心率加快,皮肤表面血管的血流加快,这种现象称为热应激效应。长时间处于热应激状态会导致热循环机能失调,造成中暑或热衰竭,引起全身倦怠、食欲不振、体重减轻、头痛、失眠等症状。高温环境下作业者的知觉速度和准确性、反应速度下降,情绪烦躁不安,容易激动和对工作不满。

3)高温作业环境对人操作的影响

高温作业环境会导致大脑供血不足,注意力下降,从而使生产率下降,诱发事故发生。当温度达到 27~32 ℃时,肌肉用力的工作效率下降;当温度达到 32 ℃以上时,需要注意力集中的工作和精密工作的效率开始下降。

2.低温作业环境的影响

低温环境条件通常是指低于允许温度下限的气温条件。允许温度是指基本不影响人的工作效率、身心健康和安全的温度范围,一般为舒适度±(3~5) ℃。

1)低温作业环境对人体的影响

环境温度低于皮肤温度时,皮肤受到刺激而产生神经冲动,引起皮肤毛细血管收缩,使人体散热下降。外界温度进一步下降时，肌肉发抖以增加产热，维持体温恒定，这种现象称为冷应激效应。

人体对低温的适应力远不如对高温的适应力。低温时人体不适感迅速增加，机能迅速下降，因为此时脑代谢降低，导致神经兴奋性下降，传导能力下降，反应迟钝、嗜睡。低温适应初期，代谢增高，心率加快，心脏每搏输出量增加；当人体的核心温度下降时，心率减慢，心脏每搏输出量减少，这时人体已不能适应低温作业环境。长期的低温环境作业将导致内循环下降、身体机能减退及冻伤等。

2)低温作业环境对人操作的影响

低温环境作业时，手部、足部动作的准确性和灵活性下降，作业效率会随之降低。

3.微气候对机器设备的影响

高精尖技术设备由于其组成材料属性的要求，必须在一定温度和湿度范围内，才能保证其运行的有效性及正常的使用寿命。例如，计算机在高温环境下使用常常会出现数据差错、死机等现象；超精密加工机床必须在恒温下工作。

5.2.4 改善微气候环境的措施

1.微气候环境的改善

利用微气候知识，人们进行了不懈的努力来改善自己的居住环境和工作环境，如通过改进建筑结构及其周边环境来改善人居的微气候环境。现在已有采用先进的建筑结构（如大跨度巨型网格结构）、设备（如PVC光电板）、材料（如透明绝热材料）和智能温控系统（如生物光全光谱系统和节能照明系统）等设计和建造的，可实现室内微气候调节的生态建筑。

2.发挥木质材料的保温调湿功能

木质材料是热的不良导体，作为墙体或装饰材料，对居室的温度具有调节作用，进而可以减少供暖与制冷的能耗。木质墙体能明显减轻室外气温的影响，且室内温度变化幅度小于室外。木质住宅冬暖夏凉，在夏季，采用木质墙壁的室内气温比采用绝热壁的室内气温低2.4 ℃，冬季则高4.0 ℃。木材的低导热性加上其视觉（色彩）和触觉上的温暖感，形成了木材的温和特性。

当温度变化时，用木材围合的空间的相对湿度变动小。木质房屋的年平均湿度变化范围一般保持在60%～80%。调湿性是木材这种生物材料所具备的独特性能之一，是靠木材自身的吸湿及解吸作用，直接缓和室内空间的湿度变化。实验表明，软质纤维板的调湿效果最好，刨花板、木材、硬质纤维板、胶合板等性能良好，优于无机树脂等材料。对于有些材料而言，虽然基材的调湿性能好，但用吸湿性不好的材料贴面后，不再具有很好的调湿性能，如刷木纹胶合板、PVC贴面胶合板、三聚氰胺贴面胶合板等。[34]

3.高温作业环境的改善

高温环境下，作业者的反应及耐受时间受气温、湿度、气流速度、热辐射、作业负荷、衣服的热阻值等因素的影响。

1)生产工艺和技术方面

(1)合理设计生产工艺过程。作业者远离热源（热源放在车间外部），或使热源处于主导风向的下风侧。

(2)屏蔽热源。设置挡板(如铝材屏风、玻璃屏风),将人与热源隔离;或在热辐射源表面铺设泡沫材料,防止热扩散;或采用循环水炉门、水幕(钢板流水型热屏风,水的比热大)。

(3)个体防护。铝夹克具有热反射作用,但其热阻值大,不利于人体散热,适合于轻负荷作业。

(4)降湿。人体对高温的不适反应在很大程度上受湿度的影响,当相对湿度＞50%时,人体的发汗功能下降。降湿可以改善人体的发汗功能,一般在通风处安装除湿器。

(5)增加气流速度。合理设计门窗,增加自然通风,提高空气新鲜度,有时还需采取机械强制通风措施。当干球温度为 25～32 ℃时,增加气流速度可以提高人体的对流散热量和蒸发散热量;当干球温度＞35 ℃时,增加气流速度作用不大,因此,必须根据实际情况选择通风条件。

2)生产组织方面

(1)合理安排作业负荷。高温作业时,可采用慢速作业,增加休息次数,自由安排作业负荷。

(2)合理安排休息场所。从高温工作环境中离开,进入休息场所后不能立即吹空调和洗冷水澡。

(3)职业适应性训练。对初入高温作业环境者,应给予较长休息时间,使其逐步适应高温环境;采用集体作业方式,将高温作业环境下集体作业作为规章制度。

3)保健方面

(1)合理饮用饮料和补充营养。高温时发汗量大,应及时补充水分,注意“多次少饮”,以温水为宜;还应及时补充盐分,否则易引起脱水。高温作业者膳食热量要大(＞12560 kJ),多补充蛋白质维生素(维生素 A、维生素 B_1、维生素 B_2、维生素 C)、钙等。

(2)合理使用劳保用品。工作服要耐热、导热系数小、透气性好、吸汗。在特高温作业环境下,采用冰冷服、风冷衣等。

(3)根据人体适应性检查(热适应能力、高温反应、耐受能力)选拔高温作业人员。根据人体素质选择相应的作业。

4)标准方面

建立合理的环境气候标准,如表 5-1 所示。

表 5-1　我国夏季车间容许空气温度

相对湿度/(%)	50～60	60～70	70～80
温度/℃	33～32	32～31	31～30

4.低温作业环境的改善

人体对低温的适应能力远不如对高温的适应能力。低温作业环境应做好以下工作:

(1)采暖和保暖工作。采用采暖设备(火炉、空调)或热辐射(如浴霸)取暖,使用隔热门窗(双层玻璃)或挡风板等保暖,防止散热。

(2)提高作业负荷。增加负荷可降低寒冷感,但不能使人出汗。

(3)个体保护。防寒服热阻值大,吸汗、透气性好。衣服被汗水打湿,要及时烘干。[37]

5.3 光色环境

5.3.1 光环境

1. 光的度量

光的度量见表 5-2。[33]

表 5-2 光的度量

名称	代号	概念	公式	式中符号	单位
光通量	Φ	最基本的光度量，定义为单位时间内通过的光量	$I=\dfrac{\Phi}{\Omega}$	I 为光强，单位为 cd；Φ 为光通量，单位为 lm；Ω 为立体角，单位为 sr	流明(lm)
发光强度	I	简称光强，指光源在给定方向上单位立体角内所发出的光通量			坎德拉(cd)
亮度	L	发光面在指定方向上的发光强度与发光面在垂直于所取方向的平面上的投影面积之比	$L=\dfrac{I}{S\cos\theta}$	L 为亮度，单位为 cd/m^2；S 为发光面积，单位为 m^2；I 为取定方向的光强，单位为 cd；θ 为取定方向与发光面法线方向的夹角	坎德拉/平方米(cd/m^2)
照度	E	被照面单位面积上所接受的光通量	$E=\dfrac{\Phi}{S}$	E 为照度，单位为 lx；Φ 为光通量，单位为 lm；S 为受照物体表面面积，单位为 m^2	勒克斯(lx)

2. 照明的影响

照明可以弥补采光不足，在室内设计中还可以用来改变空间比例、限定空间区域、增加空间导向性、装饰空间和渲染气氛等。在作业场所，合理的采光与照明对安全、工效和卫生都有重要意义。

1）照明与视觉疲劳

照明对工作的影响表现为能否使视觉系统功能得到充分发挥。人眼能够适应 1×10^{-3} ～ 1×10^{5} lx 的照度范围。实验表明，照度自 10 lx 增加到 1000 lx 时，视力可提高 70%。视力不仅受注视物体亮度的影响，还与周围亮度有关。当周围亮度与中心亮度相等或周围稍暗时，视力最好；若周围比中心亮，则视力会显著下降。在照明条件差的情况下，作业者长时间反复辨认作业对象，使明视觉持续下降，引起眼睛疲劳（眼球干涩、怕光、眼痛、视力模糊、眼球充血、产生眼屎和流泪等），严重时会导致作业者全身性疲劳（疲倦、食欲不振、神经失调）。

2)照明与心理

不同性质的光线、不同的光源布置、光的分布,以及光与影的关系处理,直接影响人对空间、结构和环境的感知,从而影响人的心理感受。光的色温可起到改变室内气氛的作用,低色温给人以温暖感,适用于低照度环境;而高色温给人以清冷感,适用于高照度环境。良好的照明可以提高人的劳动热情和兴趣,提高出勤率。

3)照明与工作

通过采用发光效率高的光源(如将白炽灯改为荧光灯),可以提高识别速度、提高工作效率和准确性、提高产品质量。日光显色性最好,因此在日光下最容易发现产品瑕疵。

4)照明与事故

改善照明条件,能增强眼睛的辨认能力,减少识别色彩的错误率,增强物体的轮廓立体视觉,提高注意力,同时能扩大视野,防止工伤事故的发生。[38]

3.工作场地的照明设计

良好的照明环境,就是在视野范围内有适宜的亮度以及合理的亮度分布,并消除眩光。为此应合理规划照明方式、选择光源,增加照度的稳定性和分布的均匀性、协调性,尽量避免眩光。

1)照明方式

工业生产中通常采用自然照明、人工照明和混合照明。按照灯光照射范围和效果,人工照明可以分为以下几种。

(1)一般照明。

一般照明又称全面照明,主要考虑光源直射照度,以及少量的物体表面的相互反射所产生的扩散照度和来自建筑侧窗与天窗的自然光照度。对于昼夜轮班工作场所,一般照明必须根据充分满足夜间照明的要求进行设计。一般照明适用于工作地较密集或者工作地不固定的场所。一般照明照度较均匀,一次性投资较少,照明设备形式统一,便于维护整理,但耗电量较大。

(2)局部照明。

局部照明是指在小范围内为增加某些特定地点的照度而设置的照明。它靠近工作面,使用较少的照明器具便可以获得较高的照度,易于部分控制,耗电量少,明视中心突出,但和周围亮度对比比较强烈时容易产生眩光。

(3)综合照明。

综合照明是由一般照明和局部照明共同组成的照明方式。它是一种最经济的照明方式,不仅工作场所的利用系数高,而且能防止产生使人腻烦的阴影、直射眩光和反射眩光。综合照明常用于照度要求高,有一定的投光方向或工作地分布较稀疏的场所。

(4)特殊照明。

特殊照明是用于突出某一主题或视觉中心,或营造特殊效果的照明方式。

选用何种照明方式,与工作性质和工作地布置有关。它不但影响照明的数量和质量,也关系到照明投资及使用维修费的经济性和合理性。

2)选择光源的基本原则

(1)尽量采用自然光。

自然光明亮柔和,其中的紫外线对人体生理机能还有良好的影响。

(2)人工光源应尽量接近自然光,一般不宜采用有色光源。

首先考虑发光效率、光色、显色性和光源特征,其次考虑光源形式,最后考虑可维修性。荧光灯发光效率高,光线柔和、均匀、热辐射少。为消除光的波动,可采用多管灯具。

(3)合理选择照明方式。

直射光源的光线直射在物体上,由于物体表面反射效果不同,物体向光部分明亮,背光部分较暗,照度分布不均匀,对比度过大。反射光源的光线经反射物漫射到被照空间的物体上,不会产生阴影。透射光源的光线经散光的透明材料,使光线转为漫射,漫射光线亮度低而且柔和,可减轻阴影和眩光,使照度分布均匀。

3)照明质量

(1)照明设计评价。

照明设计评价主要从照度的选择和分布两个方面进行。

(2)照明效应评价。

照明效应评价主要从视觉功效、眩光效应、光色喜好与显色性、节能效果四个方面进行。

①视觉功效:视觉功效是指在一定照明水平条件下完成视觉作业的速度和精度。通过研究不同视觉作业特征(对象大小、对象与背景亮度比、观察时间长短等)与其所需照度水平的相互关系制定合理的照度标准。

②眩光效应:当视野内出现亮度极高或对比度过大的光时,人会感到刺眼并降低观察力,这种光线称为眩光。由亮度极高的光源直射引起的眩光称为直射眩光。强光经反射引起的眩光称为反射眩光,例如,一定角度下的荧屏反射光。物体与背景明暗反差太大造成的眩光称为对比眩光,例如,晚上的路灯和漆黑的背景形成很大的亮度对比,使人感到刺眼,而白天由于背景是自然光,亮度对比小,不能构成眩光。

眩光会破坏视觉的暗适应,产生视残像,使视觉效率降低,因此夜间会车时不可开远光灯。此外,眩光会引发眼部的不舒服感,分散注意力,造成视觉疲劳。

为防止和控制眩光,可采取以下措施:a.限制光源亮度,使亮度小于 16×10^4 cd/m^2,例如,用磨砂灯增强漫射效果。b.合理布置光源,灯的悬挂高度应在水平视线45°以上,或采用不透明灯伞或灯罩遮挡眩光。c.将灯光转为散射光,例如,灯光经灯罩或天花板及墙壁漫射到工作空间。d.避免反射眩光。对于反射眩光,通过改变光源与工作面的相对位置,使反射眩光不处于视野内;在可能条件下改变反射物表面的材质或涂料,降低反射系数,避免眩光。e.减少亮度对比。在可能的条件下适当提高背景照明亮度,减少亮度对比。

③光色喜好与显色性:现代制灯技术可以制造出不同光色的电光源,以满足各种环境需要。研究不同地区、不同民族、不同文化背景的人群对光色喜好的差异,对于营造适宜的光气氛具有指导意义。在致力提高光源显色性能的同时,探究显色性不佳造成的失真对视觉感官的影响对照明设计具有参考价值。

④节能效果:1991年美国环保局最早提出绿色照明概念并付诸实施。绿色照明旨在以节能为中心来推动高效节能光源和灯具的开发与应用,并制定了相关的标准。[38]

5.3.2 色彩环境

1.基本概念

颜色是光的物理属性,人可以通过颜色视觉从外界环境获取各种信息。

1)颜色的特性

颜色可分为无彩色和有彩色。无彩色系是指黑色、白色和深浅不同的灰色所组成的黑白系列中没有纯度的各种色彩。有彩色系是指除黑白系列之外的有纯度的各种色彩，任何一种色彩都有色调、明度、纯度三个基本特性。

（1）色调。

色调是指颜色所具有的彼此相互区别的特性，即色彩的相貌，是物体颜色在“质”方面的特性，人眼大约能分辨出160种色调。

（2）明度。

明度指颜色的明暗与深浅程度，是物体颜色在“亮”方面的特性。它取决于光线强度与物体反射光的强度。白色明度大，纯白色反射100%的光；黑色明度小，纯黑色反射0%的光。各种染料加入白色可以提高明度，加入黑色可以降低明度。

明度分为0～10共11个等级，理想的黑定为0，理想的白定为10。明度在6.5以上的颜色，在心理上给人明亮的感觉；明度在3.5以下的颜色，给人阴暗的感觉。在工作场所，天花板的明度以7.5为宜，工作面的明度应为8左右，机器设备的明度为5.6较为合适。

（3）纯度。

纯度是指颜色的鲜明程度。波长越单一，颜色纯度越高、越鲜艳。

在颜色的三个特性中，只要其中一种发生变化，颜色便发生变化。倘若两种颜色的三个特性相同，在视觉上将会产生同样的色彩感觉。

2）光波与颜色

（1）颜色源于光波。

光是一定波长的电磁波。波长620～780 nm的是红光，波长430～470 nm的是蓝光，波长530～560 nm的是绿光，人眼对绿光最为敏感。

事实上，人眼可以分辨几百万种颜色，能用语言描述出来的也在1200种以上。若人眼中的视锥细胞出了问题，就不能辨色，这就是色盲或者色弱。

（2）色盲。

人类大约有6%的男性和0.5%的女性缺乏辨色能力。色盲的区分有多种方法，通常用辨别红、绿、蓝三原色的能力进行区分。正常的人很容易区分红、绿、蓝这三种颜色，因此称为三色视觉者。最常见的色盲是二色性的，他们不能区分红与绿或绿与蓝，绿蓝色盲比红绿色盲更普遍些。全色盲比较少，仅占人类的0.003%，他们只能辨别黑、白、灰，这种人被称为一色视觉者。

3）色觉的特性

（1）恒常性。

在不同的照明条件下，人的颜色感觉保持相对稳定，这是基于中枢神经系统对颜色记忆的特性而产生的。

（2）适应性。

长时间感知某种颜色辐射后，视网膜对这种颜色的敏感度会降低，同时，对该色调的细微变化的感觉性会消失，这种特性称为色觉的适应性。

（3）显色性。

显色性是指不同光源分别照射到同一物体上时，该物体会呈现出不同颜色的特性。光源本身呈现的颜色叫色表。色表和显色性是反映光源光色的两个因素。物体的本色只有在自然光照明条件下才不会失真，而人工照明环境中，物体的颜色会依照不同照明颜色呈现不同变化。另外，物体颜色的辨别与照明强度有关。强光下，颜色辨别率的正确率较高；微光下，除天蓝色外，其他颜色均难以辨别。

(4)明视度。

物体颜色与背景颜色相比的鲜明程度称为明视度。颜色对比遵循明视度顺序，利用这一规律可进行颜色的合理配置，突出各种颜色的作用和效果。

(5)向光性。

向光性也叫趋光性，人总是喜欢注视视野中的亮处，因此，视野中最亮的地方是视觉作业中最理想的地方。不过，也应避免强光造成的眩目。

(6)反射性。

无彩色和有彩色均存在反射性，在利用颜色的反射率时，应同趋光性一样避免强光造成的眩目。

(7)负后性。

在白色或灰色背景上注视某种颜色的物体一段时间，然后移走该物体，继续注视背景的同一位置，会出现原来颜色的补色。

2.色彩对人的影响

1)色彩对人心理的影响

色彩对人心理的影响主要来源于人对色彩的联想和感受。不同的色彩会对人的认知、情感产生不同的影响，并因人的年龄、性别、经历、民族、习惯和所处的环境等的不同而异(表5-3)。

表 5-3 色彩对人心理的影响

感受尺度		色彩属性	心理作用	应用场所
活动感：冷暖、远近、动静、漂亮或朴素、兴奋或抑制、轻松或压抑、烦躁或安定、明快或隐晦、光亮或灰暗	暖和 前进 活动 漂亮 兴奋 轻松 烦躁 明快 光亮	红、橙、黄； 色调相同、明度较高； 明亮、鲜艳的暖色调	红色使人兴奋、情绪激昂、紧张、不安； 橙色可以增加食欲； 具有前进感、凸起感、体积膨胀感、空间紧凑感、狭小感等； 使人感到积极和振奋； 轻快活泼、富有动感	寒冷环境，如高原哨所； 食堂、餐厅； 食品包装多采用明度、饱和度高的黄、红色； 宽敞房间涂以暖色调(黄色)，不显得空旷； 室内篮球场； 大龄演员的穿着
	冷淡 后退 安静 朴素 抑制 压抑 安定 隐晦 灰暗	青、绿、蓝； 色调相同、明度较低； 深暗、混浊的冷色调	清凉； 使人保持冷静、理性，有镇静作用； 具有后凹感、体积收缩感、空间宽敞感等； 大面积使用时，给人以荒凉、冷漠的感觉； 沉闷、压抑、稳重、庄重、肃穆	高温环境，如锻造车间等； 狭小房间涂以冷色调(绿色)，可增加宽敞感； 天花板低时涂以淡青色，显得高一些； 高新技术产品

续表

感受尺度		色彩属性	心理作用	应用场所
力量感：轻柔或硬重、软弱或刚强、清淡或浓艳	轻柔 软弱 清淡	色调相同、明度较高； 明度、色调相同，饱和度高； 暖色调	密度小、重量轻、软弱、清淡	重锤用黄色显轻； 操纵手柄涂以明快色彩，给操作人员以省力和轻快感
	硬重 刚强 浓艳	低明度； 低饱和度； 冷色调	感觉重、硬，刚强，浓艳	高大的重型设备下部多用以冷色调为基础的低饱和度暗色
情感：欢喜或厌烦、美丽或丑陋、自然或做作	欢喜 美丽 自然	青绿色、高明度、高饱和度	欢喜、美丽、自然	情感化设计
	厌烦 丑陋 做作	红紫色、低明度、低饱和度	厌烦、丑陋、做作	特殊场所的情感化设计

2）色彩对人生理的影响

色彩对人的生理机能和生理过程有直接影响，其主要通过人的视觉器官和神经系统调节体液，对血液循环系统、消化系统、内分泌系统等产生影响。

（1）色调的影响。不同色调对人的影响不同。例如，红色使人血压升高、脉搏加快；蓝色则使人血压、心率下降。

视觉器官对不同色调的主观亮度感觉不同。例如，黄绿色最亮、最醒目，其次是黄色和橙色。黄色和橙色容易分辨，常用于警戒线、交警服装。

人眼对色调的分辨力较好，对饱和度和明度的分辨力较差。处理色彩对比时，以色调对比为主。忌用蓝色和紫色，其次是红色和橙色，因其容易引起视觉疲劳；而黄绿色、绿色、蓝绿色、淡青色不易引起视觉疲劳，且认读速度快、准确率高。主要视力范围内的基本色调宜采用黄绿色或蓝绿色，其中 7.5GY8/2 最不容易引起视觉疲劳，称为保眼色。厂房、设备仪表盘以绿色、黄绿色为主。

（2）应保持工作环境中的明度均匀性，否则，反复的明暗适应会加速视觉疲劳。

（3）饱和度高的色彩给人以强烈的刺激感，通常采用饱和度小于 3 的色彩。例如，考虑到视线转移问题，天花板、墙壁以及其他非操作部分的饱和度应低于 3。车间危险部位、危险标志的色彩应具有较高的饱和度，以增强刺激感，如机械的警戒部位采用 3.5YR8/13。

3. 色彩调节与用色原则

1）色彩调节

色彩调节是指巧妙地利用颜色、合理地选择色彩，在工作场所构成一个良好的色彩环境。一个有效的管理者应该成为色彩调节的积极支持者或参与者。

通过色彩调节，可以得到如下效果：增加明亮程度，提高照明效果；标识明确，可迅速识别，便于管理；使人注意力集中，减少差错、事故，提高工作质量；赏心悦目，使人精神愉快，减少疲劳；环境整洁、明朗，层次分明，有美感。

2)用色原则

(1)工作场所用色。

在进行工作场所色彩设计时，需要考虑工作特点，色彩意义及其对人的心理、生理影响，并保证整个色彩空间的和谐统一。在设计时，首先需要确定室内空间的主色调，然后在统一的色彩空间中寻求变化，避免空间色彩过于单调，从而导致人们觉得工作枯燥乏味。以医院这类工作场所为例，医院中的医疗设备都是坚硬的金属制成的，容易给人带来压迫感，比如产生紧张和不安的心理。所以在配色时，就应该采用能减少金属对患者的压迫感的主色调，还可以降低颜色的明度，提升颜色的丰富性，使患者在接受治疗时具有相对平稳的心态。

例如加拿大蒙特利尔的一所医院，其大厅以白色为主色调，以绿色为辅色调。这种色彩搭配既向患者表达了医院理性与专业的一面，同时也使整体空间宽敞明亮，营造出更加具有治愈性的空间环境。而从目前我国医院实际设计情况来看，空间色彩一般以米白色或者米黄色为主，功能结构较为完整，科室分布齐全，并且各区域和通道的布局都很合理，尤其是住院楼和门诊、急诊大厅多数以米白色为主，以暖色调为辅，展现出更加温馨整洁的空间环境(见图 5-4、图 5-5)。

图 5-4　天津某医院登记处

图 5-5　天津某医院指示牌

为工作场所设计色彩搭配还应考虑以下几个问题：

①运用色彩对光的反射率。运用色彩对光的反射率可以增强光亮，提高照明设备的光照效果，节省能源。与此同时，可以扩散光线，使室内光线较为柔和，减少阴影，避免眩目。室内的反射率在各个方位并不是完全一样的，如天棚、墙壁、地板等依次减弱。

②合理配色。室内的颜色不能过于单调，否则会使人产生视觉疲劳。应采用几种颜色且明度从高至低逐渐减弱，形成层次感与稳定感。一般室内上方应设置较明亮的颜色，下方设置较暗的颜色，否则会使人产生头重脚轻的感觉，导致疲劳。

③颜色特性的选择。首先是明度的选择，任何工作场所都应该有较高的明度。由于人眼的游移特性，视线常会离开工作面而转向天花板、墙壁等处，如果各区间明度差异很大，将引发视觉疲劳。其次是纯度的选择。纯度高的颜色给人以强烈的刺激，令人感到不安，除警戒色之外，一般在设计时要避免使用纯度高的颜色。最后是色调的选择，色调的选择必须结合工作场所的特点和工作性质的要求，不同办公空间（如办公室、会议室、洽谈区、休闲娱乐区）选取的色调不同。以上汽通用五菱前瞻中心为例，图5-6至图5-11依次为油泥工作室前厅、发布大厅入口、办公区、思考区、公共休闲区、培训中心。

图5-6 油泥工作室前厅

图5-7 发布大厅入口

图5-8 办公区

图5-9 思考区

图5-10 公共休闲区

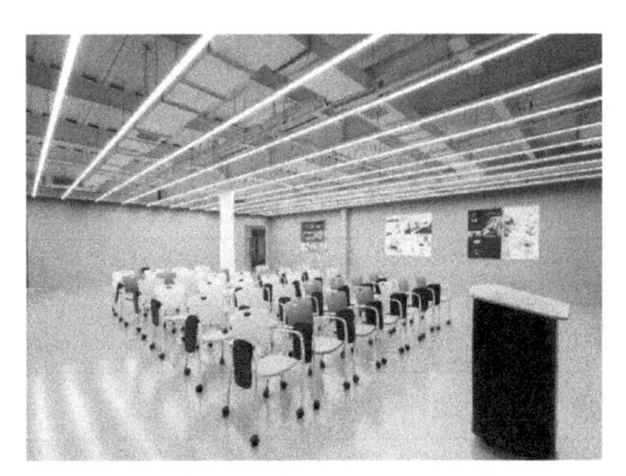
图5-11 培训中心

(2)机器设备用色。

厂房竣工后进行室内装饰时就应同时考虑机器设备用色的问题。机器设备的主要部件、辅助部件、控制器、显示器应按规范要求配色,尤其主要部件和可动部分,应涂以特殊颜色,使其凸显出来,同时将高纯度的颜色配置在需要特别注意的地方,这是"防误"的一个具体措施。

给机器设备配色时具体应注意以下几点:

①与设备的功能相适应,如医疗设备、食品工业和精细作业的机械一般用白色或奶白色。

②与环境色彩协调一致,如军用机械、车辆为了隐蔽,常用绿色或橄榄绿色。

③警示标志与消防设备要醒目,如消防设备大都用纯度较高的大红色。

④突出操纵装置和关键部位,如在操纵装置上配以醒目的红色。

⑤显示装置要异于背景用色,这样可以引人注目,利于识读。

⑥异于加工材料用色。长时间加工同一种颜色的材料时,若材料颜色鲜明,则机器配灰色;若材料颜色暗淡,则机器配以鲜明色彩。

(3)工作面用色。

工作面的颜色取决于加工对象的颜色,如上面所说的机器设备用色要异于加工材料用色,形成颜色对比,提高视觉识别性,尤其是加工细小的零件时,运用对比色可大大提高操作者分辨力。然而,对比色的纯度差异不宜过大,否则会适得其反,造成视觉疲劳的过早出现,因此,应选择纯度差异较小的对比色。

(4)标志用色。

标志作为一种特殊的形象语言,旨在传递相关信息。颜色是信息传递的一种重要方式,各种颜色在交通与生产等方面的含义如表5-4所示。

表5-4　标志颜色的含义及用处

颜色	含义	用处
红色	停止、禁止、高度危险、防火	机器上的紧急按钮;不许吸烟的警示;危险标识;消防车及其用具
橙色	警告危险色	工厂里经常将橙色涂在齿轮的外侧面,以引起注意;航空障碍灯塔和海上救生船也要涂上橙色
黄色	注意、警告	推土机等工程机械常用此色,使用黄黑相间的条纹比单独使用黄色更加醒目
绿色	安全、正常运行	紧急出口、十字路口的绿灯
蓝色	警惕色	修理中的机器、升降机、梯子等的标志色
红紫色	放射性危险	放射性物品的标志色
白色	道路、整理、准备运行	三原色的辅助色
黑色	用于标志文字、符号、箭头等	白色与橙色的辅助色

(5)安全色。

安全色传递安全信息,使人们能够迅速发现或分辨安全标志,提醒人们注意安全,防止事故发生。国家标准《安全色》(GB 2893—2008)中规定红、蓝、黄、绿四种颜色为安全色,其表征、使用导则及对比色见表 5-5。华润雪花啤酒发酵岗位安全标志见图 5-12。

表 5-5 安全色的表征与使用导则

颜色	表征	使用导则	对比色
红色	传递禁止、停止、危险或提示消防设备、设施的信息	各种禁止标志;交通禁令标志;消防设备标志;机械的停止按钮、刹车及停车装置的操纵手柄;机械设备转动部件的裸露部位;仪表刻度盘上极限位置的刻度;各种危险信号旗等	白色
蓝色	传递必须遵守规定的指令性信息	各种指令标志;道路交通标志和标线中指示标志等	白色
黄色	传递注意、警告的信息	各种警告标志;道路交通标志和标线中警告标志;警告信号旗等	黑色
绿色	传递安全的提示性信息	各种提示标志;机器启动按钮;安全信号旗;急救站、疏散通道、避险处、应急避难场所等	白色

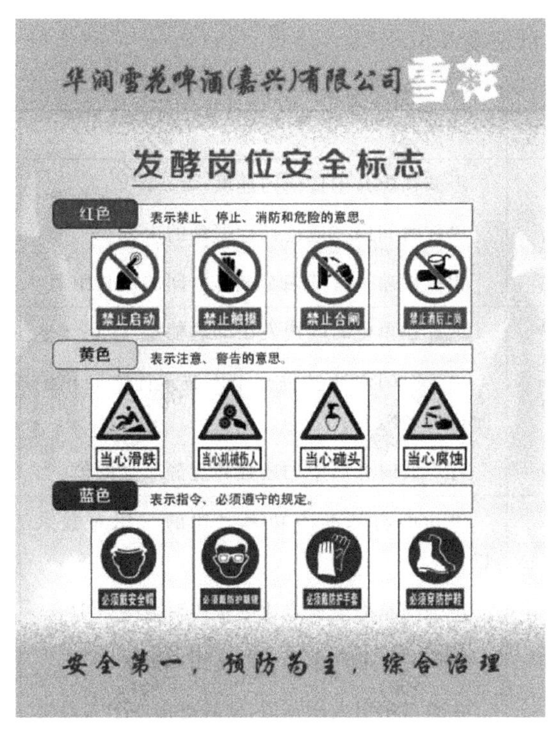

图 5-12 华润雪花啤酒发酵岗位安全标志

(6)业务管理用色。

合理使用颜色可以提高工作效率,减轻工作人员的疲劳。例如,德国的医院导向系统的主要设计方式是将复杂信息翻译成简单的模块化象形图,使用各种符号元素与色彩进行配合，引导患者前往目的地。在医院导向系统中，以颜色来区分各楼层中包含的相关诊室，以较为鲜艳的色彩作为引导，以文字为补充，可以更好地帮助患者和家属快速了解医院中不同的功能空间，使患者能够在就医过程中对路线进行有效规划。借助色彩的指引功能，还可以对医疗空间进行配套设计，为通道、挂号单和医护人员的服装选择合适的色系。

为了快速传递、交流、反馈信息，可将颜色运用于报表、文件、图形、卡片、证件以及符号、文字之中，使其易于辨识。生产与运作管理中也可利用颜色表明作业进度，如甘特图或网络图的有色标识令人一目了然。在借助颜色进行业务管理时要注意以下几点。首先，颜色不能太杂乱，避免超过三种颜色，并要分清颜色的主次关系，方便分层和功能分区，避免造成视觉疲劳，可通过对比色增强视觉效果，给人留下鲜明的印象。其次，色调不能太单一，色调单一会加速视觉疲劳或引起单调感；饱和度也不应太高，否则会产生强烈的刺激感，分散注意力，加速视觉疲劳；明度不宜太高和相差悬殊，否则，反复的明暗适应会引起视觉疲劳。

5.4 声音环境与振动

5.4.1 声音环境设计及噪声控制

1. 声的度量

声的物理量和感觉量见表5-6。

表 5-6　声的物理量和感觉量

分类	名称	代号	说明	单位名称	单位符号
物理量	声速	c	声波在媒介中传播的速度	米每秒	m/s
	频率	f	单位时间内完成周期性振动的次数	赫	Hz
	波长	λ	相位相差一周的两个波阵面间的垂直距离	米	m
	声功率	W	声源在单位时间内发出的总能量	瓦	W
	声强	I	单位时间内通过垂直于声波传播方向单位面积的声能	瓦每平方米	W/m^2
	声压	p	有声波时介质中的压强超过静压强的值	帕斯卡	Pa
	声功率级	L_W	声功率与基准声功率之比的常用对数乘以10	分贝	dB
	声强级	L_I	声强与基准声强之比的常用对数乘以10	分贝	dB
	声压级	L_p	声压与基准声压之比的常用对数乘以20	分贝	dB
	噪声级	L	在频谱中引入修正值，使其更接近于人对噪声的感受，记为dB(A)	分贝	dB
	语言干扰级	L_s	以500 Hz、1000 Hz、2000 Hz为中心频率的三段频带声压级的算术平均值	分贝	dB

续表

分类	名称	代号	说明	单位名称	单位符号
感觉量	响度	N	正常听者判断一个声音比 40 dB 的 1000 Hz 纯音强的倍数	宋	sone
	响度级	L_N	1000 Hz 纯音的声压级	方	phon
	音调	—	声音频率的高低	美	mel
	音色	—	由基音和泛音组成的成分属性	—	—

2.噪声

噪声是相对的，通常将不需要、不愿意听到的声音统称为噪声，泛指一切对人们生活和工作有妨碍的或使人烦恼的声音。噪声不仅由其物理性质决定，更取决于人们的生理和心理状态。

1)噪声的类型

按噪声源的特点，噪声分为工业噪声、交通噪声、社会噪声等。

按噪声随时间变化的特性，噪声分为稳态噪声、周期性噪声、间接噪声、脉冲噪声。

基于频率高低的特性，噪声分为高频噪声、中频噪声、低频噪声。

按照频率宽窄，噪声分为宽带噪声和窄带噪声。

按照人们对噪声的主观评价，噪声分为过响声、妨碍声、刺激声、无形声。

2)噪声对人的影响

将不同声级噪声对人体器官的主要影响进行汇总，按汇总结果将噪声分为 4 个品级。

第一噪声品级 $L=30$ dB(A)～65 dB(B)，影响程度仅限于心理方面。

第二噪声品级 $L=65$～90 dB(B)，心理影响大于第一品级，另外还有自主神经方面的影响。

第三噪声品级 $L=90$～120 dB(B)，心理影响和自主神经影响均大于第二品级，此外还有造成不可恢复的听力机构损害的危险。

第四噪声品级 $L>120$ dB(B)，通过相当短时间的声冲击之后就必须考虑内耳遭受的永久性损伤，当 $L>140$ dB(B)时，遭受刺激者很可能形成严重脑损伤。

(1)噪声对人生理机能的影响。

①对内分泌系统的影响。中强度噪声(70～80 dB)使肾上腺皮质功能增强，这是噪声通过“下丘脑—垂体—肾上腺”引起的一种应激反应。高强度噪声(100 dB 及以上)则使肾上腺皮质功能减弱，说明刺激强度已经超过机体适应能力。在噪声刺激下，甲状腺分泌也有变化。两耳长时间受到不平衡的噪声刺激时，会引起前庭反应、嗳气、呕吐，严重的会导致孕妇流产。

②对神经系统的影响。长期处于超过 85 dB 的噪声环境下，使得大脑皮层兴奋与抑制功能失调，导致条件反射异常，从而引发神经衰弱症状，表现为头痛、头晕、失眠、多汗、乏力、恶心、注意力不集中、记忆减退、神经过敏、惊慌、反应迟缓等。

③对心脑血管的慢性损伤。表现为心动过速、心律不齐、心电图改变、高血压以及末梢血管收缩、供血减少等，一般发生在 80～90 dB 的噪声环境下。

④对消化系统的影响。长期处在噪声环境中，会使人食欲减退，唾液减少，胃的正常活动受到抑制，导致溃疡病和肠胃炎发病率增高。

⑤噪声对视觉功能有影响。115 dB、800～2000 Hz 的较强声音刺激，可明显降低眼对光的敏感性。一定强度的噪声还可以使色视力改变。长期暴露于强噪声环境中，可引起持久性视野同心性狭窄。130 dB 以上的噪声可引起眼震颤和眩晕。

⑥噪声对睡眠也有影响。通过问卷调查和各种生理指标测量分析发现，噪声使人不能入睡，或降低睡眠深度，使大脑处于非休息状态。为保证睡眠不受影响，夜间室内噪声不得超过 30 dB。

(2)噪声对心理状态的影响。

噪声令人烦恼，出现烦躁、焦虑、生气等心理情绪。响度相同的情况下，频率高的噪声比频率低的噪声容易引起烦恼。噪声强度或频率不断变化比稳定的噪声更容易引起烦恼。在住宅区，60 dB 的噪声便可引起很大烦恼。相同噪声环境下，脑力劳动者比体力劳动者容易烦恼。

(3)噪声对语言通讯的影响。

人在噪声环境下交谈，听阈升高，清晰度下降。一般电话通信的语言强度为 60～70 dB；在 55 dB 的噪声环境中，通话清晰可辨；在 85 dB 时，几乎不能通话。噪声可能掩蔽危险信号，影响察觉能力。

(4)噪声对作业的影响。

在 70 dB 以上的噪声环境中，人们心情烦躁，注意力不易集中，记忆力减退，精力分散，反应迟钝，容易疲劳，直接影响作业能力的发挥与工作效率的提高，同时出错率增加，影响工作质量。但对于非常单调的工作，却可能产生有益的效果。

3)听力损伤的类型及其影响因素

听力损伤是指人耳在某一频率的听阈较正常人的听阈提高的现象。

听力损伤包括听觉疲劳和耳聋两种。听力损伤程度受噪声强度、暴露时间和噪声频率三个因素影响。

3. 噪声的评价指标

目前噪声控制标准分为三类：第一类是基于对作业者的听力保护而提出的，我国的《工业企业噪声控制设计规范》等属于此类，它们以等效连续声级、噪声暴露量为指标；第二类是基于降低人们对环境噪声的烦恼度而提出的，我国的《声环境质量标准》等属于此类，它们以等效连续声级、统计声级为指标；第三类是基于改善工作条件、提高作业效率而提出的，该类标准以语言干扰级为指标。

4. 噪声的控制

形成噪声干扰的三要素是声源、传播途径和接收者。因此，噪声控制有三条途径。

1)声源控制

(1)降低机械噪声。

机械噪声主要由运动部件之间及连接部位的振动、摩擦、撞击等引起。

①改进机械产品的结构或传动设计。高分子材料或高阻尼合金产生的噪声比一般金属材料小。以斜齿轮传动替代直齿轮传动，或以带传动替代齿轮传动，产生的噪声较小。对于选定的传动方式，可通过材料选用、结构设计、参数选择、控制运动间隙等一系列办法降低噪

声。此外，可以改变噪声频率和采用吸振措施。将金属橡胶和金属纤维材料、粉体阻尼技术和喷水阻尼技术用于圆锯机作业，可以取得明显的降噪效果。对于小型锯机，可对锯片开槽、打孔，以改变共振频率，有效减振降噪；但对于大型金属锯机，从安全和实际降噪效果方面考虑不宜使用。对大型锯片切割机，采取增大夹盘、在夹盘与锯片间垫衬金属橡胶弹性垫、夹盘径向打若干深孔注入粉体材料封口、改造现有水冷却系统并对锯片进行喷水阻尼处理等方法，可以起到良好的降噪效果。

②改善加工工艺。例如，用电火花加工代替切削加工，用焊接或高强度螺栓连接代替铆接，采用压延工艺代替锻造工艺。

(2)降低空气动力性噪声。

空气动力性噪声也称气流噪声，是由气流运动过程中的涡流、压力急骤变化和高速流动引起的。工矿企业的主要空气动力噪声源有离心式风机、轴流式风机、压缩机及各种高速气流排放装置。降低空气动力性噪声的主要措施有降低气流速度、减少压力脉冲、减少涡流。

2)控制噪声的传播

主要采用阻断、屏蔽、吸收等措施控制噪声传播。

(1)全面考虑工厂的总体布局及选址。正确预估厂区环境噪声的分布状况，使高噪声车间远离低噪声车间和生活区。

(2)调整声源指向，使噪声源指向天空或野外，或设在下风处或厂区偏僻处。利用地形(树林、山坡、围墙等)屏蔽、阻断噪声。

(3)采用隔声装置。例如，采用双层窗，其保温性能和隔声效果均较好。

(4)采用吸声材料和吸声结构。利用吸声材料和吸声结构可以吸收声能，降低声反射。吸声材料具有表面气孔，声波在气孔中传播时，由于空气分子与孔壁摩擦，大量消耗能量，因而吸声系数达 0.2～0.7。经吸声处理的房间，可降低噪声 7～15 dB。

3)个体防护

当其他措施不成熟或达不到听力保护标准时，使用耳塞、耳罩、耳机、防声头盔等进行个体防护是一种经济、有效的方法。

4)音乐调节

音乐调节是指利用听觉掩蔽效应，在工作场所创造良好的音乐环境，以掩蔽噪声，缓解噪声对人心理的影响，使作业者减少不必要的精神紧张，推迟疲劳的出现，相对提高作业能力的过程。

工厂车间以纯体力劳动为主，搭配节奏清晰、速度较快而轻松的音乐为好；单调发闷的工作则应逐渐提升音乐气氛，听一些娱乐性音乐；需要集中注意力的工作，应配以节奏变化不多、让人感到平静的无主题音乐，如脑力劳动时，以速度稍慢、节奏不明显、旋律舒畅缓和的音乐为好。

选用音乐，还应考虑作业人员的文化素质、年龄、工作性质，同时恰当地选择播放时间。[37]

5.4.2 振动

1.人体振动特性

振动对人体产生三种作用力：惯性力、黏性阻尼力、弹性力。

人是一个多自由度的振动系统，对振动的反应往往是组合性的。人体立位时对垂直振动敏感，卧位时对水平振动敏感。对坐姿下人体承受垂直振动时的振动特性的研究结果表明：人体对 4～8 Hz 频率的振动能量传递率最大，生理效应也最大，称作第一共振峰，它主要由胸部共振产生，对胸腔内脏影响最大。在 10～12 Hz 的振动频率时出现第二共振峰，它由腹部共振产生，对腹腔内脏影响较大。在 20～25 Hz 的振动频率时出现第三共振峰。当整体处于 1～20 Hz 的低频区时，人体随振动频率不同而发生不同反应，如图 5-13 所示。人体只对 1000 Hz 以下的振动产生感觉。[34]

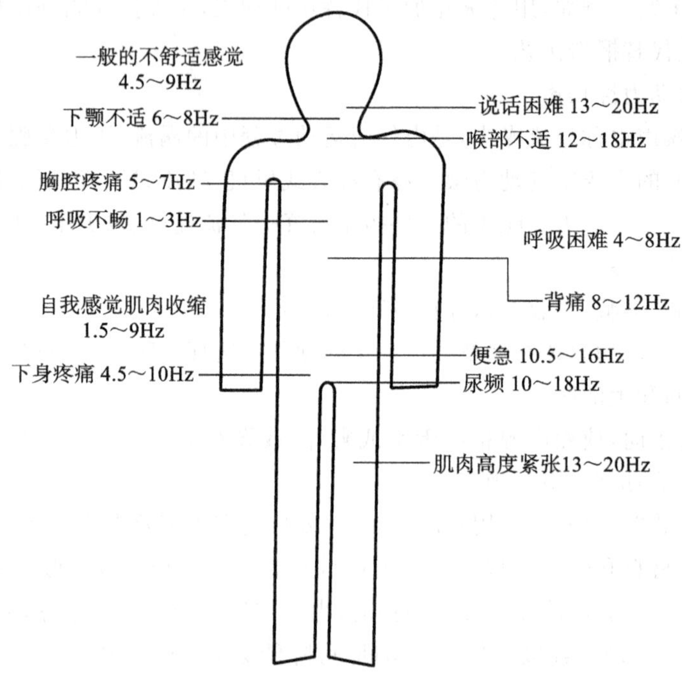

图 5-13　人体对振动的不同反应

影响振动对机体作用的因素有振动频率、作用方向、振动强度、振幅、作用方式（坐姿/立姿、全身/局部、直接/间接）、振动波形（连续/不连续）、暴露时间、温度等。

2. 振动的影响

1）振动对人体的影响

（1）引起脑电图改变、条件反射潜伏期改变、交感神经功能亢进、血压不稳、心律不稳、皮肤感觉功能下降，尤其是振动感觉最早出现迟钝。

（2）40 Hz 以下的大幅振动易引起骨和关节的改变，如骨质疏松、骨关节变形和坏死等。振幅大、频率低的振动主要作用于前庭器官，并可使内脏发生位移。40～300 Hz 的振动能引起周围毛细血管形态和张力的改变，表现为末梢血管痉挛、脑血流图异常；导致心动过缓、窦性心律不齐和房内、室内、房室间传导阻滞。

（3）使手部握力下降。长期使用振动工具可导致局部振动病，它以末梢循环障碍为主，亦可累及肢体神经和运动功能。发病部位多在上肢末端，典型表现为发作性手指变白（简称白指，由 30～300 Hz 的振动引起）。

2）振动对工作能力和绩效的影响

（1）人体或目标的振动使视觉模糊，导致仪表判读及精细分辨发生困难。

(2)全身颠簸使语言失真或间断,导致人与人之间的信息传递受阻。

(3)手脚和人机界面振动使动作不协调,导致操纵误差增加。

(4)强烈振动使脑中枢机能水平降低,注意力分散,产生疲劳,反应时间和操作时间发生变化。此外,振动影响机械、仪表的正常工作,进而影响机器加工质量。[38]

3. 振动的评价

在目前的生产和生活中对振动的评价有两个标准。一个是根据振动强度、振动频率、振动方向、人体接触振动的持续时间四个因素的不同组合来评价全身振动对人体产生的影响的 ISO 2631《人体承受全身振动的评价指南》,该标准将人体承受的全身振动分为三种不同感受界限:健康与安全的界限(EL),疲劳-工作效率降低界限(FDP)(图 5-14)和舒适降低界限(RCB)。

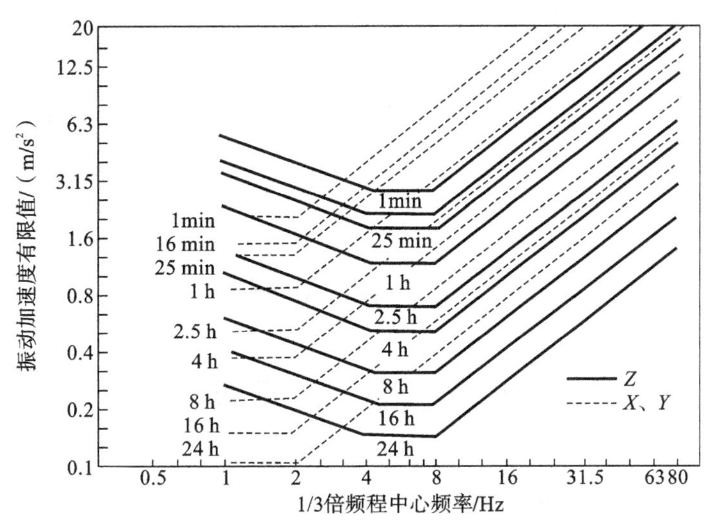

图 5-14 全身振动允许界限(疲劳-工作效率降低界限)

另一个是用于评价手传振动对手臂的影响的 ISO 5349《人对手传振动暴露的测量和评价指南》,该标准规定的坐标系方向如图 5-15 所示,且三个方向用同一标准进行评价。图 5-16 中 1～5 条曲线是考虑不同受振持续时间的容许界限。[38]

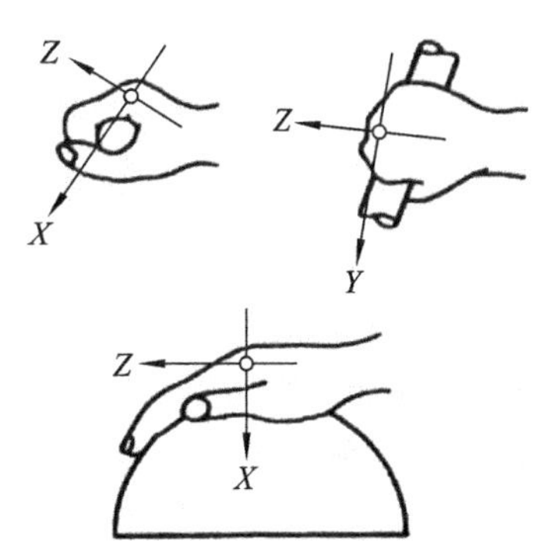

图 5-15 手的振动方向

4. 振动控制

(1)改革工具和工艺,消除振动。例如取消或减少手持风动工具的作业,或改革风动工具,通过改进其排气口位置达到有效减振;用液压、焊接代替铆接;采用自动、半自动操纵装置,减少肢体直接接触振动体。

(2)职业选拔。有血管痉挛和肢端血管失调及神经炎患者,禁止从事振动作业。

(3)加强个体防护。手持振动工具作业者,可戴双层衬垫无指手套,穿防振鞋等;注意保暖防寒,使环境温度保持在 16 ℃以上;在地板及设备地基采取隔振措施(如铺以橡胶、软木层)。建立合理劳动制度,限制振动作业时间。

(4)医疗保健。每隔 2～3 年定期体检;对振动病反复发作者,调离振动作业岗位。[37]

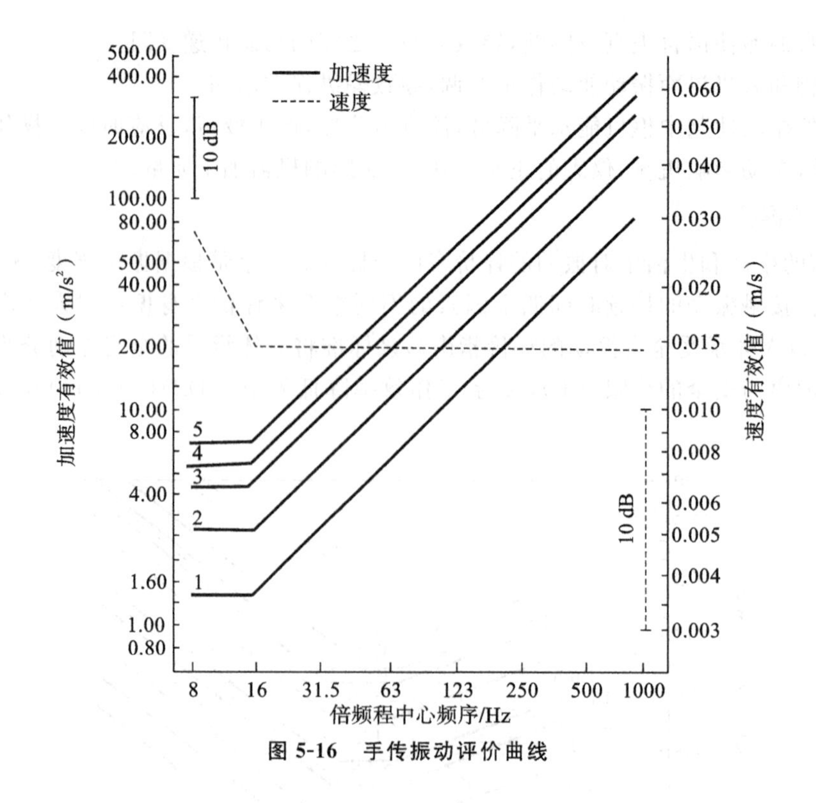

图 5-16　手传振动评价曲线

5.5　空气环境

5.5.1　空气中的主要污染物及其来源

1. 粉尘

1）粉尘类型

粉尘是长时间悬浮在空气中的固体微粒，按照其存在状态可以分为降尘和飘尘两种。飘尘是一种气溶胶体，长时间漂浮于空气中，对人体危害非常大。

2）生产性粉尘的来源

（1）机器粉碎、研磨和混合过程中产生的固体物质。

（2）物质加热时产生的蒸汽在空气中凝结或氧化，例如，炼铁时形成的 Fe_2O_3。物质氧化、升华、蒸发和冷凝的过程中形成的固体微粒比一般生产性粉尘小得多，呈烟雾状，危害较大。

（3）物质不完全燃烧的产物，例如烟尘、油烟、煤烟等。

（4）生产过程中使用的粉状原料或辅料，例如铸件的落砂。

（5）粉状物料的混合、过筛、运输以及包装。

3）粉尘的特点

粉尘的化学成分及其浓度直接决定着其对人体的危害程度。例如，粉尘中游离态 SiO_2 的含量越高，危害性越大，当 SiO_2 的含量达到 70%以上时，就会引起肺组织弥漫性纤维化病变（尘肺病）。[34]

2.化学性毒物

化学性毒物的类型及其来源见表5-7。

表5-7 化学性毒物类型及其来源

类型	来源
氧化物	CO_2 来源于燃料燃烧和生物呼吸等;矿物质和煤的不完全燃烧、汽车的尾气等产生 CO
臭氧(O_3)	室内臭氧主要来源于室外光化学污染物,臭氧消毒器、紫外灯和复印机也可导致臭氧污染
二氧化硫(SO_2)	无色刺激性气体,往往和飘尘结合进入人体肺部。一般由化工厂、焦化厂、硫化厂、钢铁厂的尾气产生
氮氧化物	主要是 NO 和 NO_2,还有 N_2O、NO_3、N_2O_4、N_2O_5 等。氮氧化物来源于各种矿物的燃烧过程及生产和使用硝酸的化工厂,如氮肥厂、化工厂的硝酸盐氧化反应、硝化反应
氯气(Cl_2)	氯气是一种黄绿色气体,有强烈刺激性气味
甲醛(HCHO)	甲醛是一种无色、具有强烈刺激性气味的气体,其35%~40%的水溶液称为福尔马林,在室温下极易挥发
金属毒物	金属毒物是指混入空气中的铅、汞、铬、锌、锰、钒、钡等及其化合物。其来源有很多,例如汽车尾气、自来水、锡纸商标、有色陶器、油漆等

5.5.2 空气污染物的影响

1.粉尘的影响

粉尘爆炸是指当某些物质的微小颗粒在空气中达到一定的浓度时,遇到明火会发生爆炸。这种微小颗粒可以是糖、面粉,也可以是纺织纤维(如亚麻纤维)、煤尘、铝尘等,称为爆炸性粉尘。

1)粉尘对人的影响

(1)破坏人体的粉尘清除功能。当吸入的粉尘量不大时,气管的纤毛上皮和巨噬细胞可以将其清除;若长期吸入或过量吸入粉尘,纤毛上皮受损,巨噬细胞减少,或巨噬细胞吞噬过多而不能移动,造成清除功能被破坏。

(2)引起尘肺病,包括硅肺、碳尘肺、金属尘肺等。

(3)粉尘中毒。吸入铅、砷、锰等粉尘,会引起全身性中毒反应。

(4)粉尘会堵塞皮脂腺,使皮肤干燥,引起粉刺及过敏性反应。

(5)粉尘会污染环境、衣服和身体,使人感到不适和厌恶,造成情绪急躁、缺乏耐心、动作不稳定。

2)粉尘对生产的影响

(1)降低产品质量。例如,感光胶片、集成电路、显像管、涂饰等必须在清洁车间进行生产,化学试剂等受粉尘影响会降低产品纯度。

(2)造成机器设备磨损加剧,降低机器加工精度和加工能力。例如,精密仪器、微型电机、精密轴承等受粉尘影响,其转动部件磨损、卡住,甚至造成报废。

(3)降低光照度和能见度，诱发事故。粉尘影响照明效果，对工作质量和效率都产生影响。[39]

2.化学性毒物的影响

各类化学性毒物的影响见表5-8。

表5-8　各类化学性毒物的影响

类型		影响
氧化物	CO_2	工作环境中的CO_2含量增多，会引起嗜睡、动作迟钝，造成缺氧症；若CO_2含量增加到5%～6%时，则呼吸困难；增加到10%时，即使不活动也只能忍耐几分钟
	CO	CO与血液中的血红蛋白(Hb)结合形成碳氧血红蛋白(COHb)，会降低血液输氧能力，造成人体缺氧，使人出现头痛、耳鸣、恶心、四肢乏力等症状。它与空气混合时容易发生爆炸
臭氧(O_3)		室内臭氧的毒性主要表现在对呼吸系统的强烈刺激和损伤，会引起上呼吸道炎症和感染
二氧化硫(SO_2)		对人体呼吸道产生刺激，引起中毒症状，并刺激眼睛
氮氧化物		NO_2中毒易引起肺气肿、慢性支气管炎；由汽车和工厂烟囱排出的氮氧化物和碳氢化物在阳光中紫外线的照射下产生毒性很大的浅蓝色烟雾(光化学烟雾)，对人的眼睛、鼻子、喉咙刺激较大
氯气(Cl_2)		长期接触低浓度氯气，可引起呼吸道、皮肤和眼睛等的慢性中毒
甲醛(HCHO)		吸入高浓度甲醛会对呼吸道造成严重刺激，出现水肿等症状，甚至导致免疫功能异常；皮肤直接接触甲醛会引起皮炎、色斑和坏死；长期吸入少量甲醛能引起慢性中毒，出现黏膜充血、过敏性皮炎等
金属毒物		神经系统最易受铅的损害，铅中毒会引起智力发育落后；铅会抑制血红素的合成，诱发贫血，危害造血系统；铅能和抗体结合，饮水中铅含量增加会导致循环抗体水平降低；铅还会抑制维生素D活化酶、肾上腺皮质激素与生长激素的分泌，导致儿童体格发育障碍

5.5.3　空气污染物的防治

1.粉尘的防治

(1)改进工艺和设备。例如，湿法作业采煤；采用自动化、封闭式、无人操作机器人进行遥控等。

(2)采用除尘设备。例如，采用磁分离、静电分离、离心分离等方法，使粉尘与气体分离，将粉尘回收。

(3)改变原材料。例如，铸造中采用各种替代材料或设备，以减少使用SO_2含量大的石英砂。

(4)实施个体防护。当其他方法不奏效时，可以采用口罩、面具、防尘服等进行个体保护。

2.化学性毒物的防治

(1)合理选择材料、燃料或进行设计、预处理，设备或加工环节进行密闭化，控制化学性毒物的排放与扩散。例如，在家具中，哪个部位的木材不需要涂饰，哪个部位的木质材料需要封闭处理，都可以体现设计师对涂饰、木材调湿性、甲醛释放的精心考虑。

(2)改进燃烧方法，采用净化回收方法。例如，尾气回收、充分燃烧。

(3)控制交通排放废气。例如，采用新型发动机。

(4)采用自然方法净化环境。例如，加强厂区绿化；燃烧系统负压操作，提高烟囱高度；厂房设计和布置合理；用气力吸尘装置，进行集中通风。

(5)制定法规，严格管理。设计合理的劳动制度、休息制度和轮班方式以及个体防护措施。[39]

5.6 特殊环境

特殊环境是指环境指标的某项数据异于人类正常工作和生活环境的数据范围时出现的环境状况。在介绍特殊环境类型时，主要从其定义、例子和对人的影响三个方面展开。由于实际生产生活中的特殊环境都是由多个特殊环境条件叠加产生的，而设备制造时的有关参数又是根据实际环境所确定的，所以本书不对某类特殊环境对设备的影响进行讨论。

5.6.1 特殊环境类型

1.特殊重力环境

特殊重力环境分为失重环境和超重环境两种。

1)失重环境

(1)概念：失重环境是指物体对支持物的压力小于物体所受重力的特殊环境。

(2)常见的失重环境：太空作业环境。

(3)失重的影响：①易引起"空间运动病"，症状是呕吐、厌食、头痛和昏睡；②心血管调节功能变差，心脏每搏输出量降低、心肌受损和自主神经功能紊乱；③肌肉萎缩，返回地面后感到无力、疲惫、站立和行走困难，有时感到肌肉疼痛；④肌肉骨骼系统出现失用性变化，表现为肌肉萎缩、肌力下降甚至骨质疏松。

2)超重环境

(1)概念：超重环境是指物体对支持物的压力大于物体所受重力的特殊环境。

(2)常见的超重环境：水下作业环境、深海环境、超深海环境。

(3)超重的影响：超重会给人体的各种器官带来超负荷。例如，皮肤衰老更快，心脏也会感到难受，很容易出现血管膨胀，尤其是脚，血液难以回流，也会影响到脑部，导致思考缓慢，反应迟钝。

2.异常气压环境

异常气压环境分为高气压环境和低气压环境两种。

1)高气压环境

(1)概念：高气压环境是指压力高于海平面大气压力的特殊环境。

(2)常见的高气压作业：①潜水：每下沉 10.3 m，增加 1 个大气压；②沉箱；③高压氧舱内的治疗或陪舱；④在高压容器内进行科研或检查工作。

(3)高气压的影响:①惰性气体麻醉导致肌肉、神经协调方面的障碍;②心率下降,心肌收缩力降低,心律不齐;③呼吸费力,呼吸频率降低,肺通气功能下降;④代谢降低的同时伴随恶心、呕吐等。高气压容易导致一些疾病,例如肺气压伤、耳气压伤、加压性关节痛和高压神经综合征。

2)低气压环境

(1)概念:低气压环境是指压力低于海平面大气压力的特殊环境。

(2)常见的低气压作业:①航空航天作业;②低压舱作业;③高原和高山作业。

(3)低气压的影响:对人体的影响主要有压力过低引起的压力效应和大气氧分压低引起的低氧效应。①习服:进入高海拔低氧环境下,人体为保持正常活动和进行作业,在细胞、组织和器官首先发生功能的适应性变化,逐渐过渡到稳定的适应,整个过程持续1～3个月。②呼吸加快,过度呼吸,造成呼吸性碱中毒;肺动脉高压,造成肺水肿。③腹胀,腹泻,食欲减退。低气压容易导致一些高原病,例如急性高原肺水肿、急性高原脑水肿、慢性高原心脏病、慢性红细胞增多症。

5.6.2 防治措施

特殊环境由于其自身的"不寻常性"给人机系统带来了十分严峻的挑战。特殊环境对人的影响不仅仅是身体上的不适应,还包括压力、情绪和心理健康等方面的问题。因此,在进入特殊环境工作前人们应做一些预防措施,例如,进行技术革新,加强作业工人安全卫生教育,严格执行操作规程,健全保健制度,对工作人员开展就业前体检和就业后定期体检等。

尽管短时间内处于特殊环境的工作人员的身体会产生一些适应性变化,环境对身体的伤害也是可逆的,对工作人员健康的影响不大,但是长期在特殊环境中工作,即使采取有效的防护措施,还是可能导致一系列的病理改变。因此,发明并生产能适应该类作业环境的移动机器人来协同人类完成物资运送、环境信息探测、危险处置等任务,具有重要的实际意义。[37]

5.6.3 特殊环境案例

特殊环境其实是一些复杂、极端的环境条件的综合叠加,即引力场、电场、磁场等各种场的叠加。下面以太空环境为例进行介绍。

1.太空环境概述

太空是一个强辐射、高真空、微重力环境,也是一个高寒的环境,平均温度为−270.3 ℃。

太空环境除具有超低温、强辐射和高真空等特点外,还有高速运动的尘埃、微流星体和流动星体。它们具有极大的动能,1 mg的微流星体可以穿透3 mm厚的铝板。

在太空飞行的航天器除遇到上述自然环境外,还会遇到独特的诱导环境,即在太空环境作用下,航天器某些系统工作时所产生的环境,主要有以下几种:

(1)极端温度环境。航天器在真空中飞行时,由于没有空气传热和散热,受阳光直接照射的一面可产生高达100 ℃以上的高温,而背阴的一面,温度可低至−200～−100 ℃。

(2)高温、强振动和超重环境。航天器在起飞和返回时,运载火箭和反推火箭等点火和熄火时会产生剧烈的振动。航天器重返大气层时,高速在稠密大气层中穿行,与空气分子剧烈摩擦,使航天器表面温度高达1000 ℃。航天器加速上升和减速返回时,正、负加速度会使航天器上的一切物体产生巨大的超重。超重以地球重力平均加速度的倍数来表示,载人航天器上升时的最大超重达 $8g$，返回时达 $10g$，卫星返回时的超重更大些。[37]

2.航天服

航天服是保证航天员的生命活动和工作能力的个人密闭装备，可防御真空、高低温、太阳辐射和微流星等环境因素对人体的危害。在真空环境中，人体血液中含有的氮气会变成气体，使体积膨胀。如果人不穿加压气密的航天服，就会因体内外的压差悬殊而发生生命危险。

航天服是在飞行员密闭服的基础上发展起来的多功能服装。早期的航天服只能供航天员在飞船座舱内使用，后来研制出了舱外用的航天服。现代新型的舱外用航天服有液冷降温结构，可供航天员出舱活动或登月考察。

航天服按功能分为舱内航天服和舱外航天服。

1)舱内航天服

舱内航天服与飞船环境控制与生命保障(环控生保)系统的供气调压、航天服循环等子系统配套，就构成了飞船返回舱压力和大气控制的安全冗余，在飞行过程中一旦发生返回舱失压的紧急情况，舱内航天服便可为航天员提供有效的安全保障。

我国航天员使用的舱内航天服(图5-17)，采用头部与躯干、肢体连为一体的"软式"服装结构和开放式的通风供氧方式，由压力服、航天头盔、航天手套、压力调节器、压力表、应急供氧与通风管路、生理测试与通信电缆等组成。压力服是舱内航天服的主体，内层是气密层，维持压力工作状态下的服装气密性；外层为限制层，承受服装余压，并保持供氧加压状态时航天服的拟人形态。

在飞船飞行过程中相对的事故高发段(通常包括飞船入轨前的发射段、飞船进入返回程序到返回舱着陆的返回段，以及飞船实施变轨和交会对接的飞行时段)，航天员应该穿着舱内航天服坐在航天座椅上(图5-18)，系好束缚带，连接好通风和应急供氧管路，实现与环控生保系统的衔接；连接好生理测试和通信电缆，实现与舱载医监设备的衔接；带上航天手套、关闭面窗并完成航天服的气密性检查，系统会自动转入应急工作模式。

在轨道飞行期间，航天员穿着的是舱内工作服。而一旦出现紧急情况，航天员应迅速换上舱内航天服，并完成一系列准备工作。举例来说，假设飞船出现泄漏，导致座舱失压，舱内压力持续下降，并出现了舱压下限报警，航天员必须尽快转入飞船的压力应急工况。从舱压报警起，航天员就要按照"压力应急故障处理程序"要求，迅速穿上舱内航天服，进行必要的现场撤收和管理，进入返回舱。接着，关闭轨道舱与返回舱之间的气密舱门，就座于航天员座椅上，在舱压下降到54千帕之前，完成上面的一整套准备工作。

当舱压下降到54千帕时，应急供氧管路自动接通，以每分钟21升的流量为航天员输送纯氧，并维持航天服内部约40千帕的工作压力。氧气从应急供氧管路进入服装，主要部分被导向头盔和航天员面部，保证航天员呼吸，多余氧气从胸前的压力调节器排出，同时带走航天员呼出的二氧化碳和服装内的废热。此过程可以维持6小时，这6个小时足以保证飞船择机返回地面。

航天服与环控生保系统协同实现的压力应急功能，应在地面"压力应急模拟试验舱"中进行反复的试验验证，并完成1∶1的真人试验；压力应急飞行处理程序应写入航天员的飞行手册；航天员应熟知该程序的内容和要求，在地面经过反复训练，并在压力应急模拟试验

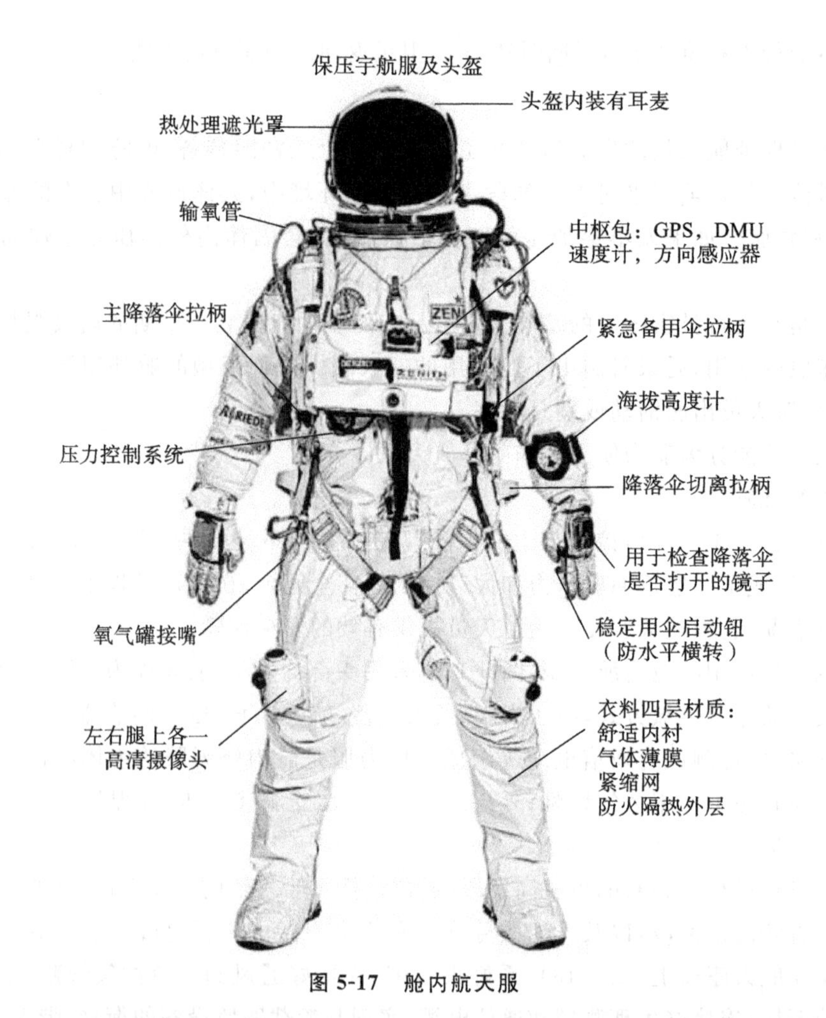

图 5-17　舱内航天服

图 5-18　在返回舱内身着舱内航天服的神舟十号航天员乘组

聂海胜（中）张晓光（左）王亚平（右）

舱进行真实工况下的演练。

2)舱外航天服

如图 5-19 所示，舱外航天服从严格意义上来说不能算作服装，而是一个浓缩的、可以自主肢体活动的太空舱，有着超高的技术含量和技术密集度。

图 5-19 舱外航天服

2021 年 7 月 4 日上午 10 时，中国空间站航天员首次出舱，这是我国航天员第二次执行出舱任务。航天员刘伯明站上机械臂，进行首次人和机械臂的协同配合，全新一代“飞天”舱外航天服(简称“舱外服”)也首次亮相。

我国在舱外航天服设计方面遵循“更好看(具有中国美学特征与识别性)”“更好用(人性化)”“更可靠(易于实现、轻量化)”三位一体的设计理念。

(1)我国的航天服在外观造型和装饰元素方面融合了飞天、祥云和凤凰元素，与美国和俄罗斯的航天服相比具有明显的差异性，识别度更高。

(2)航天员和航天服的交互界面——电控台、气液控制台的布局设计和按键造型设计体现了人性化的设计理念。通过人机工程学的研究方法，根据舱外服的手臂和手指的可达域与施力特征重新布局了交互界面的功能，并对操作手柄进行了优化设计，实现了交互信息和操作界面相对应的功能层级划分布局，让航天员更方便快速地区分指令功能和准确操作。

(3)在头盔摄像单元的设计中体现了轻量化理念，这个电子设备是全新增加的设备。科研团队运用轻量化、高可靠性的设计原则，让航天员获得了最佳的天窗视野。设计人员从汽车的安全带卡扣的结构中获得启发，研制出了用最简单的机械结构(一根弹簧)、最快捷的操作(无须工具)来实现在轨维护和组装的头盔摄像单元。

3.航天环境的适应性训练

航天活动会置身于各种特殊环境，其中对人体影响最大的是超重和失重环境。为了使航天员更快地适应航天环境，就要进行航天环境的适应性训练。

(1)超重训练。航天员在发射和返回的过程中会遇到超重作用，它使人的体重及体内脏器的重量增加好几倍，超重耐力低的人会因此出现晕厥或呼吸困难。一个人的超重耐力是可以通过训练得到提高的。具体的训练方法是让受训者半卧或坐在离心机的座舱里，逐渐增加离心机的转速，这时超重值逐渐增加，直到航天员不能耐受，再逐渐降低离心机的转速。还可以结合今后的飞行任务，模拟飞船上升和返回时所遇到的超重曲线来进行周期性的训练，或加入其他因素进行综合性体验。

(2)失重飞行训练。航天员在轨道飞行过程中是处于失重状态的，失重不仅对人体的健康有影响，而且会影响日常生活和工作效率。因此，在飞行前进行失重训练是十分重要的。由于地面上不可能产生真正长时间的失重，所以只能进行短期失重和模拟失重训练。短期失重飞行训练用的是失重飞机，这种特别改装的飞机在进行抛物线飞行时可产生 25～35 s 的失重，失重飞机飞一个起落可完成 15 个左右的抛物线飞行。利用短暂的失重可进行失重体验、空间定向及失重状态下的生活和工作等人体行为的训练。

(3)浸水训练。人在水中时，由于流体静压和重力负荷作用减少，可产生类似失重时的一些变化和感觉。这种状态不是真正的失重，只是模拟失重产生的体液流向分布和漂浮感。浸水训练是在一个大水槽中进行的，这个大水槽可以将航天器的 1∶1 模型放在里面，可以训练航天员失重情况下的工作能力。例如，训练航天员的出舱活动、在舱内和舱外工作时的动作协调性等。

(4)头低位训练。头低位时，下身的血液会冲向头和胸部，因此如果在地面经常让受训者处于头向下的位置，进入太空后，航天员对失重环境的适应就快，产生的不舒服感觉就会减少。我国的航天员在飞船发射前几天的晚上，也采用了这种头低位的方式睡觉，这样可以使航天员入轨后更快地适应失重环境。

(5)前庭功能训练。进入失重环境后，有一半以上的航天员会出现类似地面晕车、晕船的反应，感觉十分不舒服，也影响工作。出现这些反应的主要原因是失重影响了人内耳的前庭器官。为了增强前庭器官的适应能力，可在地面采用转椅、秋千、弹力网等器械训练人体的前庭器官。

4.心态稳定性训练

航天活动会给人带来极大的心理-生理负荷，尤其是长期飞行，可能会引起航天员出现心理障碍。目前航天员的心理训练主要包括以下三部分：

(1)心理稳定性训练。心理训练结合航空飞行、跳伞、超重、失重飞行、前庭功能、救生和生存等训练内容，提高航天员的心理稳定性。

(2)隔离训练。根据训练要求，让航天员在一个狭小的隔音室中生活、工作一段时间，通过他们隔离期间的表现，就可以了解每个航天员的生活和工作能力以及对孤独环境的适应和储备能力，提高他们今后在航天中的心理稳定性和工作协调能力。

(3)心理支持。通过三种方法提高航天员的心理素质。第一种方法是生物反馈法，即让受训者调整自己的呼吸和放松肌肉，这样可以改善受训者的自主神经活动，达到减轻身体疲劳、提高工作效率的目的；或使用声音刺激法，诱人入睡，达到休息和减轻疲劳的目的。第二种方法是通过教育，使航天员掌握待人处事的正确方法，学会处理人际关系，提高航天员的心理相容性。第三种方法是表象训练，即对所学的知识采用“过电影”的方法，提高航天员飞行中记忆和处理问题的能力。

第6章

人机系统设计方法及应用

6.1 人机系统

人机工程学的最大特点，在于将人(human)、机器(machine)和环境(environment)视为一个系统的三大要素，在深入研究这三要素各自的性能和特征的基础上，协调三者之间的关系，不断优化系统，使作业系统便于组织和管理，从而达到安全运行、高效工作、经济适用的目的，以更好地为"人"服务。这就意味着要成功设计一款"产品"(实体或虚拟)，就必须将其与用户(包括利益相关方)、工作环境结合在一起，进行"人机系统"的设计。

人机系统是一个广义的概念，可以说，一切涉及人机结合的，小到一个手持工具(图6-1)，大到一个大型复杂的生产过程、一个现代化系统(图6-2)，均可视为人机系统。人机系统设计不仅包括某个产品或者系统的具体设计，也包括与之相关的作业以及工作辅助设计、人员培训等。

图6-1 手持工具示意图

图6-2 中国空间站示意图

6.1.1 系统的观点

成功地运用人机工程学理论进行设计，需要设计工作者具备系统的观点，而不是将产品当作一个孤立的事物来考虑。当设计工作者用系统的观点来看待人、机、环境等要素时，就能突破人机间各种繁复的细节的束缚，得以站在更高层次上来审视人与整个人机系统的其他各部分之间的联系，进而实现"造物"到"谋事"的转变。因此，设计工作者在应用人机工程学理论时需要具备系统的思想。

6.1.2 人机系统的类型

1. 根据系统中人与机结合方式分类[4]

人机系统按人与机结合方式可分为人机串联，人机并联和人机串、并联混合三种方式。

1)人机串联

在人机串联系统(图 6-3)中,人机连环串接,人与机任何一方停止活动或发生故障,都会使整个系统中断工作。人和机的特性相互增强、相互干扰。一方面,人的长处通过机器可以增大;另一方面,人的缺点会通过机器被扩大。人必须与机器相互作用才能输出,人工操作系统及部分半自动化系统中一般采用这种结合方式。

2)人机并联

在人机并联系统(图 6-4)中,人、机两者可以相互取代,具有较高的可靠性。作业时人间接介入工作系统,人的作用以监视、管理为主,以手工作业为辅。这种结合方式,人与机的功能互相补充,自动化系统中多采用这种人机结合方式。当系统运行正常时,机器自动运转,人只起监视和遥控作用;当系统运行异常时,机器由自动变为手动,人机结合方式由并联变为串联。

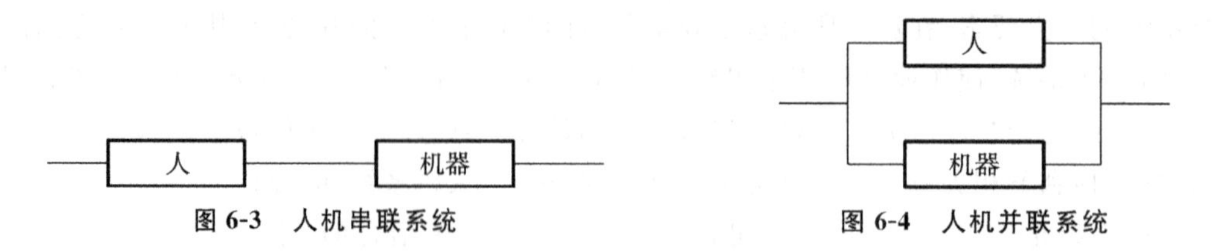

图 6-3 人机串联系统　　图 6-4 人机并联系统

3)人机串、并联混合

图 6-5 为人机串、并联混合系统,这种结合方式实际上是人机串联和人机并联两种方式的综合,往往兼有这两种方式的基本特性,如一个人同时监管多台有前后顺序且自动化水平较高的机床,一个人监管流水线上多个工位等。

2. 根据系统中人机功能分配的相对程度分类

根据系统中人机功能分配的相对程度,大致可将人机系统分为人工系统、半自动系统和全自动系统三种类型。

(1)人工系统(图 6-6)。这类系统包括人与一些辅助机械及手工工具。在这类系统中,由人提供作业动力,操作者运用工具操作,其工作节奏和步调完全由自己掌握。

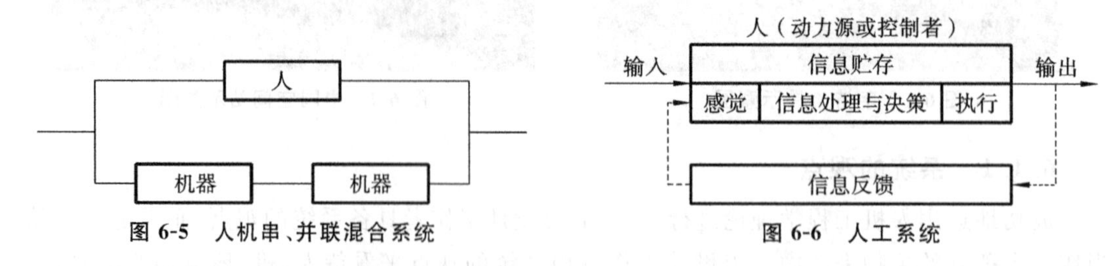

图 6-5 人机串、并联混合系统　　图 6-6 人工系统

(2)半自动系统(图 6-7)。这类系统中人主要充当控制者,控制动力设备,接收有关系统运行状态的信息,执行处理消息和决策的功能。

(3)全自动系统(图 6-8)。这类系统中,所有的检测、处理信息、决策、执行等动作均由机器完成。人的主要功能在于监视、计划和保养系统等。

随着技术的发展,尤其是计算机网络技术的发展,人机系统的复杂程度大大提高。人机系统未来会逐渐由硬件人机系统向软件人机系统扩展,由人机协调向人机智能融合形式发展。因而设计工作者需要注意结合实际,灵活地运用不同类型的人机系统。

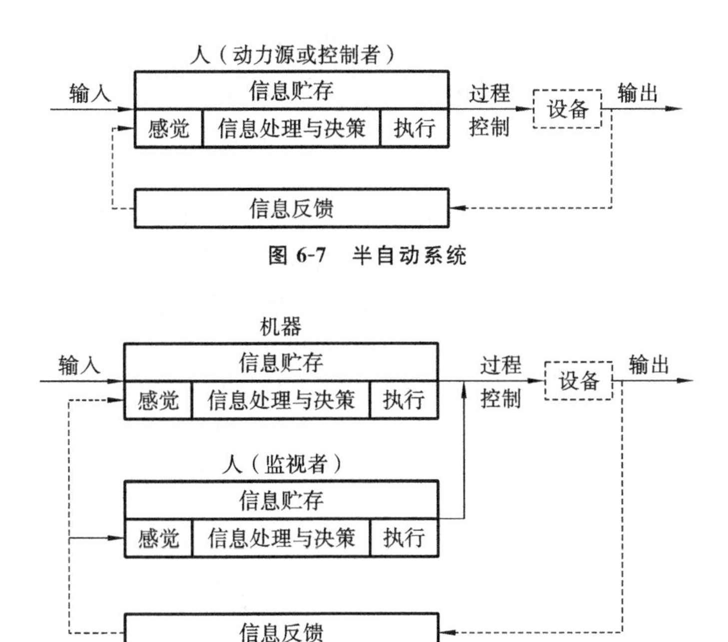

图 6-7　半自动系统

图 6-8　全自动系统

6.1.3　人机系统的目标

人机系统的概念非常广泛，各种人机系统构成复杂、形式繁多。我们无法一一列举人机系统具体的设计方法，但设计工作者需要明白，任何“产品”都是供人使用的，因而设计出的产品需要让人在使用过程中感到操作方便、安全、舒适、可靠，并使人感到与机器协调一致，从而实现人机系统总体目标的优化。对于结构、形式、功能各不相同的各种人机系统设计，我们对其总体要求和目标进行归纳总结如下。

1)安全目标

人在系统中不可能不出现失误。系统的安全目标是人机系统设计最基本的目标。在实际设计中，安全目标包括两个方面的考虑：减少事故发生和避免人为错误。

设计工作者可以结合前面章节的知识对易发生的人为错误和事故进行分析，并提出相应的解决方法。

2)系统高效目标

提高人的作业效能直接关系到系统效能的提高。系统整体的高效目标是人机系统设计中最重要的目标之一。

设计工作者可以从合理分配作业、正确的机器设计和良好的环境等角度进行思考，提高系统的效率。

3)系统效益目标

系统效益目标主要包括训练费用、人力资源的有效利用和生产效率三个方面。

设计工作者可以从降低对操作者特殊能力和专门技能的要求，从而减少培训费用、更好地利用人力资源、提高生产效率等方面进行分析，提出相应的设计方法。

4)用户满意度目标

随着经济社会发展，人的因素日益受到重视。用户满意度目标是人机系统设计中心和情感层面的目标。研究发现,用户的生理与心理状态与系统设计直接相关。

用户满意度目标要求设计工作者在进行人机系统设计时,需要充分考虑用户的生理、心理特点,结合实际来建立良好的人机关系,以提高用户满意度。

5)绿色设计目标

随着时代发展,人的世界观、价值观在不断发生变化,追求更高更远的目标。对于人机系统设计,绿色设计目标也随之诞生。绿色设计目标要求设计工作者在进行人机系统设计时,以人机工程学理论为核心,系统地考虑人、机器和环境之间的关系。

设计工作者不仅需要关注人的生理和心理、人机交互过程中人与机器的变化以及环境因素对人机交互的影响和作用,同时应研究人机交互对环境的影响及其反作用,为人机系统设计提供更科学化、生态化、系统化的设计方法和设计准则,研究人或机器所带来的能源损耗、生态环境变化以及噪声污染等问题。绿色设计目标从设计思想和方法上要求设计者带着生态环保、万物共同和谐发展的意识来开发产品。

6.2 人机系统设计

6.2.1 人机系统设计思想

随着社会的发展和技术的进步,人机系统设计思想也在不断地发展和变化。最早的设计思想是让人来适应机器,即先设计好机器,再根据机器的运行要求来选拔和培训人员。随着机器运行速度的加快和机械化、自动化程度的提高,人的能力已远远不能适应机器的要求,原来的设计思想逐渐显现出不足。因此在设计中考虑人的因素,让机器适应人的设计思想逐渐被提出,即根据人的特性,设计出最醒目的显示器、最方便操作的控制器,使设计的机器尽可能地代替人的工作等。这一设计思想的局限性是没有在机器和人之间进行合理的功能分配,从而可能让机器和人分别承担了其不擅长的工作,最终导致人机系统没能发挥最优功能。

在人们认识到机器适应人这一设计思想的局限性后,自然就出现了人与机器相互适应的系统设计思想。在上述思想的基础上,人机系统设计思想将系统的整体价值作为系统设计所追求的目标,从功能分析入手,在一定的技术和经济水平条件下合理地把系统的各项功能分配给机器和人,从而达到最佳的系统匹配。

现代人机系统设计的根本指导思想是:机器、技术和环境的设计要适合人的生理和心理特征,以人为中心,保证人在操作和使用过程中安全、健康、舒适。

人机系统的设计要求:设计工作者将人机系统整体的性能、可靠性、经济性等作为系统设计的目标,从实现系统整体功能的最优化入手,使得系统能达到预定目标,完成预定任务。在此过程中,保证人、机能够充分发挥各自的作用并协调地进行工作,人机系统实现的功能必须符合设计要求,同时要兼顾环境因素的影响,实现一个具有完善反馈闭环回路的系统。

6.2.2 人机系统设计原则[40]

对于人机系统的具体设计过程,GB/T 16251—2008/ISO 6385:2004 等标准规定了工作系统设计中的人类工效学基本原则,现将该标准的部分内容介绍如下,供读者参考。

工作系统的设计包括下列要素的设计:

(1)工作组织的设计;

(2)工作任务的设计;

(3)作业的设计;

(4)工作环境的设计;

(5)工作设备、硬件和软件的设计;

(6)工作空间和工作站的设计。

设计上述各要素时,应充分考虑到它们之间的相互依赖关系。在实际设计过程中不必严格遵循上述顺序。为了得到最优方案,通常需要进行迭代设计。

1. 工作环境设计

工作环境的设计和维护应保证环境中物理的、化学的、生物的和社会的因素对人无负面影响,且这些因素有助于保证工作者的健康、确保他们的工作能力和维持其执行特定任务的意愿。

在任何可能的情况下,应同时使用客观和主观的评价手段来确定工作条件。在保证环境条件达到了经认可的可维持健康和生活质量的标准的同时,还应注意工作环境对安全和任务执行效率可能造成的影响。例如不适当的背景声音可能会掩盖有用的声音信号,而恰当的光照将提高视觉检查任务的绩效。在任何可能的情况下,应允许工作者调整或改变自己所处工作环境中的各种条件(例如照明、温度、通风等)。

社会、风俗和种族方面的因素可能影响某项工作和工作组织的可接受程度。这类影响会广泛存在,例如着装要求、工作过程中使用的物质(例如来自动物的材料)以及工作的小时和天数。在任何可能的情况下,应在工作系统设计中考虑这些因素。来自社会和家庭的压力还有可能影响工作安全和绩效,例如,工作者对于家庭问题的忧虑可能导致注意力不集中,容易出现失误。对于这类问题,可能的解决方法有:设计工作空间以最大程度降低人为失误的概率,或者在特别需要注意力集中的情况下,向工作者提供额外的社会性支持。

2. 工作装备、硬件和软件的设计

鉴于现今的工作任务对工作者心智方面的要求越来越高,在设计工作系统的时候,不仅要考虑设备的物理(机械)特性,也要考虑设备的认知特性。

一般来说,界面是人和设备之间制定决策、传递信息或进行沟通的部件。显示器和控制器是界面主要的组成部分。显示器和控制器可能是传统的设备,也可能是视觉显示终端的组成部分。界面设计应适合人的特点:

(1)界面应当提供足够的信息,让工作者既可以快速了解系统全局状况,也能获取具体参数的详细信息。

(2)原则上来说,最需要触及的系统部件应被放置在最容易触及和操作的位置,最需要看到的系统部件应被放置在最容易看到的位置。

(3)信号、显示器和控制器应以最大程度降低人为错误概率的方式工作。

(4)信号和显示器的选择、设计和布置应与人类认知特性和所要执行的任务相符。

(5)控制器的选择、设计和布置应与人体操作部分的特性和所要执行的任务相符,应考虑对技巧、准确度、速度和力的要求。

(6)控制器的选择和布置应与设计目标人群的典型特点、控制过程的动态特性和作业空间要求相符。

(7)需要同时操作或者快速地依次操作多个控制器时,控制器的位置应当相互足够接近以利于正确的操作;但不能过于接近,避免无意产生的操作。

3.工作空间和工作站的设计

1)一般原则

工作空间和工作站的设计应同时考虑人员姿态的稳定性和灵活性,应给人员提供一个尽量安全、稳固和稳定的基础借以施力。

工作站的设计应考虑人体尺寸、姿势、肌肉力量和动作的因素。例如,应提供充分的作业空间,使工作者可以使用良好的工作姿态和动作来完成任务;允许工作者调整身体姿势,灵活进出工作空间。避免可能造成长时间静态肌肉紧张并导致工作疲劳的身体姿态,应允许工作者变换身体姿态。

2)人体尺寸和姿态

主要应注意以下几点:

(1)工作站的设计在考虑人体尺寸带来的限制的同时,还要考虑到着装和其他随身携带物品的影响。

(2)对于持续性的任务,操作者应能交替采用坐姿和站姿;如果只能选择一种姿态,通常坐姿优于站姿,除非工作过程要求站姿。对于持续性任务,应避免蹲姿或跪姿。

(3)如果必须施用较大的肌力,则应通过采取合适的身体姿势和提供适当的身体支撑,使通过身体的力链或力矩矢量最短或最简单,在执行需要精细动作的任务时尤其如此。

3)肌力

主要应注意下列各点:

(1)力的要求应与操作者的肌力相适合,而且必须考虑力、施力频率、姿态和疲劳之间的关系。

(2)作业设计应避免肌肉、关节、韧带以及呼吸和循环系统不必要的或过度的紧张。

(3)所涉及的肌肉群必须在肌力上能够满足力的要求。如果力的要求过大,则应在工作系统中引入助力系统,或者重新设计任务以使用更加有力的肌肉。

4)身体动作

主要应注意下列各点:

(1)身体各动作之间应保持良好的平衡;应允许工作者变换姿态,而不是长期保持静止的姿态。

(2)身体或者肢体的运动频率、速度、方向范围不应超出解剖学和生理学的限制范围。

(3)对需要高精度的运动,不应要求使用很大的肌力。

(4)需要时,宜使用引导设备,以便于实施动作和明确先后排序。

6.2.3 人机系统设计程序

人机系统设计是由每一阶段都相互联系的一系列设计活动组成的,各个阶段都要遵循逻辑顺序和时间顺序,这就构成了人机系统的设计程序。本书推荐的人机系统设计程序如下。

1)人机系统目标的建立

每个系统都有自己的客观目标。系统目标的确定对于以后的设计至关重要。设计工作者在该阶段需要先了解项目的需求背景、产品目标、目标用户及诉求，然后根据产品目标和用户诉求，对需要设计的人机系统进行设计分析，思考设计策略，确定包含人在内的全系统应具有什么样的目标，再对相关子系统的目标进行规划设计。

在确定系统目标时，设计工作者应具备系统层级的思维，以进行不同层级系统目标的思考(图 6-9)。首先确定系统的愿景目标，愿景目标是宏观且抽象的，比如我们要求全系统具备宜人的人机交互体验。当各个子系统之间出现冲突时，可以将愿景目标作为决策依据。其次是思考结果目标，结果目标是具体的、量化的、达成后可见成果的，比如通过座椅背部曲线的优化，使得用户疲劳时限延长 20 分钟。过程/行动目标是指具体的工作行动，包括工作时间、频率、具体的行为要求。

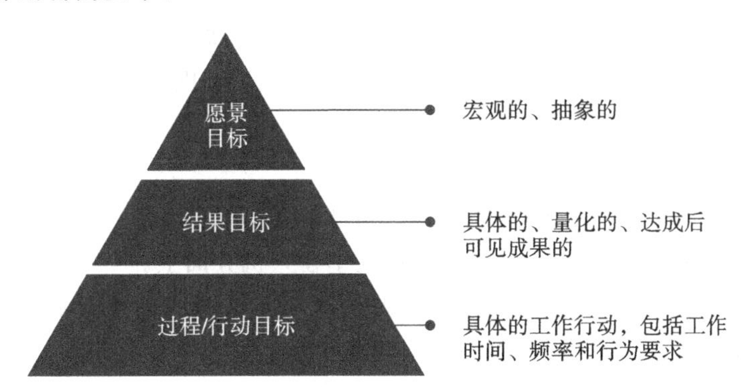

图 6-9　人机系统的目标层级

设计工作者需结合技术上的可行性、制造成本和用户要求等方面的比较，然后详细讨论并确定为需要实现的目标，并详细填写系统目标说明书。

2)人机功能分析与功能分配

功能分配是指为了使系统达到最佳匹配，设计工作者在研究分析人和机器特性的基础上，尽可能地发挥人和机器的潜能，将系统各项功能合理地分配给人和机器(图 6-10)。在此阶段，设计工作者需在系统目标说明书的指导下，结合实际技术条件等因素，依据一定分配原则，将系统功能合理地分配给人或者机器。

图 6-10　人与外骨骼机器人系统

3)系统人员开发

人员开发包括工作描述和作业规范两部分，主要是为人机系统的运行提供合适的操作人员。

设计工作者在完成功能分配以后，应进行工作描述，包括考查功能分配是否合适，是否与人的能力、特性相适应。工作描述可以通过对一个或多个活动的分析来完成。例如，对一个决策者的作业进行描述，只要把所可能选择的方案和选择各方案的准则一一列出，则完成了对该决策者的工作描述任务。工作描述可以采用信息输入/输出模型，人-机、人-人连接图，响应图等方式表示。

编制作业规范的主要目的是确定该系统的某项功能需要多少操作人员，这些人员的技能应该达到什么标准，哪些技能通过人员的选拔来实现，哪些技能通过训练来实现，以及选拔方法和训练措施等。在某种意义上，作业指导书可以看作一种作业训练规范。现在有许多不同形式的作业指导书、机器插图、图表、手册、电视录像、电影软片、教学演示机、教学软件(包括虚拟现实技术)模拟器等，其目的都是使作业者尽快地掌握操作方法。操作人员的选拔和训练方法取决于多种因素，作业规范、作业的类型、人机界面的形式和现有的训练设施等都会直接或间接地影响选拔和训练方法。

4)人机界面设计

人机界面(human-machine interface)是人和机器进行信息交换、功能接触或互相影响的领域，人与机器的信息交流和操作控制活动均发生在人机界面上。

在此阶段，设计工作者的主要工作为分析规划人与机器的信息交流和操作控制活动。研究人的视、听觉等信息接收途径的特征，实现人机交流。

5)系统硬件开发

硬件开发属于人机系统设计中机的范畴，主要包括初期规划设计、总体方案设计、技术设计以及施工设计。

设计工作者在该阶段需要以上述步骤的分析结果为指导，进行人机系统中硬件系统的开发工作。

6)系统评估与发展

对人机系统进行合理的评估是人机系统发展的基础，人机系统设计是一个连续不断的过程，只有正确地分析评价现实系统，才能提出对系统的改进方案。如果认为系统运行以后设计任务就结束了，则系统得不到进一步的改进和完善。因此，设计工作者需要认识到人机系统设计是一个“设计—评价—再设计—再评价”的不断发展的过程。

人机系统设计程序如图6-11所示。

6.2.4 人机系统设计要点

人机系统设计是一个严谨繁复的过程，为使人机系统达到预定的设计目标，设计工作者在严格遵循人机系统设计程序的同时，在设计过程中需要注意以下几个要点。

1.人机功能分配[41]

功能分配是指为了使人机系统达到最佳匹配，实现人机系统整体的最佳效率和总体功能，设计研究者在功能分析的基础上依据人机特性将系统的各项功能进行合理分配，让人和机器“各司其职”。

人机系统的复杂程度日益提高，对系统中的人提出了更为严格的要求，同时人的功能限制也对机器设计提出了特殊要求。在实际设计中，造成系统效率下降的主要原因是人与机之间分工的不合理。在人机系统设计中常见的人机分工不合理的表现一般有以下几种情况。

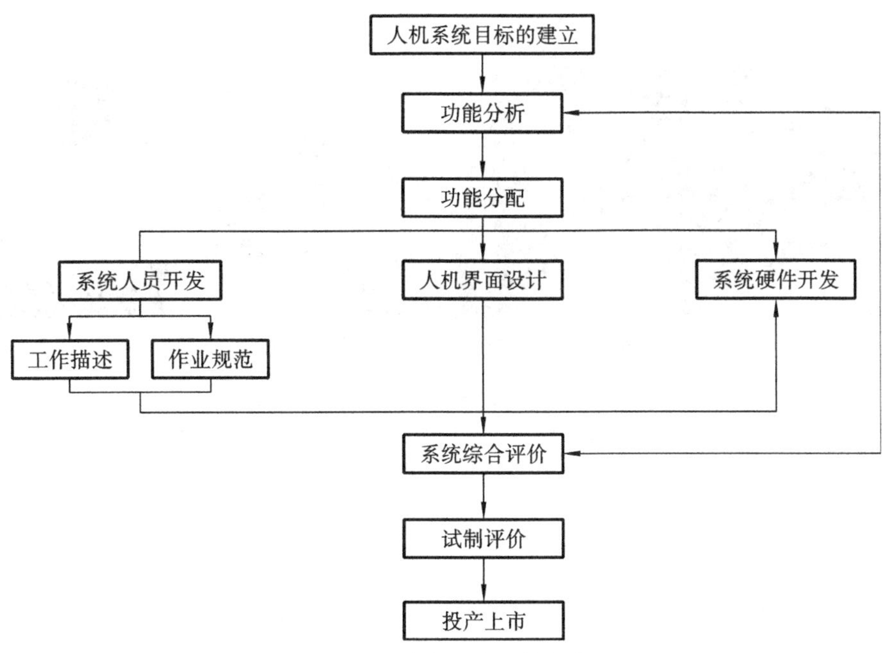

图 6-11　人机系统设计程序

(1)使人承担超过其能力所能承担的负荷。例如对于大多数人来说,在一连串显示的词中,只能记住最后的 5 个左右。二战期间,设计师为强化战斗机的战斗能力,给战斗机装备了各种“先进”的武器系统,然而过于复杂的武器系统使得很多资深飞行员感到“无所适从”,繁杂的仪表操作超出了飞行员处理仪表信息的能力,使得“先进”的武器系统未能发挥良好的作战效能(图 6-12)。

图 6-12　二战期间的飞行员座舱与仪表设计

(2)未能够根据人执行任务的特点,找到人机之间最适宜的联系方式。家用汽车为了保证驾驶的安全性和舒适性,方向盘设计相较于赛车方向盘而言直径更大,转向所需圈数更多。同时,现代家用轿车的方向盘设置一般是低速时较轻,高速时较重;而赛车方向盘往往需要更快的响应速度和更好的操作性,因而尺寸更小、转向比小且没有安全气囊,甚至放弃传统圆形的方向盘,使用方盘或者 D 形盘(图 6-13)。如果在设计家用汽车时采用赛车方向盘,会导致家用车座舱这个人机系统的安全性和舒适性下降。

功能分配是一个复杂的过程,设计工作者需要运用系统的思维发挥人机系统中各部分各自的特长和潜能,取长补短(表 6-1)。

图 6-13　家用汽车与赛车方向盘设计对比

表 6-1　一般人机系统中人机特性的比较

功能分配	人	机
逻辑推理	具备抽象、归纳能力以及模式识别、联想、发明创造等高级思维能力，善于积累经验并运用经验判断； 可对事物发展做出一定的预测	只能理解特定的事物，不能自动归纳经验； 预测能力有很大的局限性
适应性	要求环境安全、健康、舒适，但人应对特定环境适应快； 易疲劳，难以长时间保持紧张状态，需要休息、保健和娱乐； 不适于从事负荷刺激小、单调乏味的作业； 通过教育训练，可具备较强的适应能力，有随机应变能力，但改变习惯定式较困难	能适应不良环境条件，可在放射性、有毒、粉尘、噪声、黑暗、强风暴雨等恶劣环境和危险环境下工作； 可连续、稳定、长期运作，也需要适当的维修保养； 可进行单调的重复性作业； 专用机械的用途难以改变，只能按程序运转，难以随机应变
功率	10 s 内能输出 1.5 W，以 0.15 kW 的输出量能连续工作一天； 有经验的工作者可以灵活调整功率	能输出和输入极大和极小的功率； 只能按照设置进行输出和调整
可靠性	在突发紧急事件的情况下可靠性差，可靠性与动机、责任感、身心状态、意识水平等心理和生理条件有关； 进行超精密重复操作时易出错； 有个体差异，与经验有关，容易出差错，但易修正错误； 难以监控偶发事件	与成本有关，设计合理的机器对设定的作业有很高的可靠性，但对意外事件则无能为力； 可根据设定的程序进行超精密的重复操作； 同种设备间的特性是固定不变的，不易出错，如出错不易修正； 监控可靠性强

续表

功能分配	人	机
信息接收	具有与认知直接联系的检测能力，凭借感官接收信号，但理解能力因人而异，存在错觉现象，易出现偏差； 主要具备视听觉、味嗅觉和触觉等； 各感官均有一定生理限制	各类信息检测范围广，而且精确度高； 可检测如电磁波、次声波等人无法检测的物理量； 在技术允许情况下，检测能力几乎没有限制
信息处理能力	可通过获取视觉、听觉、位移和重量感等信息控制运动器官灵活地操作； 计算速度慢，常出差错，但能巧妙地修正错误； 只能单通道操作； 人与人之间很容易进行信息交流，同时组织管理很重要	按预先编程可快速、准确地处理数据，记忆正确并能长时间储存，调出速度快； 计算速度快，能够正确地进行计算，但不擅长修正错误； 能进行多通道的复杂操作； 与人或者其他机器之间的信息交流只能通过特定的方式进行
学习计算能力	具有较强的学习能力，能够阅读和接受口头指令，灵活性较强； 计算速度慢，常出差错，但能巧妙地修正错误	学习能力较差，灵活性差； 计算速度快，能够正确地进行计算，但不擅长修正错误
成本	包括工资、福利和教育培训费； 如果发生事故，可能失去宝贵的生命	包括购置费、运转和保养维修费； 如果不能使用，将失去机器本身的价值

2.智能化人机系统

人工智能的飞速发展为我们带来了许多便利，在机器逐渐从“自动化”迈向“智能化”的新时期，人机系统的设计方向也逐渐从人机协作走向人机融合。在智能化人机系统当中，存在两个智能体——人与智能机器。这种新型的人机系统与传统人机系统无论在组成结构还是内在机理上都迥乎不同。人和机的功能界限逐渐模糊，甚至一些原本人类占据优势地位的功能特性，也逐渐被智能机器替代和赶超。

1）智能化人机系统的含义

智能化人机系统是当代人机系统发展的一个新趋势，它是随着人机系统研究发展而出现的人机结合的概念。通过对智能化人机系统的研究，我们可以使人与机器在各自发挥本身智能优势的同时，补充对方智能的不足。

对智能化人机系统进行功能分配的目的是促进人与计算机之间相互理解，使机器在最大程度上为人类完成信息管理、服务和处理，提升人的生活、工作品质。例如智能驾驶系统能比人类更好、更快地做出决策，从而提高出行效率与安全性。但要将汽车的控制权交给智能驾驶系统，在很多层面都是充满争议的，这样的功能分配并不是可以轻松决定的。

这时，就需要功能分配的一般原则来指导设计工作者对人机系统中人与机各自执行的功能进行分配。

2)功能分配的一般原则

(1)比较分配原则。

比较分配原则是在比较分析人与机的特性的基础上,确定各个功能的分配对象,即适合人来实现的功能分配给人,适合机器设备来完成的任务就分配给机器。当某一功能需要人、机配合完成时,则表明这一功能的分析需要更细致的层次分解。这种通过比较来决定分配顺序的原则就是比较分配原则。

(2)剩余分配原则。

剩余分配原则可与比较分配原则结合使用。剩余分配原则是指将尽可能多的功能分配给机器完成,剩余的功能才分配给人完成。

(3)经济分配原则。

经济分配原则是指从经济的角度考虑系统的功能分配,即从系统研制、生产制造和使用运行的总费用的角度进行考虑,然后决定将系统的某一功能分配给人还是机器。需要注意的是,虽然在设计阶段就开始估算系统的费用,但仍然会有部分费用难以被估算,例如市场变化导致的成本变化等。因而该原则的基础是深入分析系统各项费用,再根据经济计划进行人机功能分配。

(4)宜人分配原则。

宜人分配原则的基本思想是使人的工作负荷适当。在分配时,既要有意识地利用人的生理特点,也要关注人的心理特点,使人在工作时能够保持适当的敏锐性,避免人疲惫不堪。

(5)弹性分配原则。

科技的发展和技术的进步不断影响着人机系统中的人机关系。弹性分配原则的基础就是根据系统中人的能力随环境、时间变化的实际情况,随时调整系统的功能分配,使作业或任务的分配更加合理,更好地实现系统功能。弹性分配原则主要包括两方面的含义。一是由人自己决定参与系统行为的程度;二是由智能管理系统根据任务负荷和操作者的能力来决定系统功能的分配。

3.人机界面设计[4]

人机界面(human-machine interface)是人和机器进行信息交换、功能接触或互相影响的领域,人与机器的信息交流和操作控制活动均发生在人机界面上。人通过视觉、听觉等感官接收来自机器的信息,经过大脑的加工、决策,然后做出反应,进而实现人机交流。可以说,凡参与人机交流的一切领域均属于人机界面。

人机界面设计的合理性直接关系到系统中人机关系的合理性。设计工作者在人机系统设计过程中需要把握好人机界面设计这一重点。

通常来说,人机界面的含义有广义和狭义之分,广义上的人机界面为机器的各种"显示",包括从视觉、听觉等各个渠道"作用"于人的,实现人机交流的界面。而狭义上的人机界面专指计算机系统中的人机界面(human-computer interface,HCI)。随着计算机技术以及互联网产业的迅猛发展,计算机系统中的人机界面设计已成为当代计算机界和设计界最为活跃的研究方向之一。

这里我们采用广义人机界面的定义,同时根据不同人机界面的实际特点,将人机界面分为硬件人机界面和软件人机界面,本书将分别介绍这两类人机界面设计。

1)硬件人机界面设计

人机系统中,硬件人机界面主要包括显示器和控制器等硬件设施。设计工作者在进行硬件人机界面设计时必须解决好两个主要问题——显示和控制,既使人能够更好地操纵机器,也使人在操作时观察方便,能迅速准确地做出判断。为更好地解决这两个主要问题,硬件人机界面中显示器和控制器的设计要遵循以下两个原则:

(1)以人为中心的原则。在设计显示器与控制器时,必须研究人的生理、心理特点,了解感觉器官和运动器官的功能限度以及使用机器时可能达到的疲劳程度,以最大限度地发挥人的潜能,使人机之间实现最佳协调。

(2)就近布置的原则。人机界面上可能有许多显示器、控制器,但它们的重要性不同。重要性既可以是使用、观察的频率,也可以是操作错误产生的后果。重要的显示器和控制器使用频率高、地位重要,因此应布置在最宜观察、最易于操作的地方(图 6-14)。

图 6-14 显示器与控制器布置示意图

2)软件人机界面设计

人机系统中,软件人机界面主要是处理人与机器(主要是以计算机为代表的智能机器)之间的信息传递问题,建立适当的软件图形用户界面,以实现人与机器的高效对话。

伴随计算机与信息技术的迅猛发展,软件人机界面设计成为人机界面设计研究的重要方面。在一定程度上,人们对软件界面的关注日渐超过了硬件界面。软件人机界面在逐渐发展,其有用性和易用性的提高使得更多的人能够接受它、愿意使用它。

在软件界面发展的过程中,人们也提出了相应的设计要求,其中最重要的是保持界面的"简单、自然、友好、方便、一致性"。为达到这些要求,在软件人机界面的设计开发中要遵循以下几个原则:

(1)用户导向原则。

以用户为中心设计界面时,首先要明确谁是使用者,要站在用户立场上来考虑界面的设计。要做到这一点,必须和用户沟通,了解他们的需求、目标、期望和偏好等,为设计提供信息反馈。

(2)良好的直觉特征原则。

良好的直觉特征原则要求界面设计要简洁和易于操作。该原则一般要求界面的加载不超过 10 秒钟;尽量使用文本链接而减少大幅图片和动画的使用;操作设计尽量简单,并且有明确的操作提示;软件所有的内容和服务都在显眼处予以说明等。

(3)功能性原则。

功能性原则即按照对象应用环境及场合的具体使用功能要求,各种子系统控制类型、不同管理对象的同一界面并行处理要求和多项对话交互的同时性要求等，设计分功能区分多级菜单、分层提示信息和多项对话栏并举的窗口等的人机交互界面，从而使用户易于分辨和掌握交互界面的使用规律和特点，尽量减少用户的记忆量，提高界面的友好性和易操作性。

(4)视觉平衡原则。

设计界面时应合理分配各种元素(如图形、文字、空白)，尽量达到视觉上的平衡。注意屏幕上下左右平衡，不要堆积数据，过分拥挤的显示会让用户产生视觉疲劳和接收错误。设计要简单且美观。

(5)一致性原则。

一致性原则包括色彩的一致、操作区域的一致和文字的一致。一方面，界面颜色、形状、字体要与国家、国际或行业通用标准相一致；另一方面，界面颜色、形状、字体自成一体，不同设备及其相同设计状态的颜色应保持一致。界面设计一致性原则的运用可以让使用者与机器进行交互时感到舒适，从而不容易分散注意力。对于新使用者或处理紧急问题的使用者来说，一致性还能减少他们的操作失误。

(6)对象个性化原则。

按照用户的身份特征和工作性质，设计与之相适应的友好的人机界面。宜以弹出式窗口显示提示、引导和帮助信息，从而提高用户的交互水平和效率。界面整体风格和整体气氛表达要与产品整体定位相符合，并能够很好地为产品服务。

(7)快速的系统响应和低系统成本原则。

由于硬件条件受限或出于节约硬件资源的目的，软件人机界面的设计需要在满足设计要求的情况下，尽可能减少系统的开销。

不同智能终端的软件界面设计见图 6-15。

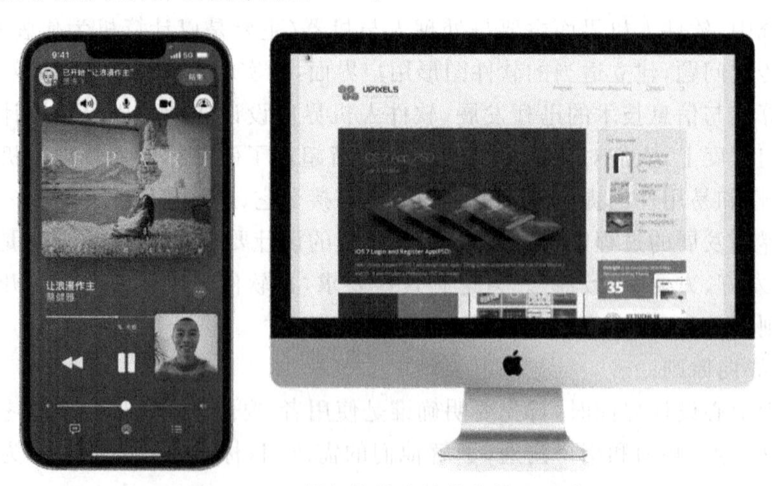

图 6-15　不同智能终端的软件界面设计

6.2.5　人机系统匹配

人机系统设计中，除了合理分配人和机器的功能，完善人机界面的设计外，实现人和机器的相互匹配也是很重要的。一方面需要人监视机器，即使是完全自动化的系统也需要人监视。机器一旦出现异常情况，必须由人进行处理。如智能汽车的自动驾驶系统，在遇到突发状况时必须切回手动驾驶模式，由人做出判断，使系统恢复正常。另一方面需要机器监督人，防止人产生失误导致整个系统发生故障。同样以智能汽车的自动驾驶系统为例，系统中的“机”应具备车道保持和偏移预警功能，避免驾驶者的失误导致系统发生故障。

人机匹配一般包括人与操作系统的匹配、显示器与人的信息通道特性的匹配、控制器与人体运动特性的匹配、显示器与控制器之间的匹配、环境与操作者适应性的匹配以及人、机、环境要素与作业之间的匹配等。设计工作者要选用最有利于发挥人的能力、提高人的操作可靠性的匹配方式来进行人机系统设计，充分考虑系统整体性能的优化，使人机系统既能减轻人的负担，改善人的工作条件，又可充分发挥机器的潜能。

值得设计工作者注意的是，需要将人机匹配的思想自始至终地贯穿在功能分配和界面设计工作中。在复杂的人机系统中，人是一个子系统，为使人机系统总体效能最佳，必须使机器与操作者之间达到最佳配合，即达到最佳人机匹配。

6.3 人机系统设计分析评价[42]

在任何性质的设计中都存在评价问题。评价是一种价值判断的活动，是对客体满足主体需要程度的判断。设计评价的意义在于控制设计质量，把握设计方向，减少设计中的盲目性，并为设计工作者和用户提供判断设计质量的依据。

对人机系统进行评价是人机系统设计程序的重要部分，恰当的分析评价是系统进一步发展的基础。只有对人机系统进行正确的分析评价，才能了解到人机系统的不足，进而提出对系统的改进方案。

6.3.1 评价目的与原则

1. 评价目的

评价可以是对现有的人机系统进行评价，以便使有关人员了解现有产品的优缺点和存在的问题，为今后改进产品设计提供依据和积累资料；也可以是对人机系统规划和设计阶段的评价，通过评价，在规划和设计阶段就预测到系统可能存在的优势和不足，以便及时改进。

因此人机系统评价的目的是根据评价结果对系统进行调整，发扬优势，改善薄弱环节，消除不良因素或潜在危险，以达到系统的最优化。

2. 评价原则

为对人机系统进行恰当的分析评价，设计工作者应遵照以下原则：

(1)评价方法的客观性。评价的质量直接影响决策的正确性，为此要保证评价的客观性。应保证评价数据的可靠性、全面性和正确性，注意避免评价者的主观影响，同时对评价结果进行检查。

(2)评价方法的通用性。在评价同一级的各种系统时，应采用同样的评价指标。

(3)评价指标的综合性。指标体系要能反映评价对象各个方面的最重要的功能和因素，这样才能真实地反映被评价对象的实际情况，以避免评价的片面性。

6.3.2 评价指标及其建立原则

1. 评价指标

设计工作者对一个人机系统进行分析评价，首先是根据需求设立评价指标，由此导出评

价要素。在建立评价指标时,设计工作者可以从以下几个方面进行思考:

(1)人机系统能否改善工作效能。人机系统中合理地分配作业、正确的机器设计、良好的环境,都会直接改善操作者的作业效能,提高人机系统的工作效率。

(2)人机系统是否具有良好的经济效益。良好的人机匹配设计和作业程序设计会降低操作者达到作业标准所需要的培训费用、制造成本,并能带来良好的利润。

(3)人机系统能否改善人力资源的利用率。人机系统设计中,良好的作业程序和工具设计可以降低对操作者的特殊能力和专项技能的要求,使更好地利用人力资源成为可能。通常将可利用人力资源的百分数作为评价人机系统设计的指标。

(4)人机系统能否有效地减少事故和人为错误。人机系统分析包括对人为错误的分析,设计工作者可以将从设计上减少事故和人为错误的可能性作为评价人机系统设计的指标。

(5)人机系统能否提高人的满意度。人是人机系统设计的中心,对抗性的人机关系、低效率的作业,会使人产生心理挫折感,从而降低人机系统的效能。因而人的满意度也可以作为评价系统设计的指标之一。

通常,人机系统设计不会只涉及单一领域的知识,因而设计工作者进行人机系统设计分析评价时,需要从工作实际出发,结合工程学、生理学、心理学、人机工程学等多方面的知识来设置评价指标,对相关人机系统进行评价。

2.评价指标的建立原则

在根据需求建立评价指标体系时,设计工作者需要注意以下几个原则:

(1)系统性原则。建立的指标体系应尽可能完备,尽可能综合评价系统的实际情况,以保证评价的全面性。

(2)独立性原则。在对系统进行综合评价时,建立的评价指标尽可能不影响其他指标,使指标之间相互独立。

(3)可测性原则。建立的各个指标应尽量简单明确,尽可能以定量方式表达,至少也要用具体文字定性地表达。

(4)重点性原则。应该根据实际情况建立各个指标,将重要方面的指标设置得密些、细些,次要方面的指标设置得稀些、粗些。

评价指标体系是由确定的评价目标直接导出的。建立评价指标体系(要素集)是逐级逐项落实总目标的结果。因为要与价值相对应,所以全部要素都用“正”方式表达,例如“噪声低”而不是“声音响”,“省力”而不是“费力”,“易识别”而不是“难识别”等。

评价前需要将总目标分解为各级分目标,直至具体、直观为止。在分解过程中要注意使分解后的各级分目标与总目标保持一致,分目标的集合一定要保证总目标的实现。所以,一个较高目标层次的分目标应当只与后继的较低目标层次上的一个目标相连接,这样的分层使设计者易于判断自己是否已列出全部对评价有重大影响的分目标。同时,由此还较易估计这些分目标对于需要评价的系统的总价值的重要性,然后由复杂度最低的目标层次中的分目标导出评价要素。

如图 6-16 所示,宜人性、安全性、环境舒适性都是基于人机工程学原理对系统进行评价的,而整体性、技术性、经济性也与人机工程学的应用有直接关系。

6.3.3 人机系统分析评价方法[22]

人机工程学中有关系统分析评价的方法很多。按照评价在人机系统设计过程中的阶

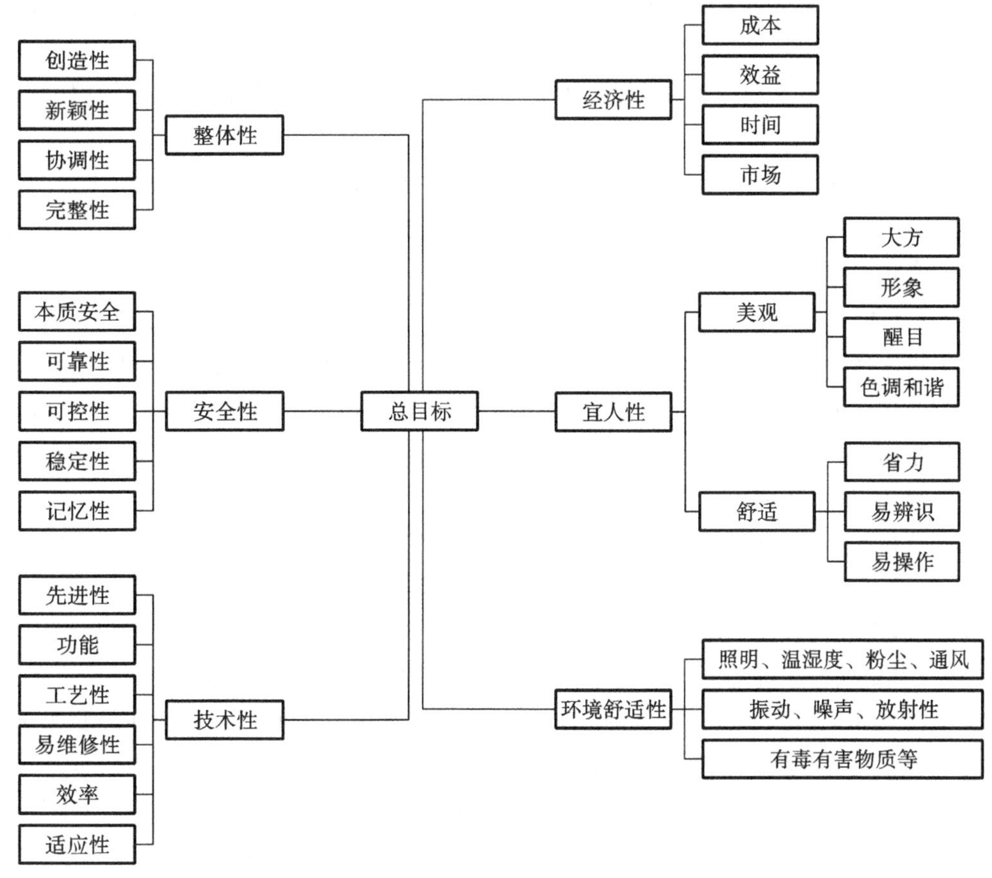

图 6-16 人机系统评价指标(要素)体系

段,可分为设计前的预评价、系统验收评价和系统现状评价。按照量化方式,可将人机系统分析方法分为定性分析方法和定量分析方法两大类(图 6-17)。

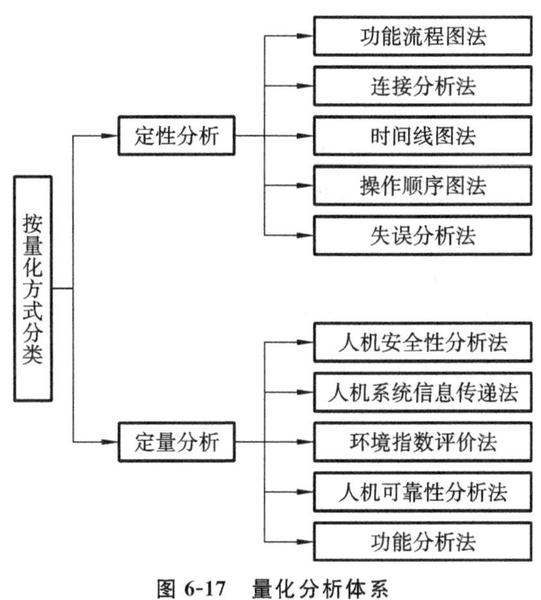

图 6-17 量化分析体系

定性分析方法有人的失误分析法、操作顺序图法、时间线图法、连接分析法、功能流程图法等。

定量分析方法有功能分析法、人机可靠性分析法、环境指数评价法、人机系统信息传递法、人机安全性分析法等。

还有一些定量与定性相结合的评价方法，如人的因素评价法（主观评价法、生理和心理指数评价法等）。读者可根据实际工作需要，选择合适的分析评价方法。下面简要地介绍几种常用的人机系统分析评价方法，供读者参考。

1. 连接分析法

在人机系统中，为完成某项监控活动，人需要通过视觉和听觉接收信息，再经过大脑的分析和判断形成操纵指令，并通过手脚完成操纵指令的实施，这一过程可用连接来描述。这里的连接是指人机系统中相互关联的事，不是指有形的物。在进行人机系统设计评价时，我们将人体部位、机器及环境部位的相互关联称为连接。

连接分析法是一种由定性到定量的评价方法，常用于人机界面配置的设计与评价。首先，画出人机界面中操作者和设备的连接图，列出人机界面各要素之间的关系。一般用圆形表示操作者，用长方形表示设备；用细实线表示操作链，用虚线表示视觉链；用点划线表示听觉链，用双点划线表示行走链；用正方形表示重要度，用三角形表示频率。其次，确定各个要素的重要程度和使用频率。各连接的重要程度和使用频率可根据调查统计和经验来确定，一般用 4 级记分，即“极重要”和“频率极高”者为 4 分，“重要”和“频率高”者为 3 分，“一般”和“一般频率”者为 2 分，“不重要”和“频率低”者为 1 分。最后，计算连接值。将各个连接的重要程度值与频率值分别相乘，其乘积表示连接值，连接值高者表示重要程度和使用频率高，应布置在最佳区。操作链应处于人的最佳作业范围，视觉链应处于人的最佳视区，听觉链应使人的对话或听觉信号声最清楚，行走链应使行走距离最短等。如果不满足上述要求，就需要考虑重新布置。

2. 操作顺序图法

1）操作顺序图法概述

操作顺序图法也称运营图法或 OSD 法（operational sequence diagraming）。该方法的特征与工业工程中所用的工作系统分析不同，它重视信息、决策和动作三个要素之间的关系，是将由“信息—意志决定—动作”组成的作业顺序用图式表示，以分析操作者的反应时间和人机系统可靠性的方法。操作顺序图法的一般符号如表 6-2 所示。

表 6-2　操作顺序图法的符号及其含义

符号	含义	说明
⬡　（双线六边形）	操作者意志决定	单线符号是手动操作 双线符号是自动操作
□　（双线正方形）	动作（控制操作）	

续表

符号	含义	说明
	传递信息	
	接收信息	单线符号是手动操作 双线符号是自动操作
	储存信息	
	没有动作或没有信息	
	由于系统噪声或系统失误产生的部分不准确信息或不当操作	

2)操作顺序描述

①简单作业顺序描述。操作者看到信号灯亮就揿按钮的操作顺序如图 6-18 所示，其中图 6-18(a)表示以作业者为对象来描述，图 6-18(b)表示以系统为对象来描述。

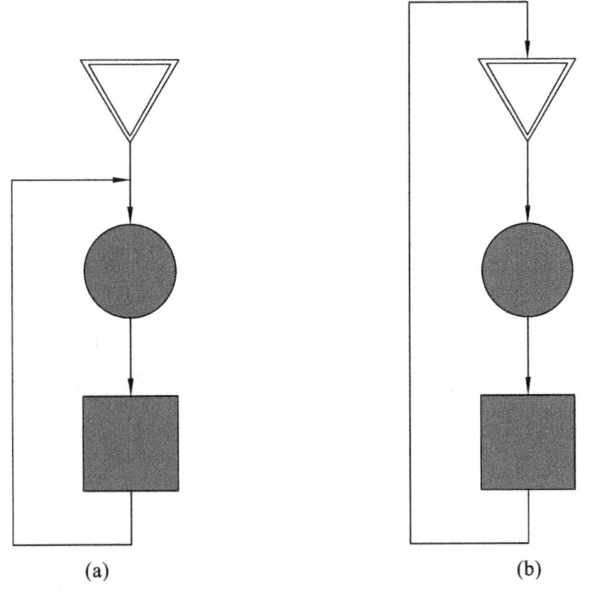

图 6-18　简单作业的顺序描述

②存在误操作的作业顺序描述。操作者操作失误时的操作顺序如图 6-19 所示。图6-19(a)中，信号灯亮，看见信号灯亮而揿按钮是正确的作业顺序；信号灯亮但操作者没看见，于

是没有揿按钮，这属于操作失误。图 6-19(b)表示虽然信号灯未亮，但操作者误以为灯亮了而揿按钮的误操作。

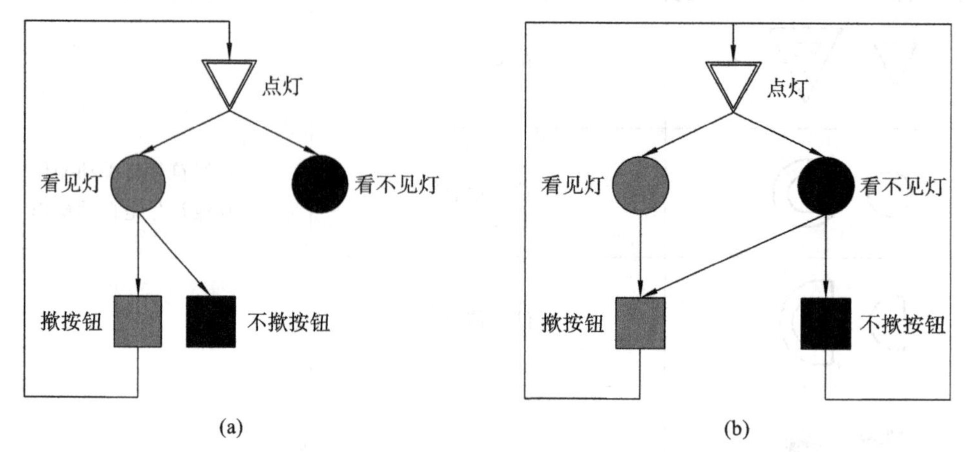

图 6-19　存在误操作的作业顺序描述

3)操作顺序图法的应用

将操作顺序图法扩展，引入时间要素后可进行反应时间分析。如图 6-20 所示，在纵轴上加入了时间值，图 6-20(a)表示操作者对灯亮立刻做出反应，但动作迟缓；图 6-20(b)表示操作者对光信号反应迟缓，但揿按钮的动作时间比第一位操作者短。图 6-21 所示为加进概率值后的操作顺序图，这种图主要应用在人机系统的功能分配或系统可靠性计算等方面。

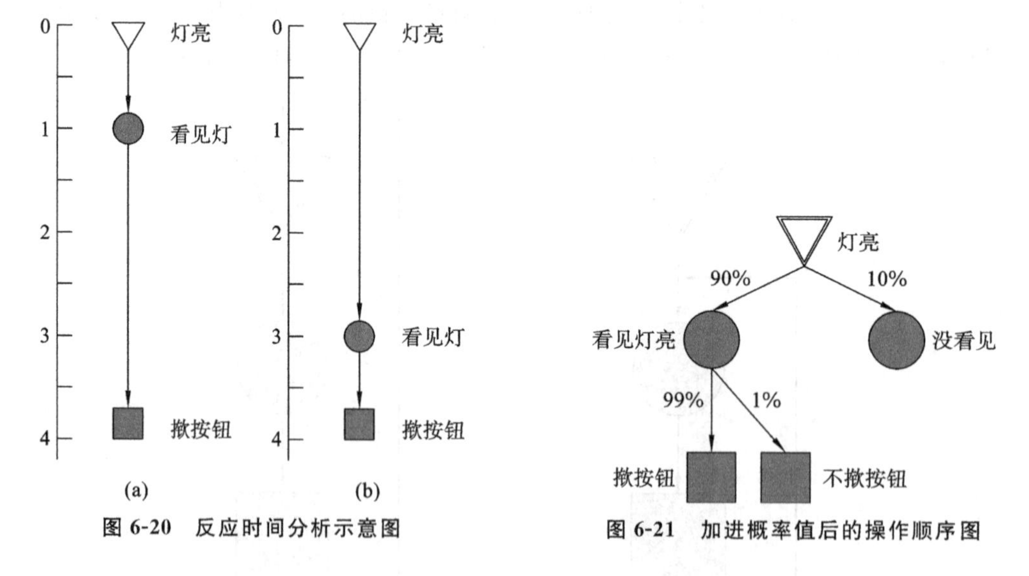

图 6-20　反应时间分析示意图

图 6-21　加进概率值后的操作顺序图

3.检查表评价方法

检查表一般分为定性检查表和定量检查表。定性检查表评价结论分为“符合”和“不符合”，根据检查结果找出不符合项，做出总的评价；定量检查表依据检查结果与标准的相符程度给予不同分值，最后根据总分值与划分标准的比较结果，做出定量评价。

在人机系统设计评价中，检查表法是利用人机工程原理检查人机系统中各种因素及作业过程中操作人员的能力、心理和生理反应状况的评价方法。国际人类工效学学会提出的人机系统评价检查表的主要内容有作业空间评价、作业方法评价、作业组织评价、负荷评价以及信息输入和输出评价。这些内容还可以进一步细分。表 6-3 为检查表的示例，列出了信息显示、操纵装置、作业空间和作业环境部分的检查内容。

表 6-3　检查表示例

检查项目	检查内容	回答		备注
		是	否	
信息显示	1.作业操作能得到充分的信息显示吗?			
	2.信息数量合适否?			
	3.作业面的亮度能否满足视觉的判断对象及进行作业要求的必要照明标准?			
	4.警报指示装置是否配置在引人注意的地方?			
	5.仪表控制台上的事故信号灯是否位于操作者的视野中心?			
	6.标志记号是否简洁、意思明确?			
	7.信号和显示装置的种类和数量是否具有信息的特征?			
	8.仪表的安排是否符合按用途分组的要求?排列秩序是否与操作者的认读次序相一致?是否符合视觉运动规律?执行操纵动作的时候是否遮挡视线?			
	9.最重要的仪表是否布置在最优的视区内?			
	10.显示仪表与控制装置在位置上的对应关系如何?			
	11.能否很容易地从仪表板上找出所需要的仪表?			
	12.仪表刻度能否十分清楚地分辨?			
	13.仪表的精度能否十分清楚地分辨?			
	14.刻度盘分布的特点不同,是否会引起读数误差?			
	15.根据指针是否能容易地读出所需要的数字?指针运动方向符合人的习惯模式吗?			
	16.音响信号是否受到噪声干扰?必要的会话是否受到干扰?			
操纵装置	1.操纵装置是否设置在手易触及的范围内?			
	2.要求速度快而准确的操作动作是否用手完成?			
	3.是否按不同功能和不同系统分组?			
	4.不同的操纵装置在形状、大小、颜色上是否有区别?			
	5.操作极快、使用频繁的操纵装置是否用按钮?			
	6.按钮的表面大小、揿压深度和表面形状是否合理?			
	7.手控操纵机构的形状、大小、材料是否与施力大小相符合?			
	8.从生理上考虑施力大小是否合理?是否有静态施力状态?			
	9.脚踏板是否必要?是否坐姿操作脚踏板?			
	10.显示装置与操纵装置是否按使用顺序原则、使用频率原则和重要性原则安排?			

续表

检查项目	检查内容	回答		备注
		是	否	
操纵装置	11.能用复合的(多功能的)操纵装置吗?			
	12.操纵装置的运行方向是否与预期的功能和被控制的部件运动方向一致?			
	13.操纵装置的设计是否满足协调性(适应性或兼容性)的要求(即显示装置与操纵装置的空间位置协调性、运动上的协调性和概念上的协调性)?			
	14.紧急停车装置设置的位置是否合理?			
	15.操纵装置的布置是否能保证操作者以最佳体位进行操作?			
作业空间	1.作业空间是否足够宽敞?			
	2.仪表及操纵结构的布置是否便于操作者采取方便的工作姿势?能否避免长时间保持站立姿势?能否避免出现频繁的前屈弯腰?			
	3.如果是坐姿工作,是否有放脚的空间?			
	4.从工作位置到眼睛的距离来考虑,工作面的高度是否合适?			
	5.机器、显示装置、操纵装置和工具的布置是否能保证人的最佳视觉条件、最佳听觉条件和最佳触觉条件?			
	6.是否按机器的功能和操作顺序安排作业?			
	7.设备布置是否考虑到进入作业姿势及退出作业姿势的空间?			
	8.设备布置是否注意到安全和交通问题?			
	9.大型仪表板的位置能否满足作业人员操纵仪表、巡视仪表和在控制台前操作的空间尺寸?			
	10.危险作业点是否留有足够的退避空间?			
	11.操作人员进行操作、维护、调节的工作位置在坠落基准面2 m以上时,是否在生产设备上配置有供站立的平台和护栏?			
	12.对于可能产生渗漏的生产设备,是否设有收集和排放设施?			
	13.地面是否平整,没有出现凹凸?			
	14.危险作业区和危险作业点是否隔离?			
作业环境	1.作业区的环境温度是否适宜?			
	2.全区照明与局部照明之比是否适当?是否有忽明忽暗、频闪现象?是否有产生眩光的可能?			
	3.作业区的湿度是否适宜?			

续表

检查项目	检查内容	回答		备注
		是	否	
作业环境	4.作业区的粉尘浓度怎样?			
	5.作业区的通风条件怎样?强制通风的排风能力及其分布位置是否符合规定的要求?			
	6.噪声是否超过国家标准?			
	7.作业区是否有放射性物质?采用的防护措施是否有效?			
	8.电磁波的辐射量怎样?是否有防护措施?			
	9.是否有出现可燃有毒气体的可能?监测装置是否符合要求?			
	10.原材料、半成品、工具及边角废料是否置放于适当的位置?			
	11.是否有刺眼或不协调的颜色存在?			

检查表法简单易行,上表可供参考。针对不同的评价对象,评价人员可根据实际情况自行查阅或编制相应的检查表。在编制检查表时需注意以下几点:①评价单元划分明确;②所列检查项目符合相关法律、法规要求和被评价对象特征;③检查项目、内容简明扼要,概念清楚;④检查项目、内容能基本涵盖相关要求,无遗漏。

4.环境指数评价方法

环境指数评价法通常包括空间指数法、视觉环境综合评价指数法、会话指数评价法和步行指数法。

(1)空间指数法是为了评价人与机、人与人、机与机等相互之间的位置安排,从而引进各种指标的评价值来判断空间的状况,具体有密集指数和可通行指数。

(2)视觉环境综合评价指数是评价作业场所的能见度和判别对象(显示器、控制器等)能见情况的评价指标。评价过程为:确定评价项目,确定分值和权重,综合评价指数计算,确定评价等级。

(3)会话指数是指工作场所中的语言交流能够达到正常的程度。通常采用语言干扰级别衡量某种噪声条件下,人相隔一定距离讲话必须达到多大强度的声音才能使会话通畅,或在某一强度下的讲话声音条件下,噪声强度必须低于多少才能使会话通畅。

(4)步行指数是指人在作业时来回走动的距离总和。不必要的联系或者操作工具安置得不适当,都会使距离增多,指数上升。

5.人为差错和可靠性分析逻辑推演法

人为差错和可靠性分析逻辑推演法也称为海洛德法,它使用可靠性工程方法来分析仪表、控制设备的配置和安装是否处于适合人操作的状态。一般先得出人执行任务时的成功和失败概率,而后对系统进行评价。

人机系统的可靠度:可靠性的数量指标,即系统在规定的条件下和预期的使用期内完成其功能的概率。

6.系统仿真评价法

所谓系统仿真评价法,就是根据系统分析的目的,在分析系统各要素性质及其相互关系的基础上，运用人机工程学建模分析软件建立能描述系统结构或行为过程的仿真模型，据此进行试验或定量分析，以获得正确决策所需的各种信息，即通过人机工程学仿真软件对设计的人机系统进行建模，通过建模来模拟系统的运行情况。系统仿真评价法是一种现代计算机科技与实际应用相结合的先进评价方法。

系统仿真评价法与其他方法相比具有以下特点：

(1)相对于大多数定性分析的方法，系统仿真评价法能够得到具体的数据，尤其适合对几种不同的设计方案进行评价。

(2)相对于实际投产后再进行评价，系统仿真评价法的成本更低，而且可以自行控制仿真速度，对运行时间较长的系统更为适合。

(3)系统仿真评价法的应用面广，针对不同的人机系统有不同的仿真模块，目前已成为研究的热门，各种专业化的仿真软件源源不断地被开发出来。

(4)系统仿真评价法对于建模数据的要求较高，数据的准确度与评价结果的准确性息息相关，所以保证数据的真实尤为重要。

(5)系统仿真评价法对评价人员的要求较高，评价人员不仅需要具有人机工程学知识基础，还需要有一定的仿真能力。

系统仿真评价法是现今人机系统评价方法研究的前沿，感兴趣的同学可以了解一下相关的人机系统仿真软件。常用的人机工程仿真软件有 Jack、HumanCAD、ErgoMaster 等。人机工程仿真模型如图 6-22 所示。

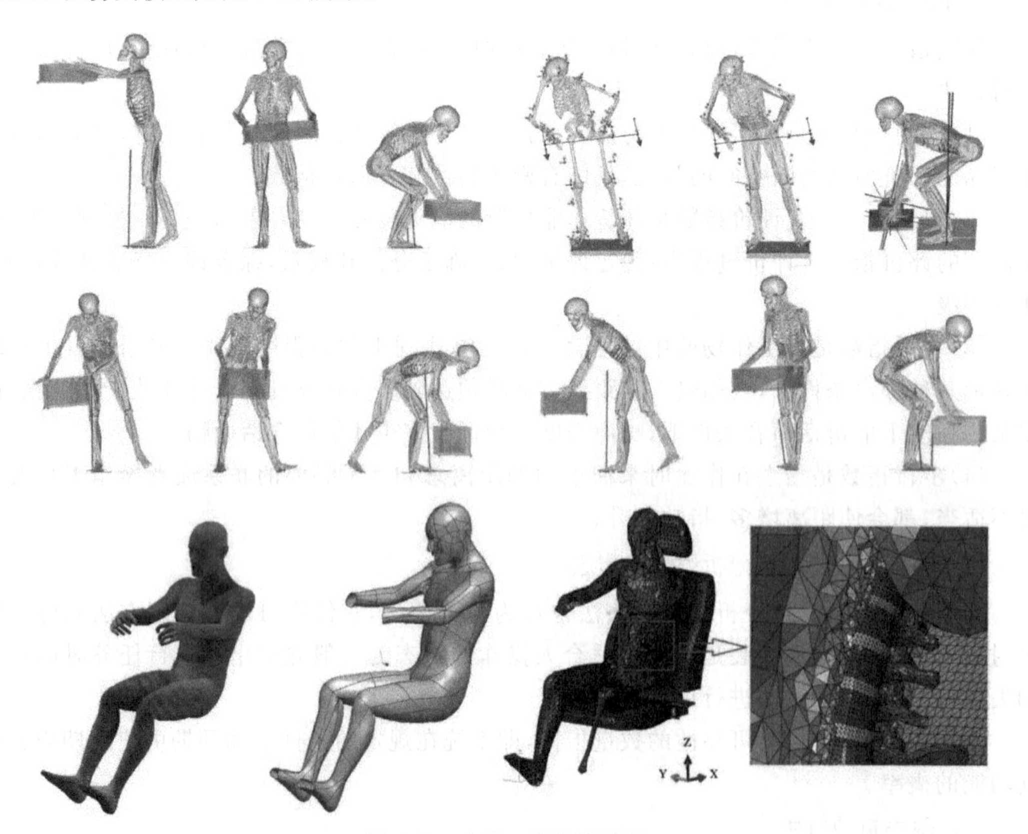

图 6-22　人机工程仿真模型

Jack是一款基于桌面的集三维仿真、数字人体建模、人机工效分析等功能于一体的高级人机工程仿真软件。Jack软件具有丰富的人体测量学数据库、完整的人机工效学评估工具以及强大的人体运动仿真能力，在虚拟体与虚拟环境匹配的动作分析方面的应用十分有效。

HumanCAD人体运动仿真软件主要用于人体体力作业的动态、静态模拟和分析。它拥有多个作业工具和环境组件模块，场景逼真、实用，可以对运动和作业过程中的躯干、四肢、手腕等部位的空间位置、姿势、舒适度、作业负荷、作业效率等数据进行采集和分析，在世界范围的研究领域被广泛使用。

ErgoMaster人体工学仿真分析软件包括工效学分析、风险因素识别、训练、工作及工作场所的重新设计等功能，不要求用户具备高深的计算机知识，用户可自定义生成多种报告及进行分析。软件还提供了完善的在线帮助及详细的操作说明，可应用于解除任务、重复任务、非自然的体态分析以及办公室工效学等许多领域中。

6.4 案例分析

下面简要介绍某新款汽车驾驶舱人机系统设计开发过程，供读者参考。

1.项目背景

电动化、智能化、网联化、共享化成为汽车行业未来发展趋势，这将给人的生活与出行带来极大变革，也使得汽车座舱形态、座舱功能、交互方式等发生变化。因此，汽车智能座舱的设计成为未来汽车发展和创新的关键因素，也是打造差异化、吸引用户的重要因素。

现某品牌希望设计一款能够与传统汽车厂商竞争的、面向中国家庭这一细分市场的、能够解决用户差异性需求的、“符合中国家庭绝大多数出行场景”这一目标的汽车。针对这一产品需求进行车辆内部人机系统设计(图6-23)。

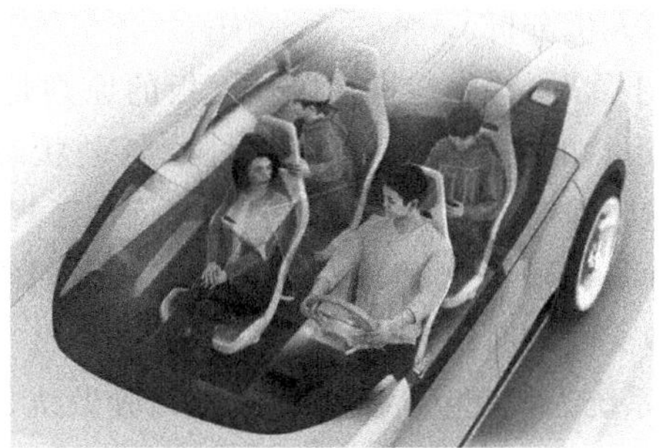

图6-23 家用车辆内部示意图

2.项目设计

该新款汽车驾驶舱人机系统设计流程主要涉及以下几个方面：

(1)系统的目标建立；

(2)人机功能分析与功能分配；

(3)人机界面设计；

(4)系统硬件开发；

(5)系统评估与发展。

其中阶段(1)为智能座舱人机系统设计确定功能目标和系统功能设计方案；阶段(2)主要在阶段(1)的基础上进行系统层级的规划；阶段(3)和(4)可同时进行并且与整车设计中的其他系统设计相互协作，共同实现阶段(1)和(2)所制定的设计计划；阶段(5)是进行系统评估分析，该阶段旨在对系统设计的合理性进行检验，并衡量设计目标的完成度，同时为系统的发展奠定基础。

1)系统的目标建立

驾驶舱是汽车整体系统中最重要的系统之一，是用户与汽车进行直接交互的关键系统，该系统设计需要满足包括乘员在内的所有用户的安全需求，具备体验舒适性、操作简便性等人性化特征。该系统的愿景目标为兼顾年轻人用车需求的同时满足中国三世同堂家庭的出行需要。因此在设计过程中，应从使用场景、空间布局、人机界面、材质、色彩等多方面进行分析和思考。

首先根据愿景目标，设计师制定的人机系统结果目标包括：①根据使用场景特征对空间布局进行优化设计；②通过对操纵装置的优化和人机功能分配的优化设计提升驾驶安全性，达到 L2 或以上辅助驾驶水平；③通过座椅的优化设计，为驾驶者提供在驾驶舱进行短暂休息的服务，为各乘员提供安全、舒适的出行体验；④进行人机界面和人机交互方式的开发设计，满足家庭用车场景下的娱乐需求。最后撰写系统目标说明书，以指导下一阶段的设计工作。

2)人机功能分析与功能分配

此阶段针对不同设计目标进行功能分析和功能分配。首先对车内空间进行分区，主要设计驾驶员操纵部位和乘员空间。驾驶位为系统主操纵位置，是对驾驶舱内几大系统进行控制的平台。为了给驾驶者提供高效、舒适的驾驶环境，该区域的人机系统设计主要是进行功能区域划分，对控制器和显示器进行安排，提升驾驶者的驾驶体验。

3)人机界面设计

(1)人机分析。

对于驾驶位，确定操作区域面板的原则是驾驶员在不转动头部的状态下能够看清并理解车辆运行的主要信息，保持专注的驾驶状态；针对方便操作和减少驾驶过程中的疲劳程度，对驾驶辅助类功能的控制装置进行重新规划，实现安全方便的盲操作；对于其他乘员位，确定空间布局的原则在于尽可能满足乘员对空间的需求和乘坐过程中的娱乐需求。

(2)交互界面设计。

该系统人机交互界面主要包括驾驶系统、车载信息系统、娱乐系统、语音系统、智能系统等。交互方式包括了物理交互、触屏交互、自然交互。

①硬件交互设计层面。

硬件交互界面包括驾驶系统和显示控制系统，主要是对仪表盘、多媒体屏、副驾娱乐屏、车控屏的规划设计。根据以人为中心的设计原则和就近原则进行显示器布置，考虑到新车型与传统车型的关联性，新车型驾驶装置仍然采用与传统燃油车型相同的换挡操纵方式。其他人机交互模式硬件设计，包括语音交互硬件设计，参照相关设计原则，在后排座位设置语音交互用麦克风，实现全车的语音交互功能。

②软件交互设计层面。

仪表显示屏遵循不设置二级菜单的设计原则，让各类数据直观显示，简化操作设置的同时提升驾驶安全性，使用户一眼看到所有功能（图 6-24）。多媒体屏采用与移动设备相似的操作逻辑，以迎合用户使用习惯。使用 L 形菜单＋卡片式布局，将车辆设置、全视影像等必备功能放入 L 形一级界面，便于用户调出；将视频、电台、音乐等界面设计为卡片形式，方便用户调出，方便自定义。

图 6-24　仪表显示屏设计

4）系统硬件开发

人机系统设计中机的开发范畴包括初期规划设计、总体方案设计、技术设计以及施工设计。此阶段需要以上述步骤的分析结果为指导，进行系统硬件开发工作。该系统硬件开发主要包括基本空间架构、操纵装置和显示设备的设计布置、座椅人机工程设计（图 6-25）等。

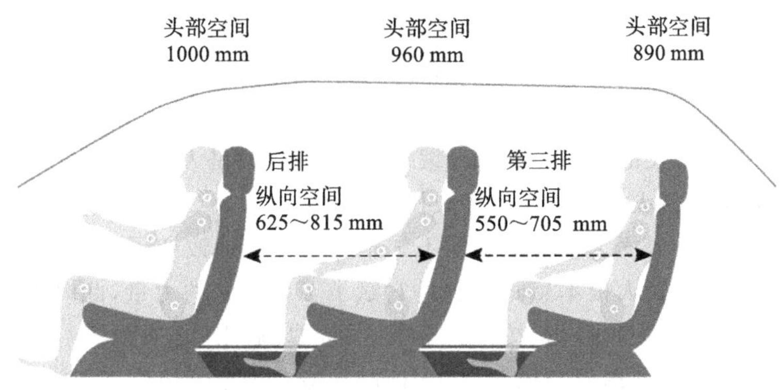

图 6-25　座椅人机工程设计

5）系统评估与发展

采用检查表法和数字仿真法进行系统评估与发展。对于软件人机交互体验、造型、系统、CMF 等主观评价指标，设置合适的检查表进行评价；对于硬件设计，采用数字仿真法应用专业人机工程仿真软件进行，将目标人员的人体参数（第 5 百分位至第 95 百分位）输入人机工程分析软件中，重点考量驾驶区域的设置是否合理，包括操纵便捷性、人机配合的舒适性与疲劳强度分析，以及乘员区乘坐的舒适性与乘坐疲劳强度、娱乐系统的操控体验。

第7章 人机工程学在界面与交互设计中的应用

7.1 人机界面

7.1.1 人机界面的定义

人机界面(human-machine interface,HMI)的含义有狭义和广义之分。从广义上来看,人机界面是指人-机-环境系统中,人与机器之间传递信息的“形式与媒介”。这里的“机”与人机工程学中的“机”具有相同的内涵,即泛指一切产品,包括硬件和软件。在人机系统中,人与机之间的信息交流和控制活动都发生在人机界面上,人通过视觉和听觉等多种感官接收来自机器的信息,经过人脑的加工、决策,然后做出反应,实现人-机信息传递。狭义的人机界面是指计算机系统中的人机界面,也称人机接口、用户界面,它是人与计算机之间传递、交换信息的媒介,是用户使用计算机的综合操作环境。在狭义的人机界面中,计算机系统是由硬件、软件和人共同构成的人机系统,人与硬件、软件结合从而构成了人机界面。该界面为用户提供观感形象,支持用户运用知识、经验、感知和思维等获取界面信息,并使用交互设备完成人机交互,如向系统输入指令、参数等,计算机将处理所接收的信息,然后通过人机界面向用户反馈响应信息或运行结果[22]。

本章主要是基于广义的人机界面进行编写,即人机界面是人与机器、工具之间传递和交换信息的媒介,包括硬件人机界面和软件人机界面。

最好的界面是没有界面。很多产品在不知不觉中极大地改变了我们的生活,设计最精巧的人机界面装置能够让人根本感觉不到是它赋予了人巨大的力量,此时人与机器之间的界限彻底消除,融为一体。扩音器、按键式电话、方向盘、磁卡、交通指挥灯、遥控器、阴极射线管、液晶显示器、鼠标、条形码扫描器这10种产品被认为是20世纪最伟大的人机界面装置(图7-1、图7-2)。

图7-1 按键式电话

图7-2 鼠标

7.1.2 硬件人机界面和软件人机界面

1. 硬件人机界面

硬件人机界面是界面中与人直接接触的有形的部分，它与工业设计紧密相关，早期工业设计的发展主要是围绕硬件展开的。现代工业设计从工业革命时期萌芽，其最主要的思想正在于对人与机器之间的界面的思考。现代工业设计历经工艺美术运动、新艺术运动和德意志制造联盟的成立等阶段，最后包豪斯确立了现代工业设计，整个过程其实都是在不断探寻物品呈现于人的恰当形式，其实就是界面问题。之后的设计风格的演变，无论是流线型风格、国际主义风格还是后现代主义风格，都始终围绕着形式和功能的关系这个主题，其实质也是对人机界面的不断思考。比如工业设计中关于座椅的设计，其实是在探讨"坐"的界面问题(图 7-3)；而关于手握工具的设计，则主要是在探讨"握"的界面问题(图 7-4)。可以说，早期的工业设计主要关注的是硬件界面设计。

图 7-3 座椅

图 7-4 砌砖工具(批灰刀)

硬件人机界面的发展是与人类的技术发展紧密相连的。在工业革命前的农业化时代，人们使用的工具都是手工生产的，很多情况下会根据使用者的特定需要进行设计和制作，因而界面友好，具有很强的亲和力。18 世纪末在英国兴起的工业革命，使机器生产代替了手工劳动，改变了人们的设计和生产方式，但是在初期也产生了很多粗制滥造的产品，使很多物品的使用界面不再友好。20 世纪 40 年代末，随着电子技术的发展，晶体管的发明和应用使得一些电子装置的小型化成为可能，从而改变了很多产品的使用界面。

在第三次浪潮的席卷下，计算机技术快速发展和普及，人类进入了信息时代。信息技术和互联网的发展在很大程度上改变了整个工业格局，新兴的信息产业迅速崛起，开始取代钢铁、汽车、机械等传统行业，成为新时代的主力军。在这场新技术革命的浪潮中，硬件人机界面设计的方向也有了很大的转变，由传统的工业产品转向以计算机为代表的高新技术产品和服务。此时的设计逐步从物质化设计转向信息化和非物质化设计，并最终使软件人机界面设计成为界面设计的一个重要内容。随着信息技术的不断发展，出现了很多智能化产品，这些智能化产品再一次深刻地改变了人机界面的形式，也使得界面设计不再局限于硬件本身(图 7-5、图 7-6)。

2. 软件人机界面

软件人机界面是人、机之间的信息界面，是区别于物理按键的一种新的表现形式，它的兴起要归功于计算机技术的迅速发展。如今计算机和信息技术的触角已经深入现代社会的

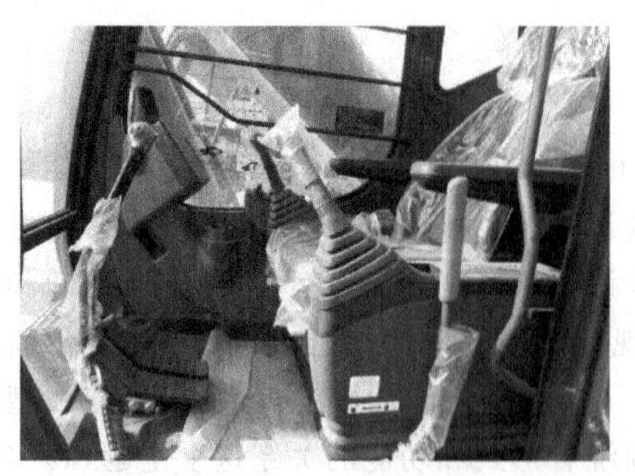

图 7-5 挖掘机操控台

图 7-6 汽车驾驶室

每一个角落，软件人机界面也成为人机界面的重要内容，在一定程度上，人们对软件界面的关注甚至已经超过了硬件界面。软件人机界面要求合理设计和管理人、机之间的对话结构，关注界面布局，优化用户体验。在功能上，软件人机界面主要负责获取、处理系统运行过程中的所有命令和数据，并提供信息显示。（图 7-7、图 7-8）

图 7-7 Thinkmaster 界面交互

图 7-8 Switch 健身环

软件人机界面的发展经历了一个漫长的过程。在其发展初期，计算机体积庞大，操作复杂，需要人们使用二进制码形式编写程序，很不符合人的思维习惯，既耗时间又容易出错，大大限制了计算机运用的拓展。第二代计算机在硬件上有了很大的改进——体积小、速度快、功耗低、性能稳定，同时在软件上出现了 Fortran(Formula translator)等编程语言，人们能以类似于自然语言的符号来描述计算过程，大大提高了程序开发效率，整个软件产业由此诞生。集成电路和规模集成电路的相继问世，使得第三代计算机变得更小，这个时期出现了操作系统，使得计算机在中心程序的控制协调下可以进行多任务运算。这个时期另一项有重大意义的事件是图形技术和图形用户界面技术的出现。施乐（Xerox）公司的帕罗奥多研究中心在 20 世纪 70 年代末研发了基于窗口菜单按钮和鼠标控制器的图形用户界面技术，使计算机操作能够以比较直观、容易理解的形式进行。20 世纪 90 年代，微软推出了一系列的 Windows 系统，极大地改变了个人计算机操作界面，促进了微型计算机的蓬勃发展。

7.2 显示界面设计

产品中，用来向人表达自身的性能参数、运行状态、工作指令等交互信息的界面称为显示界面。在人机界面设计中，按人接收信息的感觉通道不同，可以将显示界面分为视觉显示界面、听觉显示界面和触觉显示界面[4]。听觉显示界面在日常生活中的运用最为广泛。由于人对突然发出的声音具有特殊的反应能力，而且声音的传递有多向性，因此听觉显示器作为紧急情况下的报警装置，比视觉显示器具有更大的优越性。触觉显示是利用人的皮肤受到触压刺激后产生感觉，从而向人传递信息的一种方式，比如盲文就是一种触觉显示界面。

显示界面的设计一般要求符合人的感知特性，同时能结合所显示的信息特点，清晰、准确、快速地传达信息。此外，显示界面所在的平面应尽量与人的正常视线保持垂直，以方便认读和减少读数误差。

7.2.1 视觉信息显示设计

视觉信息显示设计是人机界面设计的重要组成部分。人依据显示装置所显示的产品的运行状态、参数、要求等信息，进行有效的操作、控制和交流，简单地说，准确的显示才能获得正确的控制。一般而言，视觉信息显示设计可以分为仪表显示设计和信号显示设计两种。

1. 仪表显示设计

仪表是一种广泛运用的视觉显示装置，种类很多，按功能可分为读数用仪表、检查用仪表、追踪用仪表和调节用仪表等，按结构形式可分为指针运动式仪表、指针固定式仪表和数字式仪表等。任何显示仪表，其功能都是将系统的有关信息输送给操作者，因而其人机工程学性能的优劣直接影响系统的工作效率。所以，在设计和选择仪表时，必须全面分析仪表的功能特点，如表7-1所示。

表7-1 显示仪表的功能特点

比较项目	模拟显示仪表		数字显示仪表
	指针运动式	指针固定式	
数量信息	中(指针活动时读数困难)	中(刻度移动时读数困难)	好(能读出精确数值，速度快，差错少)
质量信息	好(易判断指针位置，不需读出数值和刻度就能迅速发现指针的变动趋势)	差(未读出数值和刻度时，难以确定变化的方向和大小)	差(必须读出数值，否则难以得知变化的方向和大小)
调节性能	好(指针运动与调节活动有简单而直接的关系，便于调节和控制)	中(调节运动方向不明显，指针的变动难以控制，快速调节时难以读数)	好(数字调节的监控结果精确，快速调节时难以读数)
监控性能	好(能很快地确定指针位置并进行监控，指针位置与监控活动的关系最简单)	中(指针无变化，有利于监控，但指针位置与监控活动的关系不明显)	差(无法根据指针位置的变化进行监控)
一般性能	中(占用面积大，仪表照明可设置在控制台上，刻度的长短有限，尤其在使用多指针显示时认读性差)	中(占用面积小，仪表须有局部照明，由于只在很小的范围内认读，其认读性好)	好(占用面积小，照明面积也最小，刻度长短只受字符、转鼓的限制)

续表

比较项目	模拟显示仪表		数字显示仪表
	指针运动式	指针固定式	
综合性能	价格低，可靠性高，稳定性好，易于显示信号的变化趋势，易于判断信号值与额定值之差		精度高，认读速度快，无视读误差，过载能力强，易与计算机联用
局限性	显示速度慢，易受冲击和振动影响，过载能力差		价格偏高，显示易于跳动和失败，干扰因素多，需内附/外附电源
发展趋势	降低价格，提高精度和显示速度，采用模拟和数字显示混合型仪表		降低价格，提高可靠性，采用智能化显示仪表

1)仪表形式

仪表的形式因其用途不同而不同，现以数字式仪表为例来分析确定仪表形式的依据。常见的数字式仪表有垂直长条形仪表、水平式仪表、开窗式仪表、半圆形仪表以及圆形仪表等。其中垂直长条形仪表的误读率最高，开窗式仪表的误读率最低。数字式仪表的具体形式与误读率如图 7-9 所示。

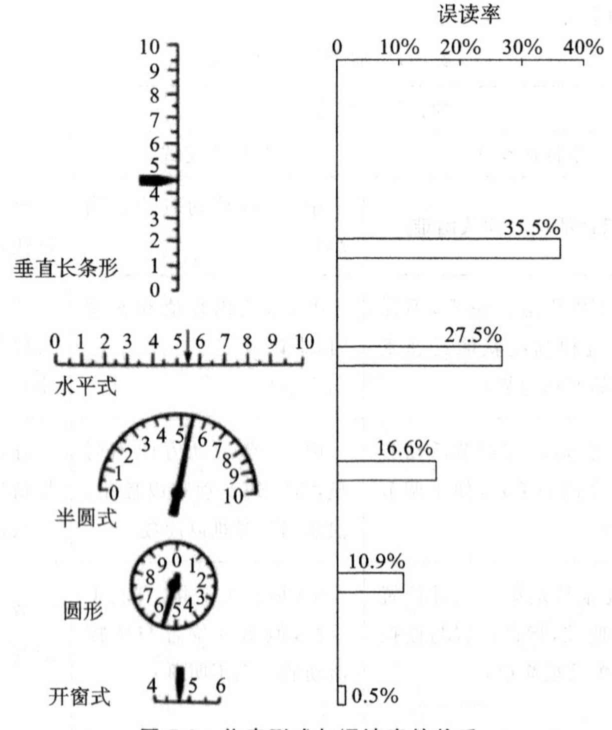

图 7-9　仪表形式与误读率的关系

2)表盘尺寸

表盘尺寸与刻度标记的数量和观察距离有关，一般表盘尺寸随刻度数量和观察距离的增加而增大。以圆形表盘为例，其直径 D 与目视距离 L、刻度显示最大数 I 之间的关系如图

7-10 所示。由图 7-10 可知，当刻度显示最大数一定时，表盘直径随着目视距离的增大而增大。

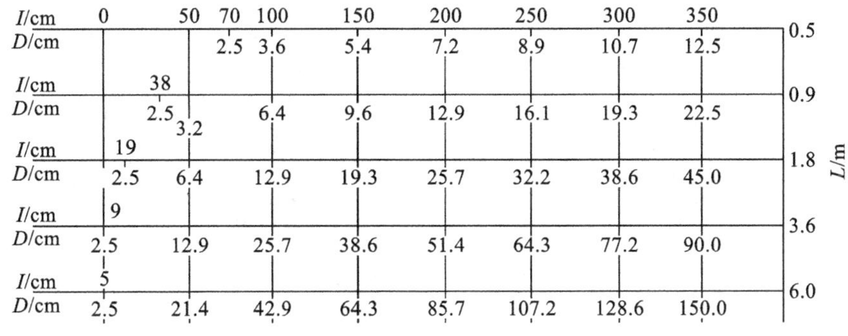

图 7-10 圆形表盘的最佳直径

3）刻度与标数

仪表的刻度线、刻度线间距以及文字、数字尺寸也是根据视距来确定的。一般仪表的刻度分为三级，包括长刻度线、中刻度线和短刻度线，各刻度线和文字、数字的高度可根据不同的视距选用(表 7-2)。

表 7-2 目视距离与刻度线最佳高度

视距/m	文字、数字高度/cm	刻度线高度/cm		
		长刻度线	中刻度线	短刻度线
0.5 以下	0.23	0.44	0.40	0.23
0.5～0.9	0.43	1.00	0.70	0.43
0.9～1.8	0.85	1.95	1.40	0.85
1.8～3.6	1.70	3.92	2.80	1.70
3.6～6.0	2.70	6.58	4.68	2.70

仪表的标数可参考下列原则进行设计：

①通常最小刻度不标数，最大刻度必须标数。

②指针运动式仪表标数应当垂直，表面运动的仪表标数应当按圆形排列。

③若仪表表面的空间足够大，则数码应标在刻度外侧，以避免被指针挡住；若表面空间有限，应将数码标在刻度内侧，以扩大刻度间距。指针处于仪表表面外侧的仪表，数码应一律标在刻度内侧。

④开窗式仪表窗口的大小至少应能显示被指示数字及其前后相邻的两个数，以便观察指示运动的方向和趋势。

⑤对于表面运动的小开窗仪表，其标数应按顺时针排列。当窗口垂直时，标数安排在刻度的右侧；当窗口水平时，标数安排在刻度的下方，并且都使字头向上。

⑥对于圆形仪表，不论是表面运动式还是指针运动式，标数均应按顺时针方向依次增大。数值有正负时，0 位设在时钟 12 时位置上，顺时针方向表示“正值”，逆时针方向表示“负值”。对于长条形仪表，应使标数按向上或向右顺序增大。

⑦不做多圈使用的圆形仪表，最好在刻度全程的头和尾之间断开，其首尾的间距以相当

于一个大刻度间距为宜。

仪表刻度与标数的优劣对比如图 7-11 所示。

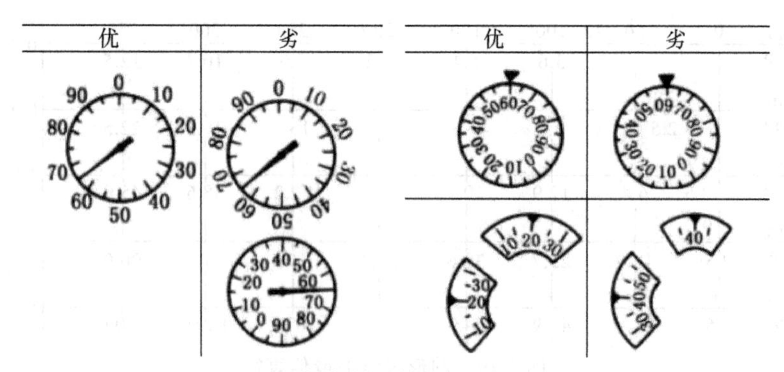

图 7-11　仪表刻度与标数的优劣对比

2.信号显示设计

1)信号灯设计

视觉信号是指由信号灯产生的视觉信息,目前已广泛用于飞机、车辆、航海、铁路运输及仪表板上。它主要有两个作用,其一是指示性的,即引起操作者的注意或指示操作,具有传递信息的作用;其二是显示工作状态,即反映某个指令、某种操作或某种运行过程的执行情况。

信号灯以灯光作为信息载体,在设计上涉及光学原理和人的视觉特性,在实践上较为复杂,因此这里仅从人机工程学的角度出发,介绍信号灯的设计依据。

(1)信号灯视距设计。信号灯应让使用者能看清目标,同时又不会产生眩目的效果,以免影响使用者的观察。对于室内的信号灯,如汽车驾驶舱,在一定的视距下应能引起人的注意,其亮度至少应两倍于背景的亮度,同时背景以灰暗无光为好。对于室外的信号灯,如交通信号灯、航标灯,应保证在远距离观察的情况下以及在恶劣气候环境下能看清,因此需要选用空气散射小、射程远的长波红光信号灯,或选用功率消耗较少的蓝绿色信号灯。

(2)信号灯的形状、标记设计。不同的信号灯具有不同的指示功能,应选用不同的颜色。当信号灯较多时可以在形状上对其进行区分,如"→"代表指向,"×"代表禁止,"!"代表警告。为引起注意,可用强光和闪光信号。

(3)信号灯的颜色选择。信号灯的颜色不宜过多,以防误认。常用的 10 种编码颜色按不易混淆的程度依次排列为:黄、紫、橙、浅蓝、红、浅黄、绿、紫红、蓝、黄粉。对于单个信号灯,以蓝色最为清晰;警戒、禁止类信号一般使用红色;注意信号使用黄色;正常运行信号使用绿色。

(4)信号灯的布置。重要的信号灯与重要的仪表一样,必须布置在最佳视区视野中心 3°范围内,一般信号灯在 20°范围内。信号灯显示与操纵或其他显示有关时应与相关器件靠近,成组排列。此外,信号灯的指示方向应与操作方向一致。

2)图形符号设计

信号显示中所采用的图形符号,是经过对显示内容的高度概括和抽象处理之后形成的,具有高度的识别性。人们对图形符号的辨认速度和准确性,与图形符号的特征数量有关,并不是图形符号的形状越简单越容易辨认。因此设计的图形符号要反映客体的特征,只有以高度概括、简练、生动的形象表达出客体的基本特征，才能使操作者便于辨认。

图形符号作为一种视觉显示标志，总是以某种与被标识的客体有联系的颜色表示。因此标志用色在图形符号设计中也是十分重要的。在生产、交通等方面使用色彩的含义如下：红色表示停止、禁止、高度危险等；橙色用于危险标志，还用于航空保安措施；黄色用于警告；绿色表示安全、正常运行状态。

在实际运用图形符号时，应考虑用户的接受情况，不得使用人们不能接受或者难以理解的图形符号，以减少人们的误读率及反应时间。

7.2.2 听觉信息显示设计

1.听觉信息传示装置

听觉信息传示装置具有反应速度快、可配置在任意方向、应答性能好等优点。它一般运用于以下情况：信号简单、简短时；要求迅速传递信号时；视觉负担过重或照明、振动等作业环节不利于采用视觉信号传递时等。听觉信息传示装置的种类很多，常见的有音响报警装置，如铃、蜂鸣器、警报器等。

(1)蜂鸣器。它是音响装置中声压级最低、频率也较低的装置。蜂鸣器发出的声音较为柔和，不会使人感到紧张，适用于较宁静的环境，经常配合信号灯使用。

(2)铃。不同用途的铃具有不同的声压级。如电话铃声的声压级和频率只稍大于蜂鸣器，主要是在宁静的环境中引起人的注意；而用作指示上下课的铃声和报警器的铃声，其声压级和频率就较高，可在有较高强度噪声的环境中使用。

(3)警报器。警报器的声音强度很大，可传播很远，频率由低到高，它主要用作危机事态的报警，如防空警报、救火警报等。

听觉信息传示装置设计必须考虑人的听觉特性，以及装置的使用目的和使用条件，具体内容如下：

①为提高信号传递效率，在有噪声的工作场所，需选用声频和噪声频率相差较大的声音作为听觉信号，以削弱噪声对信号的屏蔽作用。

②使用两个或两个以上的听觉信号时，信号之间应有明显的差异；而某一种信号在所有时间内应代表同样的意义，以提高人的听觉反应速度。

③应使用间断或变化信号，避免使用连续稳态信号，以免人耳产生听觉适应性。

④要求远传或绕过障碍物的信号，应选用大功率低频信号，以提高传示效果。

⑤对于危险信号，至少应有两个声学参数与其他信号或噪声相区别，且危险信号的持续时间应与危险存在时间一致。

2.语言传示装置

人与机器之间也可以用语言传递信息，传递和显示语言信号的装置称为语言传示装置，如麦克风、广播等。语言传示装置的优点是可使传递和显示的信息含义准确，信息传递速度快，信息量大等，缺点是易受噪声干扰。因此在进行语言传示装置设计时，需要注意以下几点：

(1)语言的清晰度。

用语言来传递信息，影响传递效率的首要因素就是声音的清晰度。语言清晰度是指人耳对通过它的音节、字词或语句所正确听到和理解的百分数，其可用标准的语句表通过听觉显示器来测量，如果获取的正确信息占信息总数的 20%，则该听觉显示器的语言清晰度就是 20%。一般而言，设计一个语言传示装置时，其语言的清晰度只有在 75%以上才能正确传达信息。

(2)语言的强度。

语言传示装置输出的语音强度直接影响语言的清晰度。当语言强度增至刺激阈限以上时，语言清晰度的分数逐渐增加，直到差不多全部语言都被正确听到的水平。研究表明，语音的平均感觉阈值为 25～30 dB(即测听材料有 50%可被听清楚)，而汉语的平均感觉阈值是 27 dB。

(3)噪声环境中的语言通信。

在有噪声干扰的作业环境中，为了保证讲话人与收听人之间能进行充分的语言通信，需要根据正常噪声和提高了的噪声定出极限通信距离，在此距离内，在一定语言干涉声级或噪声干扰声级下可期望达到充分的语言通信。充分的语言通信是指通信双方的语言清晰度达到 75%以上。距离声源的距离每增加 1 倍，语言声级将下降 6 dB。

7.2.3 触觉信息显示设计

触觉信息显示是通过触觉通道来显示和传达信息，当视觉或者听觉显示效果受限，不能或不适合进行视听觉显示的时候，可以运用触觉来表征和显示信息。人们与物体交互得到的触觉信息可以分为两种：一种是表面的信息，主要是通过皮肤与物体接触所感受到的各种信息(接触反馈)；另一种是肌肉运动知觉的信息，是通过四肢的位置和运动所产生的力量所得到的信息(力反馈)。触觉信息显示并不是新东西，但它没有引起 HCI 研究者太多的注意，因为其经常是为非常特殊的应用而做的工程原型和设计，大多数被运用在远程操作中或提供给盲人用户以代替视觉，因此在本书中不做详细介绍。

7.3 操纵装置设计

操纵装置是将人的信息输送给机器，用以调整、改变机器状态的装置。操纵装置将操作者输出的信号转换成机器的输入信号，因此，操纵装置的设计首先要充分考虑操作者的体型、生理、心理、体力和能力。操纵装置的大小、形态等要适应人的手或脚的运动特征，用力范围应当处在人体最佳用力范围之内，不能超出人体的极限，重要的或使用频率高的操纵装置应布置在人反应最灵敏、操作最方便、肢体能够达到的空间范围内，同时要考虑耐用性等。操纵装置是人-机系统中最重要的组成部分，其设计是否得当，关系到整个系统是否能高效、安全运行。

7.3.1 人的运动与施力特性

1. 肌力产生与肌肉施力方式

人机工程学讨论的肌肉仅限于骨骼肌。骨骼肌通过肌腱与骨骼相连，是人的运动系统的重要组成部分。骨骼肌的中间部位为肌腹，主要由肌纤维组成，两端为肌腱。当来自神经系统的神经冲动经过中枢神经系统、神经末梢传给肌纤维后，肌纤维收缩，产生肌力。肌肉收缩的形式有等长收缩与非等长收缩两种。等长收缩产生的静态性力量主要用以维持一定的身体姿势。非等长收缩产生的动态性力量是人体实现各种运动的基础。

肌肉、关节与骨骼组成人体运动系统，三者发挥不同的作用。肌肉是动力之源，关节是运动的枢纽，骨骼是运动杠杆。在神经的控制之下，肌肉收缩释放力量，肌力作用于骨骼上，再通过人体运动系统传递到操作对象。

肌肉的施力方式有两种：动态施力与静态施力（见图 7-12）。动态施力是肢体对外界施力，是在肌肉收缩与舒张交替改变的过程中完成的。静态施力则是持续保持收缩状态的肌肉运动形式。这两种施力方式的区别在于对血液流动的影响，如图 7-13 所示，动态施力时由于肌肉交替收缩、舒张，血管随之收缩、舒张，血液流量反而比放松状态下还大。静态施力时由于肌肉长时间处于收缩状态，血管内血液循环受阻，流量减小，肌肉能量供不上，代谢物排不出，因此容易疲劳。

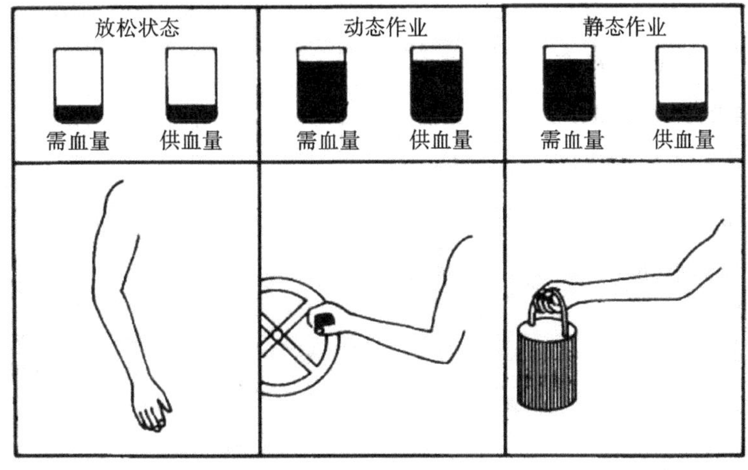

图 7-12 动态施力与静态施力

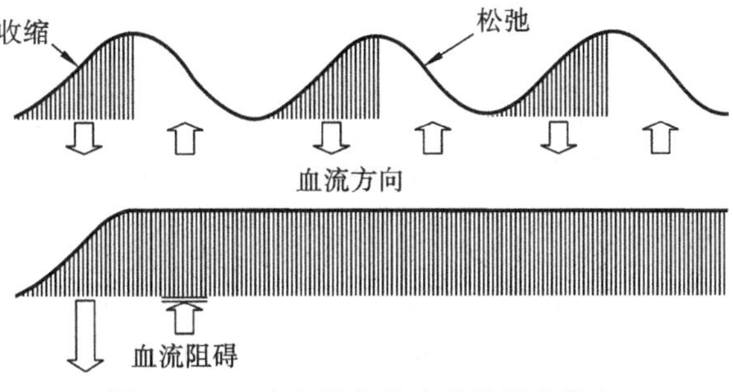

图 7-13 动态与静态施力时的肌肉供血

除了消耗能量比动态施力多外，静态施力还会造成肌肉酸痛、心率加快和恢复期延长等现象，究其原因就是血液循环的不足带来新陈代谢的不畅。长时间处于静态施力的状况，会使身体出现很多病痛。一类是劳累性病痛，另一类是由疼痛部位扩散到关节的病痛。这些病痛的产生往往和某些长期重复的特定动作或身体姿势有密切关系。

2. 常见操纵力的出力范围

在工作和生活中，人使用器械、操纵机器所用的力称为操纵力。操纵力主要是肢体的臂力、握力、指力、腿力或脚力、腰力、背力等躯干的力量。在操作活动中，肢体所能发挥的力量大小除了与肌肉的生理特征有关外，还与施力姿势、施力部位、施力方式和施力方向有关系。

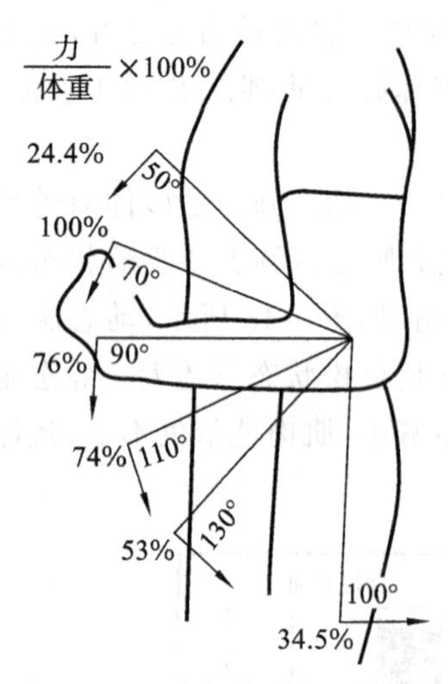

图 7-14　立姿弯臂时的力量分布

只有在这些综合条件下的肌肉施力的能力和限度才是操纵力设计的依据。

设计中常用的操纵力类型有立姿手臂操纵力、坐姿手臂操纵力、握力和坐姿脚蹬力。

1)立姿手臂操纵力

直立弯臂姿势下，不同角度的力量分布如图 7-14 所示。由图可知，操纵力约在屈臂 70°处可达最大值，产生相当于体重的力量。这正是很多操作机构（例如方向盘）置于人体正前方的原因所在。

在直立姿势下手臂伸直时，不同角度位置上拉力和推力的分布如图 7-15 所示，图 7-15(a)为拉力分布情况，图 7-15(b)为推力分布情况。由图可知，最大的拉力产生在 180°位置上，最大的推力产生在 0°位置上。

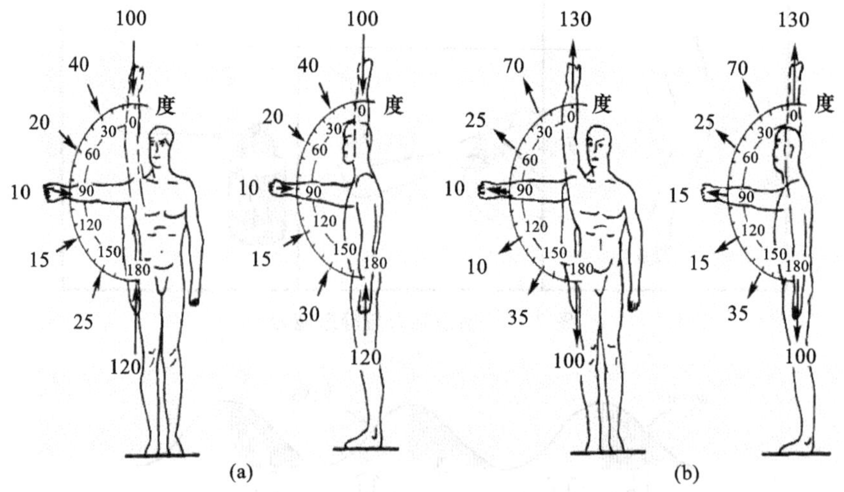

图 7-15　立姿直臂时拉力与推力分布

注：图中半圆外侧数字表示力/体重×100。

在图 7-16 所示的立姿屈臂、前臂基本水平的姿势下，男性平均瞬时拉力可达 689 N，女性可达 378 N。当手做前后方向运动时，如图 7-16(a)所示，拉力大于推力。当手做左右方向运动时，如图 7-16(b)所示，则推力大于拉力，最大推力约为 392 N。

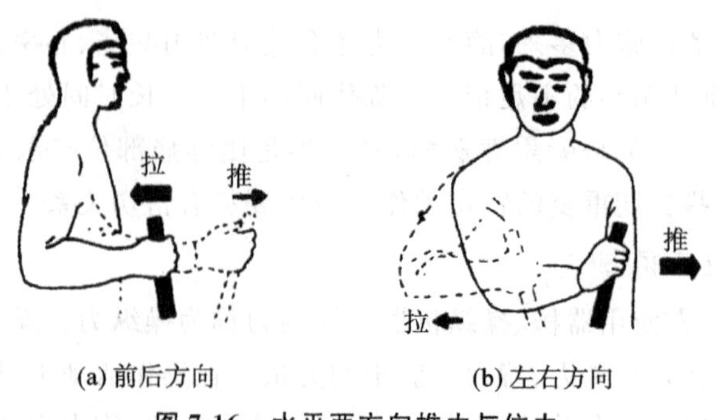

图 7-16　水平两方向推力与位力

2)坐姿手臂操纵力

对于中等体力的男子(右利手者),坐姿下手臂在不同角度、方向上的操纵力如图 7-17 所示。臂力的测试数据如表 7-3 所示。表 7-3 中的数据表明坐姿手臂操纵力的一般规律是,右手力量强于左手,向上用力大于向下用力,向内用力大于向外用力。

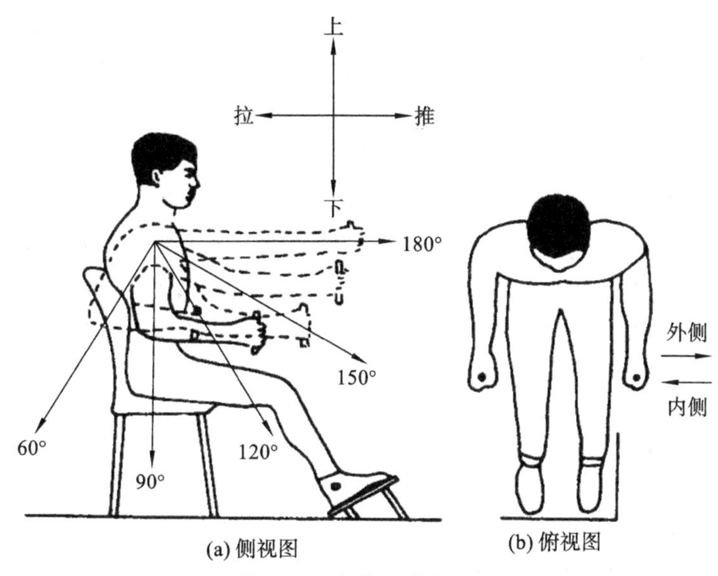

图 7-17　坐姿手臂操纵力

表 7-3　坐姿手臂在不同角度和方向上的操纵力(右利手者)

手臂的角度/(°)	拉力/N						推力/N					
	向后		向上		向内侧		向前		向下		向外侧	
	左手	右手	左手	右手	左手	右手	左手	右手	左手	右手	左手	右手
180	225	235	39	59	59	88	186	225	59	78	39	59
150	186	245	69	78	69	88	137	186	78	88	39	69
120	157	186	78	108	88	98	118	157	98	118	49	69
90	147	167	78	88	69	78	98	157	98	118	49	69
60	108	118	69	88	78	88	98	157	78	88	59	78

3)握力

在双臂自然下垂、手掌向内执握握力器的条件下测试,一般男子优势手的握力为自身体重的 47%～58%;女子优势手的握力为自身体重的 40%～48%。年轻人的瞬时握力常高于这个水平。若手掌向上,握力值将增大一些;手掌朝下,握力值将减小一些。

一般男性青年右手平均瞬时最大握力可达 556 N,左手可达 421 N。握力与手的姿势和持续时间有关,如持续 1 分钟后,右手平均握力下降为 275 N,左手为 244 N。

当紧握手柄时,需要考虑操作者的握紧强度。握紧强度是指手能够施加在手柄上的最大握力,一般可用测力计测量。在设计手工工具、夹具、控制器时,需应用握紧强度数值。年龄在 30 岁以上时,握紧强度可用下列公式计算:

$$GS = 608 - 2.94A$$

式中：GS——手的握紧强度(N)；

A——年龄(岁)。

4)坐姿脚蹬力

很多情况下的操纵需要用脚来完成，如操纵汽车离合器踏板、刹车踏板、冲床的脚踏控制装置等。脚产生的力的大小与下肢的位置、姿势和方向有关。下肢伸直时脚所产生的力大于下肢弯曲时所产生的力。坐姿有靠背支持时，两脚蹬踩可产生最大的力。

图 7-18 所示为不同体位下的脚蹬力的分布图，图中外围线为脚蹬力的界限，箭头表示用力方向。脚蹬力的大小与体位有关，同时与偏离人体中心对称线的程度有关。测试表明，当膝关节在 150°～165°时，与铅垂线呈约 70°角，脚的蹬力最大。在左右方向上，当腿偏离人体中心对称线 10°左右时，脚蹬力最大；当偏离角度大于 15°时，脚蹬力就大幅度减少。

需要注意的是，肢体的施力大小都与持续时间有关。随着持续时间的延长，人的力量很快衰减。例如，拉力由最大值衰减到最大值的 1/4，只需 4 min。

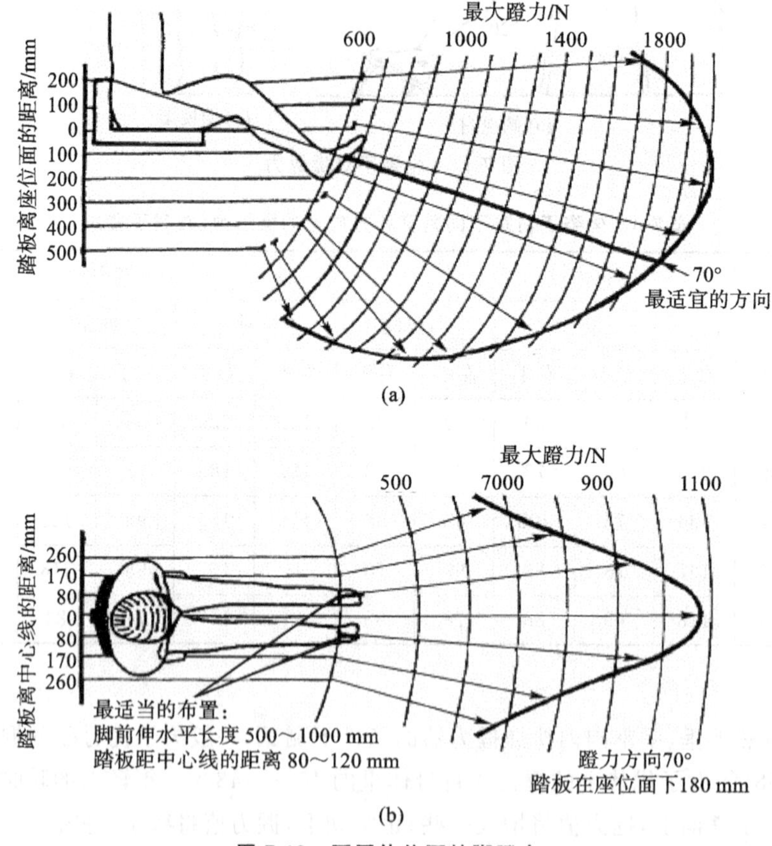

图 7-18 不同体位下的脚蹬力

7.3.2 人体肢体运动输出特性

对于人机系统中的人来说，运动输出是最重要的信息输出方式之一。人通过运动输出对系统中的机器进行控制。运动输出的质量指标是反应时间、运动速度和准确性。

1. 反应时与运动时

田径运动员听到裁判的发令枪响后，起跑。从听到枪声到起跑，实际上经历了两个时间段，第一个时间段是感知的时间，称为反应时；第二个时间段是动作的时间，称为运动时。

1)反应时

反应时是指从刺激出现到人开始做出外部反应的时间间隔。在这个时间段里，感觉器官接收外界刺激信号，刺激经中枢神经传导到大脑神经中枢，神经中枢处理后发出指令，指令经由传出神经传至肌肉，直至肌肉开始收缩反应。

反应时可分为三类：

(1)简单反应时，刺激与反应是一对一的关系，即呈现的刺激只有一个，要求接受刺激者做出的反应也只有一个。

(2)辨别反应时，即只对呈现的多个刺激中的特定刺激做出反应，而对其他刺激不做反应。

(3)选择反应时，在没有预知的前提下，对出现的刺激做出一一对应的反应。

在三种反应时中，简单反应时时间最短，辨别反应时次之，选择反应时时间最长。

影响反应时的因素有多种：

(1)刺激类型。不同的刺激类型由不同的感觉器官接受刺激，各器官的感觉阈限不同，因而反应时不同。例如，触觉、听觉和视觉反应时比较短，味觉反应时比较长。

(2)刺激强度。感觉器官能感受到的刺激的最低强度值，称为该感觉的感觉阈限。反应时与刺激强度之间的关系一般表现为：刺激很弱，刚刚达到阈值的时候，反应时比正常值长得多；随着刺激强度加大，反应时缩短；达到一定刺激强度后，反应时基本稳定，不再缩短。这说明人体器官只能感受一定强度范围内的刺激。

(3)刺激的对比度。对比度是指刺激本身与背景刺激量之间的差异度，即刺激的相对强度。对比度影响到刺激的可辨性，例如，同样的声刺激，因背景噪音的强度、频率不同而有不同可辨性，反应时也不同。重要的控制室要求有一定的隔光、隔音措施，就是为保证操作者的反应速度。

(4)人体主观因素，如先天性的个体差异、当时状况(年龄、健康状况、情绪、疲劳状况等)。培训可以降低反应时间，从而提高反应速度。

2)运动时

运动时指人体外部反应从开始到运动完成的时间间隔。由于知觉与运动是两种不同的过程，因此反应时和运动时没有显著的相关性。运动时的影响因素也比较多，如运动部位、运动形式、距离、阻力、准确度、难度等。

2. 运动输出特性

1)运动速度

运动速度可用完成运动的时间表示，而人的运动时间与动作特点、动作方向、动作轨迹特征等因素有密切关系。

(1)动作特点：人体各部位动作一次的最少平均时间如表7-4所示，由表可知，即使是同一部位，但随着动作特点不同，其动作一次所需的最少平均时间也不同。

表 7-4 人体各部位动作一次的最少平均时间

动作部位	动作特点		最少平均时间/s
手	抓取	直线的	0.07
		曲线的	0.22
	旋转	克服阻力	0.72
		不克服阻力	0.22
脚	直线的		0.36
	克服阻力		0.72
腿	直线的		0.36
	脚向侧面		0.72～1.46
躯干	弯曲		0.72～1.62
	倾斜		1.26

(2)动作方向:由于人体结构的原因,人的肢体在某些方向上的速度快于另一些方向。运动方向对定位运动时间的影响如图 7-19 所示。该图中同心圆表示相等的距离,被试者的手从中心起点向不同方向做距离为 40 cm 的定位运动,其手向各个方向运动的时间差异如图中曲线所示,表明从左下至右上的定位运动时间最短。

试验表明,运动方向和距离对重复运动速度也有影响。使被试者在坐姿平面向 0°、±30°、±60°、±90°七个不同方位进行重复敲击运动,设定距离分别为 10 cm、30 cm、50 cm 三个等级,其试验结果如图 7-20 所示,大致可分成中等区、最快区、最慢区三类区域。当运动距离小于 10 cm 时,各方位敲击速度差异不大;当运动距离大于 30 cm 时,各方位敲击速度差异明显,而且差异随着运动距离的增大而增大。

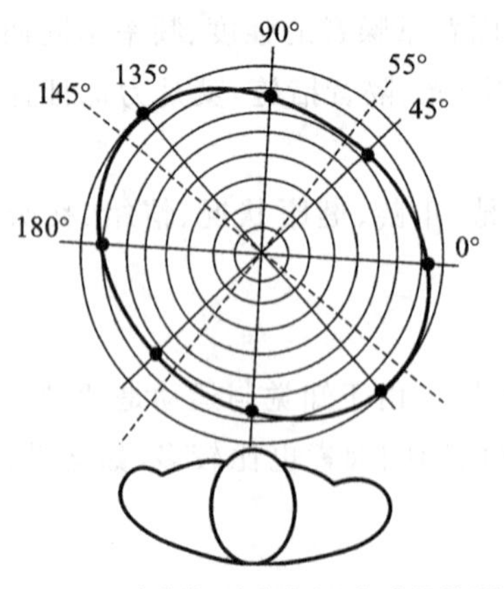

图 7-19 运动方向对定位运动时间的影响

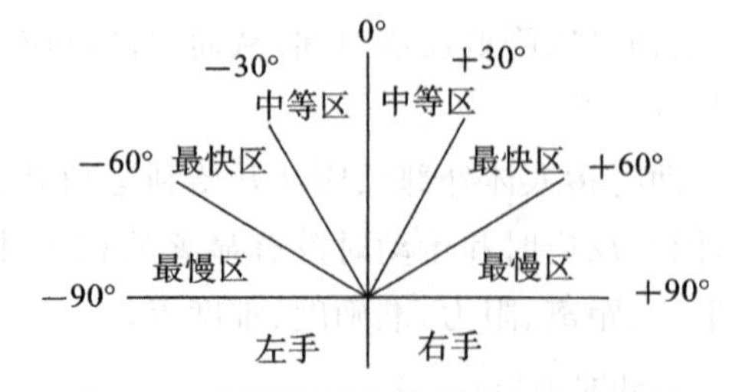

图 7-20 不同区域内手指敲击速度差异

(3)动作轨迹特征。

研究表明,动作轨迹特征对运动速度的影响极为明显,有以下几个基本结论:

①连续改变和突然改变的曲线式动作,前者速度快,后者速度慢;

②水平动作比垂直动作的速度快,从上往下快于从下往上;

③一直向前的动作速度，比旋转时的动作速度快1.5～2倍；

④圆形轨迹的动作比直线轨迹的动作灵活；

⑤顺时针动作比逆时针动作灵活；

⑥手向着身体的动作比离开身体的动作灵活，向前后的往复动作比向左右的往复动作速度快。

2)运动准确性与影响因素

准确性是判断运动输出质量高低的一个重要指标。在人机系统中，如果操作者发生反应错误或准确率不高，即使其反应时间和运动时间都极短，也不能实现系统目标，甚至会导致事故。影响运动准确性的主要因素有运动速度、运动方向、操作方式等。

(1)运动速度：运动速度与准确性之间存在着互相补偿关系，描述其关系的曲线称为速度-准确率特性曲线(见图7-21)。该曲线表示速度越慢，准确性越高，但速度下降到一定程度后，曲线渐趋平坦。这说明在人机系统设计中，过分强调速度而降低准确性，或过分强调准确性而降低速度都是不利的。曲线的拐点处为最佳工作点，该点表示运动时间较短，但准确性较高。随着系统安全性要求的提高，常将实际的工作点选在最佳工作点右侧的某一位置上。

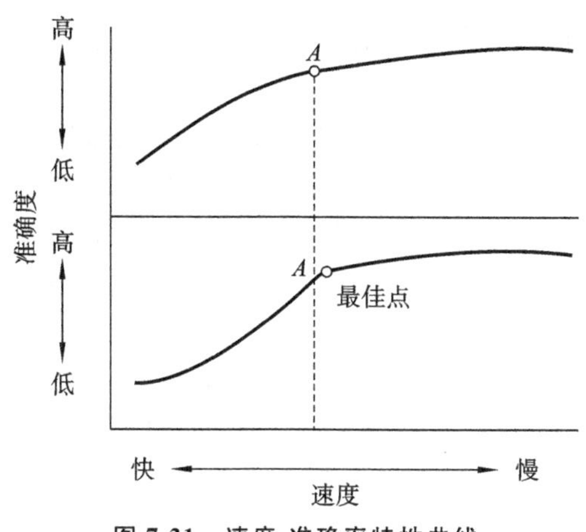

图7-21 速度-准确率特性曲线

(2)运动方向：图7-22为手臂运动方向对连续控制运动准确性影响的实验结果。当被试者握尖笔沿图中狭窄的槽运动时，笔尖碰到槽壁即为一次错误，此错误可作为手臂颤抖的指标。结果表明，在垂直面上，手臂做前后运动时颤抖最大，其颤抖是上下方向的；在水平面上，手臂做左右运动时颤抖最小，其颤抖是前后方向的。

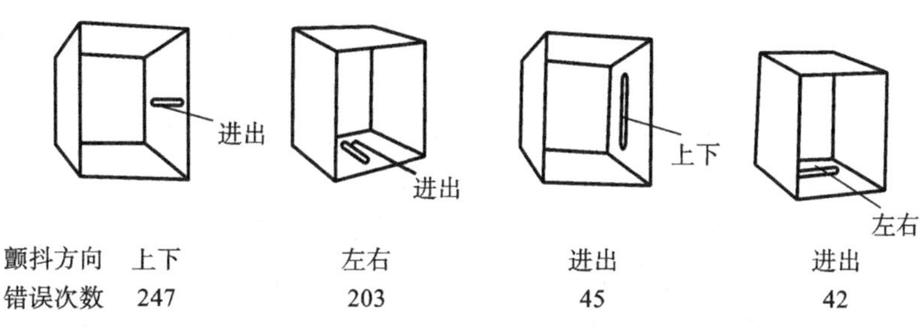

图7-22 手臂运动方向对连续控制运动准确性的影响

(3)操作方式:由于手的解剖学特点和手的不同部位随意控制能力的不同,手的某些运动比另一些运动更灵活、更准确,其对比分析结果如图7-23所示,上排优于下排。该研究结果对人机系统中控制装置的设计提供了有益的思路。

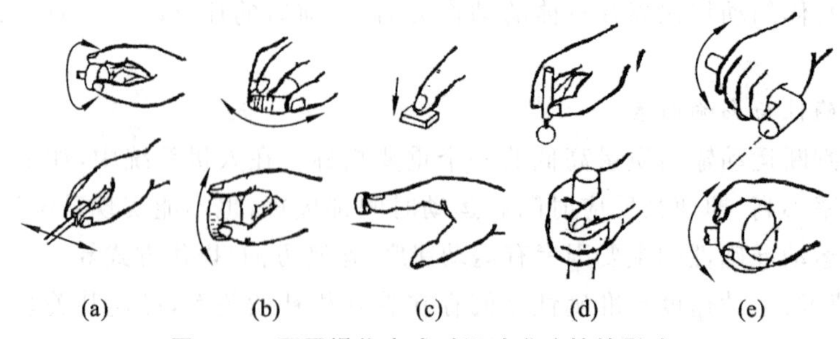

图7-23　不同操作方式对运动准确性的影响

7.3.3　常用操控装置

操控装置的种类很多,一般有以下几种分类:

(1)按操控方式的不同,可以将操控装置分为手控操纵装置、脚控操纵装置、声控操纵装置,也可以分为直接操控装置和遥控装置。

(2)按操控功能的不同,操控装置一般分为开关式操控装置、转换式操控装置、调节式操控装置等。

(3)按操控运动轨迹的不同,操控装置可以分为旋转式操控装置、移动式操控装置和按压式操控装置。例如,手轮、旋钮、方向盘是旋转式操控装置,可以用来改变产品的工作状态,也可以将系统的工作状态保持在规定的工作参数上;手刹、闸刀开关、操纵杆是移动式操控装置,可以使系统从一个工作状态转换到另一个工作状态,或作为紧急制动使用;按键、键盘等属于按压式装置,它们具有占空间小、排列紧凑的特点。

尽管操纵装置类型多样,但其设计中的人机工程学要求是一致的。操控装置的设计主要考虑两个方面的因素,一个是用户的操控能力,如动作速度、肌力大小等,另一个是操控装置的形状、大小、操控力等是否符合人的生理、心理特征。本书主要对手控操纵装置和脚控操纵装置的设计进行分析。

7.3.4　手控操纵器设计

人与手控操纵器(图7-24)进行交互的过程中,由于作业的特殊性,操作者的视觉注意力主要集中在操纵器之外,如汽车驾驶过程中驾驶员的视觉注意力主要集中于目标道路,挖掘机作业中操作者注意力主要集中于挖掘目标。在与手控操纵器交互的过程中,信息主要由触觉提供,接触是人与操纵器交互的基础,特别是在视觉判断严重受干扰的情况下,动作必须根据触觉来产生。因此在手控操纵器的设计上,主要以使用者的触觉特性作为参考。

手控操纵器在人的动作执行中占有很大的使用频率,长期使用不合理的操作手把会使操作者的手部产生痛觉、出现老茧甚至变形,直接影响使用者的情绪、劳动效率和劳动质量。因此,手控操纵器的外形、尺寸等应在满足使用要求外,尽可能地贴合操作者的手部结构、尺度及其触觉特征。设计合理的手控操纵器,主要有以下几个因素需要考虑:

(1)操纵器的形状要与手的生理特征相适应。就手掌而言,掌心部位肌肉最少,指骨间肌和手指部分是神经末梢满布的区域;而指球肌、大鱼际肌、小鱼际肌是肌肉丰满的部位,能对外部载荷进行有效的缓冲。设计手把形状时,应避免将手把丝毫不差地贴合于手的握持

图 7-24 手控操纵器

空间，更不能紧贴掌心。手把着力方向和振动方向不宜集中于掌心和指骨间肌，因为长期使掌心受压受振可能会引起难以治愈的痉挛，至少容易引起疲劳和操作不准确（图 7-25）。

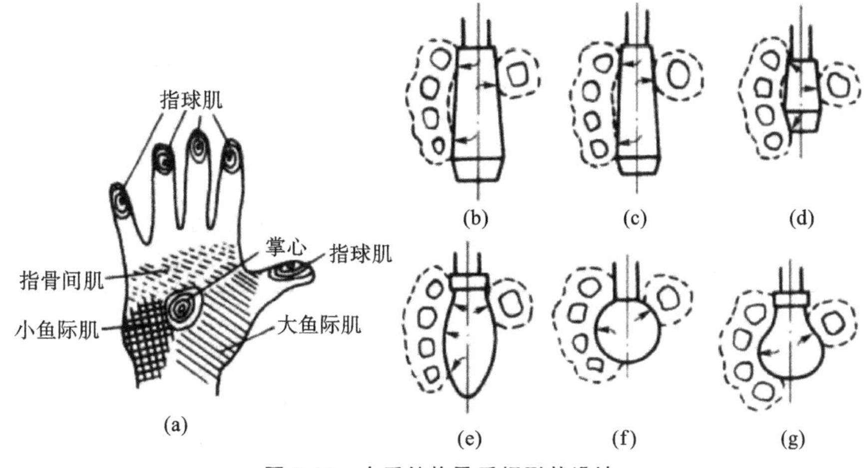

图 7-25 人手结构及手把形状设计

（2）操纵器形状应便于触觉对它进行识别。在使用多种控制器的复杂操作场合，每种操纵器应有不同的形状，防止操作者混淆而导致误操作。操纵器的形状要与其功能相匹配，比如转动式操纵器一般设计成圆环状，推拉式操纵器一般设计成杆形，按压式操纵器一般以圆形或方形按钮的形式出现。

（3）操纵器尺寸应符合人手尺度的需要。要设计合适的手控操纵器，必须考虑手幅长度、手握粗度、握持状态以及触觉的舒适性。通常手把的长度必须接近和超过手幅的长度，使手在握柄上有一个活动和选择的范围。手把的径向尺寸必须与正常的手握尺度相符或小于手握尺度，若径向尺度过大，则人手握不住手把；若径向尺度过小，则手部肌肉会过度紧张而疲劳。另外，手把的结构必须能够保持手的自然握持状态，以使操作灵活自如。同时为保证握持的舒适性，手把外表面应平整光洁，在需要较大摩擦力支持的情况下，握持表面可以增加粗糙度或者配备相应的防滑装置。

（4）要考虑设计适宜的操纵力范围。操纵器所需的操纵力要适中，不仅要使操纵力不超过人的最大用力限度，而且应使操纵力保持在人最合适的用力水平上，使操作者感到舒适。人在使用手控操纵器时，需要通过操纵力的大小来调节操纵活动，操纵力过大或过小都会影响活动的精准度，同时影响操作者的使用舒适度。

7.3.5 脚控操纵器设计

脚控操纵器主要用于需要较大操纵力(超过150 N)的场合,或需要连续操作而又不方便使用手的场合,以及手的操作负荷太大,采用脚控操纵器可减轻上肢负担和节省时间的情况。通常脚控操纵是在坐姿且有靠背支持身体的状态下进行,一般用右脚操纵,用力大时使用脚掌,快速操作的情况下使用脚尖操作,保持脚后跟不动。立位时不宜采用脚控操纵器,因操作时体重压于一侧下肢,极易引起疲劳。若必须采用立位操作脚控操纵器,则脚踏板离地不宜超过15 cm,踏到底时应与地面相平。

1. 适宜的操纵力

脚控操纵器主要有脚踏压钮、脚动开关和脚踏板,一般选用前两种,在操纵力大于150 N且需要连续用力时才选用脚踏板。为了防止无意踩动,脚控操纵器至少应有40 N的阻力,其适宜用力如表7-5所示。

表7-5 脚控操纵器的适宜用力

脚控操纵器	适宜用力/N	脚控操纵器	适宜用力/N
休息时脚踏板受力	18～32	离合器最大蹬力	272
悬挂脚蹬	45～68	方向舵	726～1814
功率制动器	0～68	可允许的最大蹬力	2268
离合器和机械制动器	0～136		

2. 脚控操纵器的尺寸

脚踏板一般设计成矩形,其宽度与脚掌等宽为佳,一般大于2.5 cm;脚踏时间较短时,踏板最小长度为6～7.5 cm;脚踏时间较长时,踏板长度为28～30 cm。踏板自由行程应为6～17.5 cm,表面最好有防滑齿纹。脚踏按钮是取代手控按钮的一种脚控操纵器,可以快速操作,其直径为5～8 cm,自由行程为1.2～6 cm。

7.3.6 操纵器编码与选择

当选择了适当的操纵界面之后,就得考虑如何让用户快速识别操纵器,合理的操纵器编码可以提高用户的操纵正确性,减少训练时间。操纵器的编码一般有形状编码、尺寸编码、色彩编码、材质编码等多种形式。

选择操纵器编码方式时要考虑用户的要求、用户已经在使用的编码方式等因素,尽可能减少用户的训练成本,提高工作效率和准确性。

1. 形状编码

形状编码使不同功能的操纵器具有各自不同的形状特征,便于识别。形状编码所采用的形状最好能对它的功能有所隐喻和暗示,以利于辨识和记忆;同时尽量保证在不观看的情况下或戴着薄手套时,也能通过触觉正确辨别。

2. 尺寸编码

尺寸编码是通过操纵器的尺寸差异来使之互相区分。一方面,由于操纵器的尺寸需要和手、脚等人体尺寸相适应,所以其尺寸的变动范围是有限的。另一方面,测试表明,大操纵器要比小操纵器大20%以上,才能让人较快地感知其差别,起到有效编码的作用。所以尺寸编码能划分的级别有限，一般分为大、中、小三个级别的尺寸编码。

3. 色彩编码

色彩编码是利用色彩的差别来进行操纵器编码。色彩和形状一样，能够传递信息。当某个特定的意义能够和色彩联系起来的时候，色彩是最为有效的编码方式。由于人只能在照明条件良好的情况下有效地识别色彩信息，因此一般色彩编码不会单独使用，通常会与形状编码、尺寸编码结合使用。人眼虽然能识别很多色彩，但在设计操纵器时不宜使用过多色彩，以防混淆，增加识别难度。

4. 材质编码

根据材质所带来的物体表面肌理的不同，可对操纵器进行编码。这种编码方式一般运用于夜间操控或者操控者不能直接观察操纵器的情况下。

5. 位置编码

位置编码就是利用操纵器所处位置的不同而进行的编码方式，它可以通过视觉进行识别，也可以通过动觉进行识别。位置编码一般以用户的使用习惯为设计前提，根据用户长期作业过程中形成的操作习惯，按操作的频率将操纵器布置在特定的位置，以增加作业者的作业流畅度和效率。比如键盘各个按键的位置摆放，使用户可以在不看键盘的情况下盲打。

6. 标志编码

当操纵器数量较多，利用其他编码方式难以分清时，可在操纵器上面或附近用适当的文字或符号进行标注。采用标志编码时要注意标志的可辨识性，并考虑照明的因素；标注的文字尽可能简洁，符号要尽可能形象化，与操纵器的功能相匹配。

7.3.7　显控协调性设计

在人机系统中，显示界面和操控界面共同构成了物化的人机界面。显控协调性设计是指操作者的动作行为和系统的装置布局保持某种对应的关系，使操作过程更加流畅协调，提高工作效率以及避免误操作。对于显示与操控的协调性设计，应根据人机工程学原理和人的习惯定式等生理、心理特点进行，一般应遵循以下原则：

1. 量比协调性

量比协调性是指操作者通过操控界面产生的操控量在显示界面上以协调的比例呈现出来，也就是说，操作者通过操控装置对机器进行定量调节或连续控制，操控与显示的变化幅度要保持一定的协调关系。量比协调性与装置的灵敏度有关：灵敏度低，则操控量大而显示的移动量小，表现不明显；相反，灵敏度高，则较小的操控量就能表现出明显的显示变化。灵敏度过高或过低都会影响装置的操控准确性，对于一般的调节来说，通过粗调和精调相结合的方式进行较好，如显微镜的调节，在放大区域与目标区域之间的偏差较大时，可以先使用粗调旋钮进行调节，找到目标区域之后再用精调旋钮进行精准控制(图 7-26)。

2. 概念协调性

概念协调性是指显示与操控在概念上要保持一致，这与操作者长期形成的思维定式有关，同时要求显示与人的期望相一致。比如启动键一般用绿色表示，暂停键用红色表示。

3. 空间协调性

空间协调性是指显示与操控在空间位置上形成一种映射关系，符合用户的期望，主要包

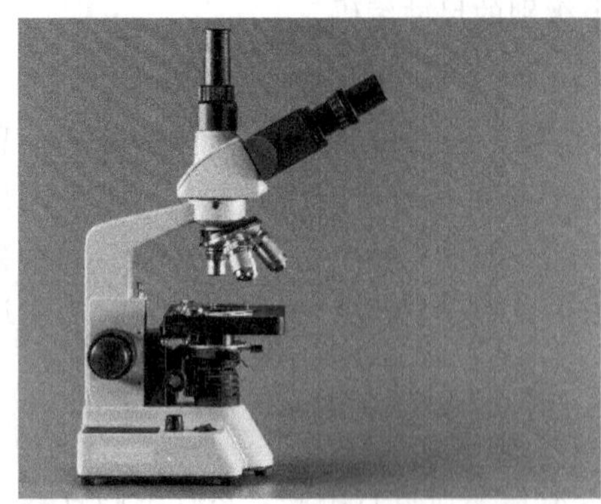

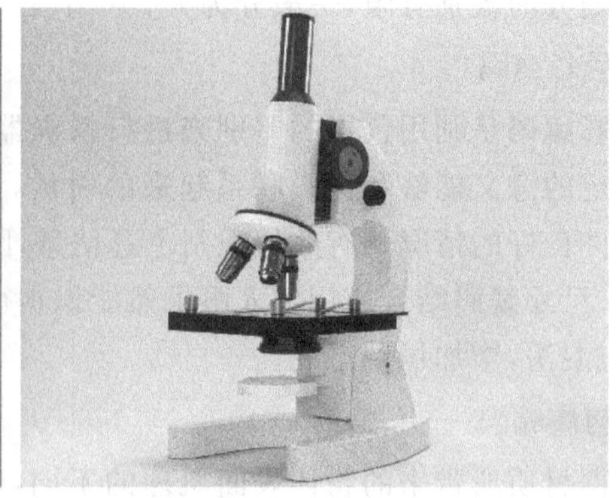

图 7-26　显微镜上的粗调和精调

括显示与操控在设计上存在相似的形式特性，以及显示与操控在布置位置上存在对应关系或者逻辑关系。例如汽车车窗按钮与车窗位置相对应(图 7-27)；煤气灶的两个灶眼与两个控制旋钮分别对应(图 7-28)，达到准确控制的目的。

图 7-27　汽车车窗按钮与车窗位置对应

图 7-28　煤气灶的灶眼和控制旋钮对应

4. 运动协调性

根据人的生理和心理特性，人对显示界面和操控界面的运动方向有一定的习惯定式，一般来说，人认为顺时针方向或者自下而上的方向是增加的方向，反之则是减少的方向。控制器的运动方向与显示器或执行系统的运动方向在逻辑上要保持一致。例如飞机在爬升的操作中，驾驶员需要将操作杆向后拉，使机头抬起(图 7-29)；在机械表中，旋钮调节方向与指针运动方向一致(图 7-30)。

图 7-29　飞机爬升时向后拉动操作杆

图 7-30　机械表中旋钮调节方向和指针运动方向一致

7.4 交互设计

7.4.1 交互设计的含义

交互设计(interaction design,IXD)常常被人误解为只是人机界面的设计,是艺术设计的一部分,所以很多人认为交互设计的重点是美感,是让人感觉愉快、舒服;又或者把交互设计和交互技术混为一谈,认为交互设计就是语音技术、手势输入技术等。其实,交互设计是基于对人的认知心理学和生理学等的深入了解而发展起来的一门综合性很强的应用学科[43][44]。它既要求交互设计工程师对相关领域的技术有深刻理解,又要求其具备心理学、美学乃至社会科学的知识,是一门综合性很强的学科。夏普(Sharp)等人给出的交互设计的定义是"designing interactive products to support the way people communicate and interact in their everyday and working lives",即"交互设计就是为用户创造与系统交流、对话的空间,增进他们在工作和日常生活中使用产品的体验,在提高工作效率的同时,还能增进愉悦感和满足感"。

交互设计又称互动设计,是定义、设计人造系统的行为的设计领域。它涉及多个领域,包括工业设计、视觉设计、心理学、计算机科学等,是一种将人机工程学、人机交互学及相关学科的研究成果运用到实际产品设计领域的技术方法。它借鉴了传统设计、可用性及工程学科的理论和技术,是一个具有独特方法和实践的综合体,而不只是部分的叠加[45]。交互设计师要从有用性、可用性和情感因素等方面来评估设计质量。

中国国家数字图书馆交互设计原型如图7-31所示。

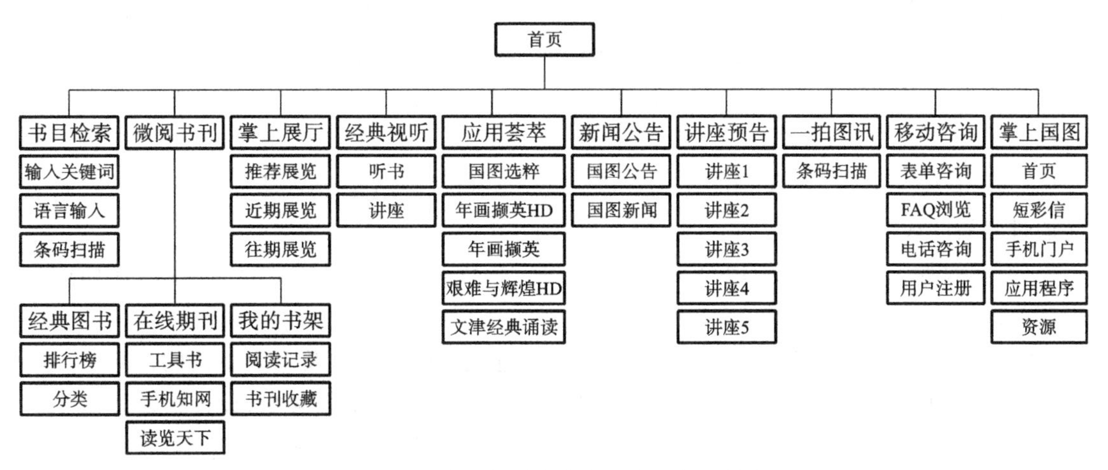

图7-31 中国国家数字图书馆交互设计原型图

交互界面行为流程如图7-32所示。

7.4.2 交互设计的目标和原则

1. 交互设计的目标

通过对产品的界面和行为进行交互设计,使产品和它的使用者之间建立一种有机关系,从而有效达到使用者的目标,这就是交互设计的目的。简单来说,交互设计的目标可以归纳

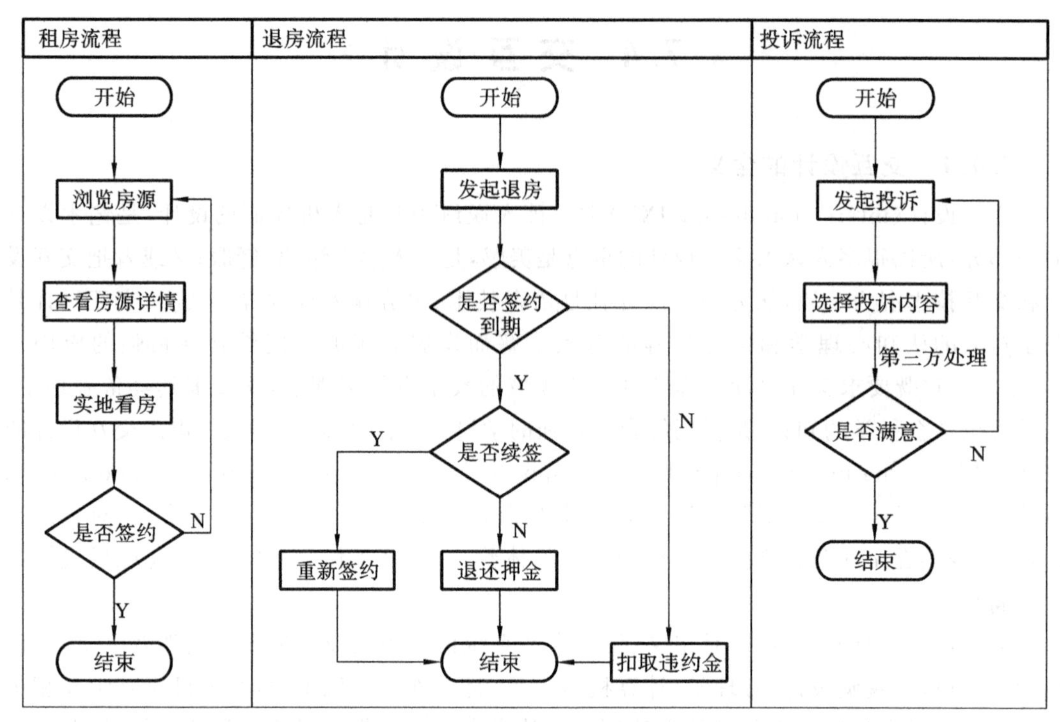

图 7-32　交互界面行为流程

为可用性目标和用户体验目标[46]。

1）可用性目标

可用性是指产品是否易学、使用是否有效果以及通用性是否良好等。它涉及优化人与产品的交互方式，从而使人们能更有效地进行日常工作、完成任务和学习。它实际上是一个以用户为中心，综合考虑用户多方面使用感受的一种属性，一般认为它有以下六个方面的特征：

（1）可行性。可行性是可用性目标最常见、最基本的特征，指产品是否可行，即用户是否能通过产品完成需求。

（2）有效性。有效性是指用户在执行任务时，产品支持用户的方式是否有效，从而避免烦琐的操作。

（3）安全性。安全性关系到对用户的保护，以避免发生错误以及令人不快的情形。用户在操作系统的过程中难免会出错，为了避免操作失误对结果产生的影响，设计师需要对用户的交互做出相应的改良。在进行交互设计之前，需要先分析用户在某项操作中的错误频率、错误产生原因等。

（4）通用性。通用性指产品是否提供了正确的功能接口，以便用户可以做他们需要做的事情。换句话说，通用性是指产品或系统是否能够满足不同人群的使用需求，是否能使用户以适合自己的方式完成任务。

（5）易学性。易学性是衡量产品是否容易使用的标准，它指的是用户在学会使用新产品或者新系统时所需要花费的学习时间。一般而言，一个良好的交互系统应当具有较高的易学性，用户使用较短的时间就能学会如何操作它，从而降低用户的学习成本，达到良好的用户体验。

(6)易记性。易记性能在很大程度上降低用户的使用成本,一个好的系统,用户只需学习一次便可完成后续任务,此外,用户学会使用这个系统之后,隔段时间再使用时无须再次学习,简单熟悉下便可上手使用。

2)用户体验目标

对于用户来说,一件产品只满足可用性是远远不够的,他们更希望产品在实现可用性的基础上为自己带来良好的体验,比如产品的操作令人满意,使人开心,让人富有成就感、获得心理上的满足等。交互设计不仅是为了提高工作效率,它和用户体验是息息相关的,随着时代的发展,人们越来越关心产品在其他方面的品质。

用户体验是用户在使用产品的过程中产生的内在心理感受,是用户在形体、情感、知识上的参与所得。用户体验目标和可用性目标不同。用户体验目标是从用户的角度出发,强调用户与产品的主观交互体验;而可用性目标是从产品的角度来评价系统是否好用。

图 7-33 微信改版后的浮窗效果

近年来,用户对产品的要求越来越高,过去人们追求多功能、外观炫酷的产品,现在人们则倾向于把可用性好、体验佳作为选择要素。因此用户体验的概念需要在产品设计的初期开始注入,使其贯穿于整个设计过程。用户体验是衡量产品交互系统的优劣的重要指标,是产品开发成功与否的关键要素。重视用户体验可以使产品更好地贴合用户需求,减少用户使用过程中的不适感,从而降低产品的迭代成本,促使产品获得成功。微信的改版就是一个很好的例子,改版以前,当你在看公众号文章时,突然好友发来一个消息,你回复消息之后想回到那篇文章就很难了;而改版之后,文章能够自动形成浮窗,方便下次直接阅读,也可以自己设置浮窗,系统直接最小化到左上角,极大地方便了用户下次浏览(图 7-33)。

2. 交互设计的原则

交互设计原则是关于行为、形式与内容的普遍适用法则。很多时候,用户使用某个产品时会产生“这个产品使用起来不方便”“这个界面看着乱”“我弄不懂它怎么使用”等抱怨,归根结底是产品在设计时忽略了一些必要的设计原则。为了满足用户的使用需求,在产品交互上给予用户最大的舒适度,在长期的设计实践中,交互设计师们根据自身积累,总结出了一套为设计师群体所认可的准则,具体如下[47]:

1)以用户为中心原则

好的设计一定是建立在对用户需求的深刻理解上,以用户为中心原则要求按照用户的使用习惯进行设计,提示和引导用户而不是教育用户,以用户的满意度为基本的衡量标准。在设计中,一般有以下要素被用来指导交互设计,使用户体验最大化:

(1)同理心。同理心即换位思考，在设计实践中，设计师需要把自己放在用户的位置上，从用户的角度出发来考虑产品该如何设计以及设计是否合理。设计师站在用户的角度思考和处理问题，把自己放在产品的使用环境中，能够更好地体会用户的立场和感受，理解用户的行为特点和行为差异。同理心是用户体验设计的基础，它要求设计师在日常生活中多替他人着想，在设计中对用户进行深入的调研，同时需要设计师具备一定的设计经验。

(2)简洁。简洁并不等于简单，简洁的交互界面是设计师在深刻理解用户需求的基础上，根据用户的操作行为、信息架构等因素深思熟虑后所设计的界面，不是产品功能的简单堆砌和信息的杂乱摆放，而是一个满足用户特定需求、具有流畅的操作性的赏心悦目的界面。

图 7-34　微信推出的小额免密支付

(3)帮用户处理一些事情。在用户使用产品时，有很多地方系统可以代替用户进行操作，这样可以帮助用户更省心、更有效率地完成任务。比如很多在线购物网站推出了免密支付，设计师根据用户习惯，在系统设计时加入小额商品免密支付的操作方式，这样一来就减少了用户多余的操作，使用户获得更舒适的体验(图 7-34)。帮用户处理一些事情，其实就是充分利用网络系统在运算速度上的优势辅助用户，让用户快捷、方便地完成任务。

(4)使用的灵活性和高效性。不同用户会有不同的使用习惯，设计师在进行交互设计时需要考虑用户的个性化需求，即产品在操作上更加灵活，用户可以根据自身喜好来定义操作方式和操作界面，允许用户定制可能经常使用的操作。比如很多网站搜索栏下方显示的快速链接，就是根据用户的浏览特性，以最快的方式帮助用户直达想要的结果(图 7-35)；此外，网站的书签和收藏夹也是提升用户使用灵活性的一种方式。

图 7-35　网站搜索栏下方显示的快速链接

2)交互一致性原则

交互一致性原则包含以下几个内容:设计目标一致,如果追求操作简单,那么就要贯彻始终;外观一致,如果追求华丽的视觉效果,那么就要避免出现朴素的风格;行为一致,交互对象在相同的交互方法下产生的交互事件保持一致。

3)简单可用原则

简单可用原则包含以下几个内容:简化界面元素,将一致的元素归类在一起;简化逻辑概念,使交互方式容易理解,易于控制。

7.4.3 交互设计的方法和过程

1.交互设计的方法

交互设计要求在整个设计过程中把用户作为设计的核心和基础。产品的规划从用户的需求出发,概念的产生和选择以对用户的研究为基础和依据,对原型的评估也将用户的反馈作为评判标准。目前交互设计主要包括以下两种方法。

1)以活动为中心

以活动为中心的设计(activity-centered design,ACD)是交互设计中以人为本的设计理念的延伸,它关注的是用户的行为,力图从用户行为中分析出解决方案。换句话说,ACD要求关注操作而不是关注单个的用户,即让操作方式来定义产品和结构,依据操作的概念模型来建立产品的概念模型。

以活动为中心的设计方法强调先理解活动,由于人们对手边的工具都比较熟悉,如果理解了人们通过这些工具所进行的活动,就有利于进行这些工具的设计。以活动为中心的设计允许设计师密切关注手中的工作并创建对活动的支持,非常适合于具有复杂活动或大量形态各异用户群体的产品。

2)以目标为导向

目标导向设计(goal-directed design)是一种面向行为的设计,通过理解用户动机和目标来设计实现该目标的合适的交互方式。理解用户目标是目标导向设计的起点,在用户目标中又包含了用户的期望、动机、需求和使用情景,这些因素共同驱动用户去完成过程任务,以达到目标。

2.交互设计的过程

一般而言,交互设计师都遵循类似的步骤进行设计,为特定的设计问题提供某个解决方案。设计流程的关键是快速迭代,换言之,建立快速原型,通过用户测试改进设计方案。而在实际的设计项目中,交互设计通常作为整个产品规划与开发过程中的一个组成部分,与其他的设计部分(如系统设计、工业设计和面向制造的设计)紧密联系。交互设计的过程主要包括以下几个方面:

1)建立用户需求

交互设计的优劣在很大程度上取决于未来用户的使用评价,因此在开发的最初阶段要重视系统人机交互部分的用户需求。必须尽可能广泛地向未来的直接或潜在用户进行调查,也要注意调查人机交互涉及的硬、软件环境,以增强交互活动的可行性和易行性。通常把建立用户需求作为交互设计的起点,设计人员必须了解谁是目标用户,他们有哪些需要没有得到满足,这些需要是构成产品开发的基础。

2)概念设计

概念设计是在进行详细的用户调研的基础上展开的,首先要调查用户的类型,定性或定量地测量用户特性,了解用户的技能和经验,预测用户对不同交互设计的反应等。然后构思针对用户需求的最合理的解决手段,包括概念生产、概念选择和概念测试。

3)方案原型化

随着设计过程的深入,需要将设计概念具体化,以便后续评估工作的开展以及发现问题所在。根据用户特性、系统任务和环境制定最合适的交互类型,包括确定人机交互任务的方式,估计能为交互提供的支持级别,预测交互活动的复杂程度等。制作原型是在设计人员关心的一个或多个维度上对最终产品的一种预期,目的是便于设计团队内部与用户之间进行交流和评价。

4)设计评估

评估是为了预测最终产品的可用性和用户体验程度,可以使用分析方法、实验方法、用户反馈以及专家分析等方法。可以对交互系统的客观性能进行测试,或者按照用户的主观评价及反馈进行评估,以便尽早发现错误,改进和完善交互系统的设计。评估增强了用户对产品的参与程度。

交互设计是一个循环上升、逐渐趋近最终产品的过程,具体项目中的循环次数由团队可支配的资源决定。以用户为中心的思想是贯穿交互设计始终的重要思想,同时要把握用户的参与程度。设计和评估不是单向流程上的两个节点,而是交织在一起,相辅相成的。评估存在于整个设计项目的每个阶段,不同的阶段有着不同的评估方法,以便及时发现问题并调整和改进。

7.4.4 交互设计的发展趋势

1.自然交互

自然交互可以理解为利用人类的日常交流方式与计算机进行交互。在人与人的交流中,人类可以利用语音、肢体、手势、眼神等方式实现交互。随着计算机技术、网络技术、模式识别技术以及虚拟现实技术的发展,采用上述方式与计算机交流并进行协同工作已经成为事实,未来也将不断向前发展[48]。

2.语音交互

语音交互是人们日常生活中最常见的交互方式,用语音控制计算机并与其进行交互是人类一直以来所追求的目标。目前越来越多的设备都支持语音交互,如小米智能家居,通过"小爱"智能音响实现生态链产品的语音控制;蔚来 ES8 中搭载的 NOMI 智能助手,可以识别用户的语音,进行相应的操作等(图 7-36)。

3.普适计算

普适计算也称环境智能,指人机交互的最终方法是删除在环境中的计算机的桌面和嵌入。它强调和环境融为一体的计算,而计算机本身从人们的视野中消失。在普适计算的模式下,人们能在任何时间、任何地点以任何方式进行信息的获取与处理。

4.体感交互

体感交互是一种直接利用躯体动作、声音、眼球转动等方式与周边的装置或环境进行互

图 7-36　蔚来 ES8 搭载的 NOMI 智能助手

动的交互方式。相对于传统的界面交互(WIMP),体感交互强调利用肢体动作、手势、语音等现实生活中已有的知识和技能进行人与产品的交互,通过看得见、摸得着的实体交互设计帮助用户与产品、服务以及系统进行交流。比如微软公司出品的 XBOX ONE 游戏机就支持用户使用肢体对系统进行操作(图 7-37),玩家可以通过调动自身的肢体来实现切、跳、跑等动作,使自己真正进入游戏情景。

图 7-37　XBOX ONE 游戏机支持用户使用肢体操控

5. 视线追踪

视线追踪是一种旨在帮助研究人员理解视觉注意的技术,通过视线追踪可以检测到用户在某个时间注视的位置、注视时间以及眼球运动的轨迹。当用户观察外部信息的时候,眼睛会自主和其他一些外部活动信息协调工作,因此通过视线追踪可以了解用户的感兴趣区域、目的和需求,这就使得在人机交互中对有价值的信息的提取成为可能,视线追踪由此也成为一种新兴的人机交互方式。例如,辅助驾驶系统会根据驾驶员的眼神变化来判断其是否处于变道状态(图 7-38)。在变道前,驾驶员的视线会从当前车道向目标车道转移,同时会提高对后视镜注视的频率,基于此,辅助系统可以了解驾驶员的变道意图,同时自动检测外部环境,分析变道是否安全。

6. 虚拟现实

虚拟现实是近年来出现的高新技术,它通过计算机模拟出一个三维的虚拟世界,使用户

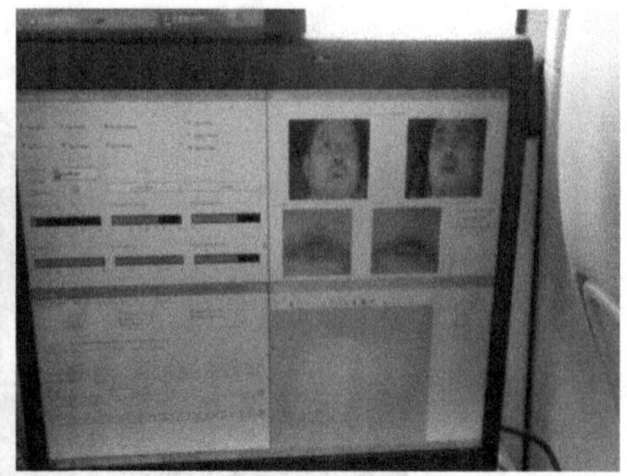

图 7-38 辅助驾驶系统利用视线追踪分析驾驶员变道意图

用户得到逼真的视觉、听觉、触觉等感官体验，产生身临其境的感觉。虚拟现实与人机交互的结合显现出巨大的优势，逐渐成为交互设计最前沿的应用之一。

与传统的桌面级人机交互不同，在虚拟现实系统中，操作者可以通过头戴显示器、人体姿态传感器等虚拟现实装备接入虚拟场景，在虚拟场景中对物体进行操作，并获得实时操作反馈信息，是一种具备多感知性、高真实性的沉浸式人机交互技术。人在三维虚拟场景中不仅可获得沉浸式漫游体验，加入体感设备后，还可以获得近乎真实的交互体验。在人机交互技术中融入虚拟现实技术，将使人机交互模式更多种多样，人可以通过肢体实现输入，计算机也能通过头戴式显示器、环幕等虚拟现实设备实现三维沉浸式输出。与传统技术相比，虚拟现实人机交互技术具有很多优势，它可以在不具备实物的情况下，通过虚拟现实设备搭建虚拟场景，模拟出该实物所能达到的预期效果。例如在汽车设计制造领域，驾驶模拟器常常用于智能驾驶及人机界面（HMI）的开发与测试，解决研发和设计早期阶段问题，满足研究和评估 HMI 特性的需要，它能够对驾驶员显示信息、驾驶员输入操作装置、驾驶员疲劳及状态检测等 HMI 系统进行可用性、舒适度、系统级别等方面的测试与评估。在智能驾驶开发中，更需要通过动态驾驶模拟器将驾驶员或乘客置于与真实道路环境非常相似的条件中，以唤起、测量、建模以及理解人类、智能驾驶车辆和道路基础设施之间的复杂关系（图 7-39）。

图 7-39 动态驾驶模拟器

7. 情感交互

人类不仅有理性思维和逻辑推理的能力，而且具有情感能力。由于人类的行为、活动不仅取决于理性思维和逻辑思维，还在很大程度上受情感能力的影响，因此在人与计算机的交互中，人们希望计算机具有情感能力。为了实现人机情感交互，人们希望计算机能够模仿人的情绪、感觉和感情等，也就是赋予计算机具有感情的"心"[49]。

人机情感交互就是要赋予计算机类似人一样观察、理解和生成各种情感特征的能力，最终使计算机能够像人一样与人类进行自然、亲切、生动和富有情感的交互。人与人进行交流时，是通过人脸表情、语音情感、带有情感的肢体行为等来感知对方的感情的。

1)人脸表情交互

人脸表情是人与人之间进行交流的一种重要的信息传递方式，它不仅增强了人们的表达效果，而且有助于人们更为准确地理解他人所要表达的含义。在人脸表情交互中，计算机通过对人脸表情的识别，可以感知人的情感与意图(图 7-40)，并合成自身的表情，通过仿生代理与人进行交流。人脸表情交互大多用在智能网联汽车方面，例如东风日产的一款概念车型中加入了人脸表情识别系统(图 7-41)，它能识别驾驶员的情绪和身份，判断驾驶员是否疲劳驾驶等，在很大程度上提升了驾驶体验及驾驶安全。

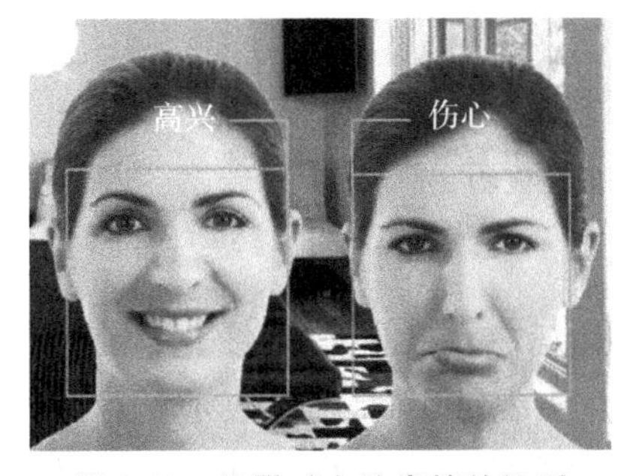

图 7-40 机器对人脸表情的识别

图 7-41 东风日产上搭载的人脸表情识别系统

2)语音情感交互

语音是人类进行交流最直接和最方便的方式，语音不仅包含语义信息，还包含丰富的情感信息。语音中的情感信息可以影响人们的交流状态，例如说话人利用不同的情感表达同一语句时，听者会有不同的反应。语音中包含大量能够体现情感特征的参数，通过分析语音情感信息识别人的情感，是实现人机情感交互的重要环节。

语音情感识别可以帮助用户在和谐、自然的人机交互模式下高效地完成既定的任务。在服务业上，应用语音情感识别技术的自动远程电话服务中心通过理解客户的"话外音"及时发现客户的不满情绪，使得公司能够及时有效地做出变通，最大限度地保留可能的客户资源。在教育业上，具备语音情感识别能力的计算机远程教学系统可及时识别学生的情绪并做出适当的处理，从而提高教学质量。在医学上，拥有语音情感识别功能的计算机能帮助那些缺乏正常情感反应的孤僻症患者反复练习情感交流，逐步达到康复的目的。在娱乐业上，语音情感识别可用于视频点播系统、电子宠物和游戏，如结合语音情感识别技术的视频点播系统能对广播电视节目进行情感标注，根据用户提交的情感需求做出合理的响应，使得用户能随心所欲地看到令自己"高兴"或"难过"的节目；拥有双向语音情感交流能力的电子宠物类似于一个真实的动物，它能丰富人们的生活，帮助孩子学习与生物的情感交流(图 7-42)；

在计算机游戏系统中加入语音情感交互技术，则能够构筑更加拟人化的风格和更加逼真的虚拟场景，这一方面可以降低玩家的疲劳度，另一方面能给予玩家更全面的感官享受，增加游戏的娱乐性。

图 7-42　拥有双向语音情感交流能力的电子宠物

3)肢体行为情感交互

肢体行为可以传达人的情感，因此也可以将其称为肢体语言。肢体语言源于生活，点头、摇头、眼神、手势等肢体动作都是用户情感的流露，比如点头表示认同，摇头表示反对，身体某一部分不断晃动表示情绪紧张等。相对于人脸表情和语音情感的变化，肢体行为变化的规律性较难获取，但由于人的肢体行为变化会使表述更加生动，人们依然给予其强烈的关注。

4)生理信号情感识别

人的情感、情绪与生理信号之间存在一定关联。任何一种情感状态都可能伴随几种生理或行为特征的变化；而某些生理或行为特征也可能源于数种情感状态。生理变化由人的自主神经系统和内分泌系统支配，不受人的主观意识控制，因而运用生理信号（如血压、脉搏、皮肤电阻、心率、脑电图、心电图、瞳孔直径等）进行情感识别具有客观性。

采用具有生理信号情感识别的人机交互系统具有很广阔的应用市场，主要集中于教育培训领域、安全驾驶领域和家庭保健领域等。例如在驾驶过程中，及时监测驾驶员的驾驶情绪并实施相应的辅助措施，可以有效避免路怒引发的车祸。

7.5　案例分析

现代汽车不仅在外观上较过去几十年发生了巨大变化，在驾驶室的设计方面，也从实用、操作简便过渡到注重人机交互体验，智能化、沉浸化越来越受到车企的追捧。汽车驾驶舱不断向信息化和数字化靠拢，在传统人机交互方式的基础上，不断提升用户的操作体验，典型代表有特斯拉、蔚来以及理想等新能源汽车。传统车型在交互方式上以物理交互为主，驾驶员行车过程中的主要操作一般集中在方向盘、制动踏板以及手刹上，次要操作（如控制车窗开闭、空调和座椅等的调节）主要通过物理按键来完成。而在近几年发布的车型中，物理按键逐渐被取消，取而代之的是宽大的中控显示屏，实现“软按键”交互。下面以蔚来 ES8 为例展开分析。

在物理交互方面，蔚来 ES8 依旧遵循了符合人机工程学的设计要点，在方向盘中间区域设置了较为常用的操作按键，包括喇叭、语音控制按钮、定速巡航以及自动驾驶开关等（图 7-43）。在仪表显示上采用了全液晶仪表盘，随时给用户提供准确的数字，带给驾驶员一种直观的感受（图 7-44）。

图 7-43　蔚来 ES8 方向盘按键设置

图 7-44　蔚来 ES8 全液晶仪表盘

在座椅的设计上，蔚来 ES8 充分体现了以用户为中心的理念，设计师根据用户诉求对座椅进行了多次设计更迭，包括坐垫软硬的确定等。在座椅调节方面也充分采用了显控协调的原则，将按键设置在座椅下方，同时座椅的调节方向和按键操作方向协调一致，如调节座椅前后移动的按键，在视觉上呈现为一个横向的矩形，让人一眼识别出这是用来调节座椅前后移动的按键，向前推按键则座椅向前移动；而靠背调节按键呈竖直的矩形状，与靠背的形状相一致，通过按键的前后拨动来控制靠背角度；此外，通过旋转圆形的按键来调节坐垫的坡度（图 7-45）。蔚来 ES8 在设计上严格遵循人机工程学原则，给驾驶员带来了舒适的驾驶体验。

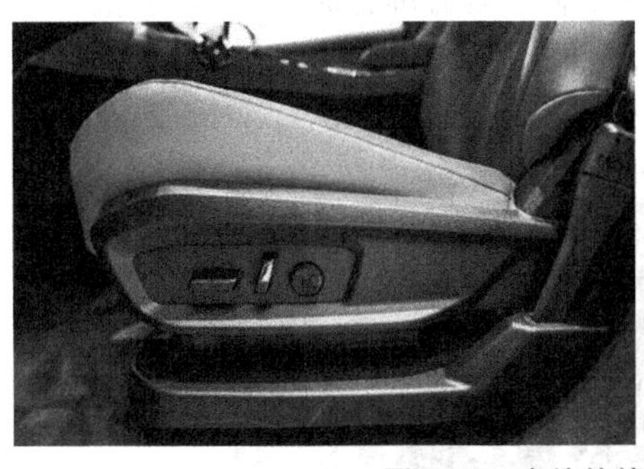

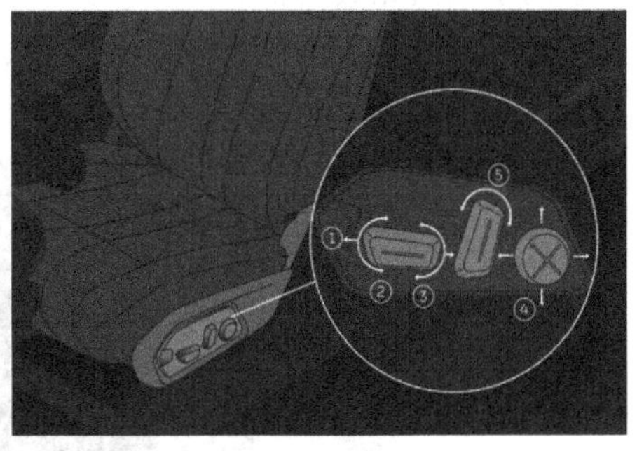

图 7-45　座椅的按键布局和调节方式

此外，在蔚来 ES8 的驾驶舱中，传统的物理按键大多被“软按键”取代，映入眼帘的是一整块的中控屏（图 7-46）。中控屏的界面设计也遵循了人机工程学原则，最大限度地给予驾驶员舒适体验。根据人通过视觉获取信息的规律，蔚来 ES8 将中控显示屏划分为三个区域

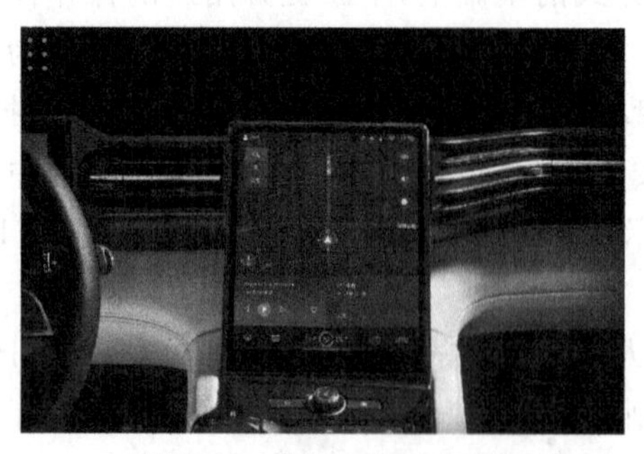
图 7-46 蔚来 ES8 中控屏

(图 7-47),包括离驾驶员最近的最佳交互区、中间的可触区以及最右端的最差交互区。为了实现最佳的人机配合,一些最重要的操作被显示在屏幕的最佳交互区;次要操作集中在可触区,当某些特定的信息需要被用户发现时,它会以动态展示的方式引起用户注意;而在最差交互区一般是配置一些娱乐性的东西,如果将一些重要操作放置在这块区域,容易引起驾驶员操作不良而造成事故,因此该区域主要是为副驾驶提供娱乐服务。

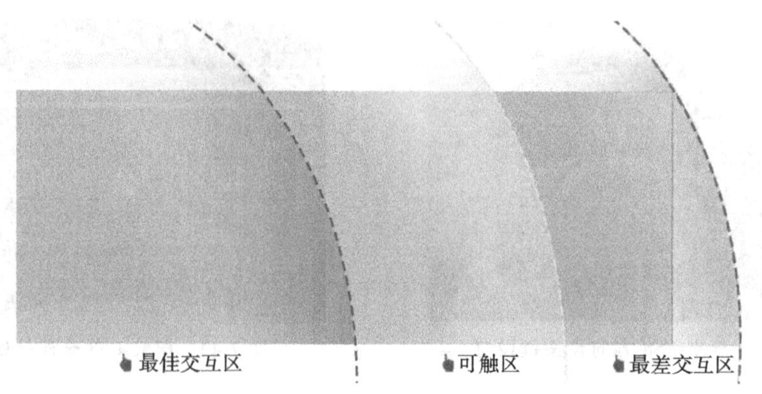

图 7-47 常用中控屏界面划分

蔚来 ES8 更加注重用户的沉浸式体验,在操作上引入自然交互的方式,其中最受人追捧的当属 NOMI 车载智能系统。NOMI 具有强大的功能,它能够完成复杂的自然语言交互和多轮对话,此外,当车主打开车门的那一刻,NOMI 可以把车当成自己的肌体一样,感受到有人进入车内,然后它把头扭向有人开门的方向,和用户打个招呼。NOMI 与车互为本体,是车辆与用户交流的唯一面容和灵魂。作为一个 AI 实体,NOMI 能够通过声音、表情、动作来展示虚拟助手无法完成的精微互动,比如当用户伸手触碰屏幕时,NOMI 会把自己的头稍微降低一点,看看用户想要在屏幕上面做什么,当用户把手收回来,NOMI 的头又会抬回去(图 7-48)。

图 7-48 NOMI 车载智能系统

在蔚来 ES8 中，我们可以发现许多有别于传统交互的东西，比如大面积的液晶显示屏、无接触式交互等。未来随着技术的进步，NOMI 系统也将越来越成熟，最终实现对驾驶员的情感识别，真正实现人机一体化，极大地提高用户的驾乘体验。而不管未来的交互方式怎样变化，人机工程学都是指导交互设计的准则。

第 8 章

人机工程学在基于无障碍思想的设计中的应用

对于老幼病残孕等弱势群体来说，当前社会的空间环境中存在着各种各样的掣肘和障碍。随着社会的进步，以关注和关怀弱势群体为思想核心的无障碍理念应运而生。无障碍思想是一种具有人文主义精神的思想理念，其本质是以人为中心，充分考虑到不同人的不同需求，尽可能地消除障碍，从而让人的活动与发展能够更加方便、舒适地进行。本章主要讲述的无障碍设计、通用设计与包容性设计等设计方法就是以无障碍思想为基础发展而来的，而通过运用这些人性化设计方法，就能最大限度地让老幼病残孕等弱势群体同健全人一般，健康、舒适、便利、安全地生活在同一个社会环境中。可以说，以无障碍思想为基础的设计方法是人机工程学中“以人为本”的设计理念的发展，是社会发展进步的必然选择与必然要求，在当今社会背景下对其进行研究与应用具有深远意义。

8.1 障碍与环境

8.1.1 有障碍人群与能力障碍

有障碍人群即存在能力障碍的人群，在生活中主要指残疾人、老年人、儿童、孕妇等弱势群体。

以残疾人士为例，第二次全国残疾人抽样调查显示，截至 2010 年底，我国残疾人总人数已超过 8500 万人，其中视力残疾 1263 万人，听力残疾 2054 万人，言语残疾 130 万人，肢体残疾 2472 万人，智力残疾 568 万人，精神残疾 629 万人，多重残疾 1386 万人（图 8-1）。各残疾等级人数分别为：重度残疾 2518 万人，中度和轻度残疾 5984 万人。

总残疾人数：8502万人

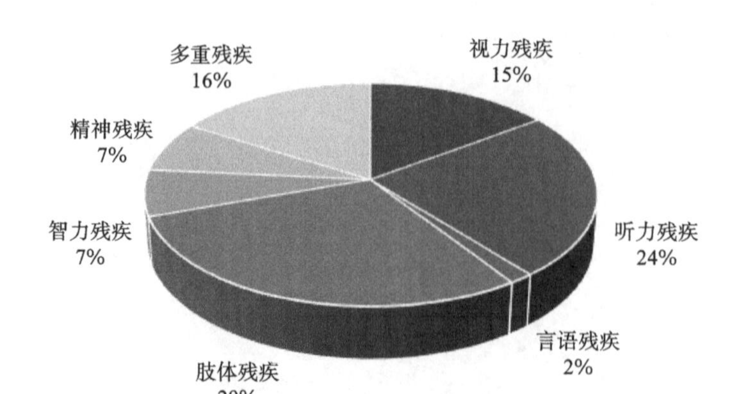

图 8-1　截至 2010 年末全国不同残疾类型人数占比

在残疾人口日益增多和老龄化程度进一步加深的当前社会(图 8-2),有障碍人群作为一类庞大的边缘群体日益受到全社会的重视,成为社会服务中不可忽视的一部分。

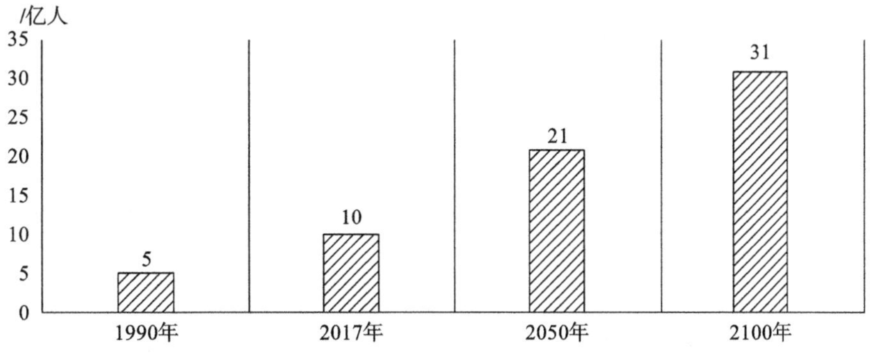

图 8-2　联合国针对全球 60 岁及以上老年人口数据统计及预测

有障碍人群可能存在的能力障碍主要包括信息层面的感觉障碍、行为层面的肢体障碍以及其他类型的障碍(见表 8-1)。多种能力障碍可能会集中出现在同一位有障碍者身上,这样的有障碍者可以称为多重障碍者,反之则称为单一障碍者。对于同一个人而言,在不同阶段和不同环境下可能也会存在不同的能力障碍,如在幼年或老年阶段可能会因年龄与身体因素而在生活中遭遇诸多不便。此外,偶发耳鸣、眼花或骨折造成的肢体不便等也可能形成一种暂时性或情景性的能力障碍。

表 8-1　主要能力障碍类型的状态描述及表现或特点

主要能力障碍类型		状态描述	主要表现或特点
信息障碍	视觉器官障碍	眼部系统接受外部可见光的机能(如识别色彩、明暗、形状、大小、位置、远近、运动方向等特征)的衰退或丧失	全盲、近视和远视、色盲、色弱、视野狭小、视野模糊等
	听觉器官障碍	耳部系统接受外部一定频率范围的声波的机能(如识别声音强弱和高低、声源方向和位置等特征)的衰退或丧失	耳鸣、听觉过敏、耳聋、听力减退、幻听、听觉失调等
	嗅觉器官障碍	鼻腔嗅觉细胞鉴别外部挥发物、飞散物等机能(如识别香气、臭气、辣气等挥发物的性质)的衰退或丧失	嗅觉减退、嗅觉丧失、嗅觉缺失、嗅觉倒错、幻嗅等
	味觉器官障碍	舌面上的味蕾鉴别被唾液溶解的物质的机能(如识别酸、甜、苦、辣、咸等特征)的衰退或丧失	味感觉减退、丧失、倒错、扭曲、过敏等
	肤觉器官障碍	皮肤及皮下组织感觉物质对皮肤直接或间接的刺激的机能(如触觉、痛觉、温度觉、压力觉等)的衰退或丧失	触觉减退、疼觉减退、冷热觉减退等
	深部感觉器官障碍	机体神经和关节系统调节外部物质对机体的作用(如撞击、重力、姿势等)的机能的衰退或丧失	感觉障碍、步态异常等
	平衡感觉器官障碍	半规管感受运动刺激和位置变化(如旋转运动、直线运动、摆动等)的机能的衰退或丧失	眩晕,昏厥、有飘浮感、迷茫等

续表

主要能力障碍类型		状态描述	主要表现或特点
行为障碍	上肢运动障碍	上肢包括人体的肩、臂、肘、手腕和手部。上肢运动障碍是指上肢运动机能的部分或完全丧失	上肢不自主动作、动作缺失或缓慢、姿势异常、肢体僵直等
	下肢运动障碍	下肢是指人体腹部以下部分，包括臀部、股部、膝部、胫部和足部。下肢运动障碍是指下肢运动机能的部分或完全丧失	下肢不自主动作、动作缺失或缓慢、姿势异常、肢体僵直等
	信息障碍导致的行为障碍	由感觉器官障碍所引发的肢体运动机能的下降或丧失	同上，以信息障碍表现为主
其他类型障碍	言语障碍	对口语、文字或手势的应用或理解的各种异常，主要包含两种类型：中枢神经系统的器质性病变或损害导致的发育性言语障碍、听力障碍导致的言语障碍	构音困难、失语等
	智力障碍	又称智力缺陷，一般指器质性脑损伤或脑发育不完全而造成的认识活动的持续障碍以及整个心理活动的障碍	感知速度减慢、注意力严重分散、记忆力差、言语能力差、思维能力低、情绪不稳等
	精神障碍	大脑机能活动发生紊乱，导致认知、情感、行为和意志等精神活动不同程度障碍的总称	妄想、幻觉、错觉、情感障碍、哭笑无常、自言自语、行为怪异、意志减退等

8.1.2 环境障碍及应对策略

由于当前社会环境中的绝大多数产品或设施是为占总人口比例较大的健全者和轻度能力障碍者所设计的，而有障碍人群存在不同程度的能力障碍，因此在参与社会生活的过程中会遇到不同程度的不便与障碍，这就是环境障碍。通过医学手段可以在一定程度上缓解或治愈能力障碍，而通过设计可以解决社会生活中的环境障碍。当前主要的环境障碍包括人行道路缘石、过街天桥、地道、建筑及其他公共空间的阶梯与坡道、比较窄的出入口和通道、厕所与浴室、高度不适合的柜台及售票窗口等诸多可能存在安全隐患或造成使用不便的设施。

表 8-2 中呈现的是部分残疾人、老年人等典型的有障碍人士在生活中可能遇到的环境障碍，并根据各种场景下的特定类型的有障碍者的特点与需求提供了可能的设计策略[50]。这种以不同有障碍人群的实际需求为出发点，发现生活空间环境中的“障碍”，再在对该类人群进行基本特性分析的基础上有效结合人文主义、安全工程和人机工程学的设计，就是下文所述的基于无障碍思想的无障碍设计。

表 8-2 主要的环境障碍类型及相应的设计策略

人员类别		动作特点	可能遇到的环境障碍	可提供的设计策略
视觉障碍者	视觉机能丧失	1.不能利用视觉信息定向、定位地从事活动,而需要借助其他感官功能进行补偿。 2.需借助盲杖行进,移动缓慢,在生疏的环境中易受到意外伤害	1.复杂地形地貌缺乏导向措施,人行空间内有意外突出物。 2.旋转门、弹簧门、手动推拉门。 3.只有单侧扶手的楼梯或不连贯的楼梯。 4.拉线式开关	1.简化行动线,布局平直。 2.人行空间内无意外变动及突出物。 3.强化听觉、嗅觉和触觉信息环境,以利引导(如设置扶手、盲文标志、音响信号等)。 4.电气开关有安全措施且易辨别,不得采用拉线式开关。 5.已习惯的环境不轻易变动
	视觉机能衰退	1.形象大小、色彩反差及光照强弱直接影响视觉辨认。 2.借助其他感官功能有助于行为动作的安排	1.视觉标志尺寸偏小。 2.光照弱、色彩反差小	1.加大标志图形,加强光照,有效利用反差,强化视觉信息。 2.其余可参考视觉机能丧失者(盲人)的设计策略
听觉障碍及言语障碍者		1.一般无行动困难,单纯言语障碍者困难相对更少。 2.在与外界交互过程中,常需借助增音设备。 3.重听及聋者需借助视觉及肤觉信号	1.只有常规音响系统的环境,如一般影剧院及会堂。 2.安全报警设备视觉信息不完善	1.改善音响系统,如在各类观演厅、会议厅设增音环行天线,使配备助听器者改善收音效果。 2.在安全报警设备方面,配备音响信号的同时,完善同步视觉和振动报警
肢体障碍者	上肢障碍者	1.手部活动范围小于健全人。 2.难以完成各种精巧的动作,且上肢动作持续性较差。 3.难以实现双肢动作的协调统一	对球形门把手、对号锁、钥匙锁、门窗插销、拉线开关以及密排按键等均难以操作	1.设施设计应有利于减缓操作节奏、减少程序、缩小操作半径。 2.采用肘式开关、长柄执手、大号按键,以简化操作,减少失误

续表

人员类别		动作特点	可能遇到的环境障碍	可提供的设计策略
肢体障碍者	偏瘫患者	1. 半侧身体功能不全，兼有上下肢体运动障碍。 2. 虽可借助拐杖或特种轮椅等助行设备独立移动，但其运动主要依靠"优势侧"，具有方向性	1. 只设单侧扶手或不易抓握扶手的楼梯。 2. 安全抓杆与优势侧不对应。 3. 地面滑而不平	1. 楼梯安装双侧扶手并连贯始终。 2. 抓杆与优势侧相对应，或进行双向设置。 3. 采用平整不滑的地面
	下肢障碍独立乘坐轮椅者	1. 各项设施的高度均受轮椅尺寸的约束。 2. 轮椅行动较为快速灵活，但占用空间较大。 3. 部分设施（如卫生间等）需要附加设计支持物，以保证用户移位的安全和便利	1. 台阶、楼梯、高于 500 mm 的门槛、路缘、过长的坡道。 2. 旋转门、强力弹簧门以及小于 800 mm 净宽的门洞。 3. 光滑或柔性难以施力（如长绒地毯）的地面	1. 门、走道及所行动的空间均以轮椅可通行的尺寸为基准进行设计。 2. 上下楼应有适当的升降设备。 3. 按轮椅乘用者的需要设计专用卫生间设备及有关设施。 4. 地面平整、质地较硬且有一定摩擦力，尽可能不选用长绒地毯
	下肢障碍独立拄拐行动者	1. 攀登动作困难，水平推力差，行动缓慢。 2. 拄双拐者只有在坐姿状态下才能自由使用双手。 3. 拄双拐者行走幅宽可达 950 mm。 4. 部分设施（如卫生间等）需要附加设计支持物，以保证用户移位的安全和便利	1. 级差大或有直角形突缘的台阶、较高较陡的楼梯及坡道、宽度不足的楼梯及门洞。 2. 旋转门、强力弹簧门。 3. 光滑、积水的地面，宽度大于 20 mm 的地面缝隙和尺寸大于 20 mm×20 mm 的孔洞。 4. 扶手不完备，卫生设备缺乏支持物	1. 地面平坦、坚固、不滑、不积水、无缝隙及大孔洞。 2. 尽量避免使用旋转门及弹簧门。 3. 台阶、坡道平缓设置，并设有合适的扶手。 4. 卫生间等空间安装支持物。 5. 利用电梯解决上下楼的交通问题。 6. 通行空间要满足拄双拐者所需宽度

8.2 无障碍设计

8.2.1 无障碍设计的概念及来源

无障碍的思想理念其实古而有之，但较为明确且系统地提出"无障碍"这个概念至今不过数十年。随着科学技术与社会文明的发展，无障碍的思想理念也在不断发展，日益受到人们的重视并成为人类社会进步的一个重要标志。

在设计层面，无障碍思想最直接的体现就是我们当今生活中常见的无障碍设计。无障碍设计(barrier-free design)这个概念名称于1974年由联合国组织明确提出。无障碍设计是人机工程学中“以人为中心”设计理念的发展，它是指消除对使用者构成障碍因素的设计，其中“使用者”针对一切存在生理障碍的群体，一般指行为能力不足或丧失的人群(如行动不便的老年人群、不同程度生理伤残缺陷者及其他正常活动能力衰退乃至丧失的人群)。通过对人类行为、意识与动作反应的细致研究，无障碍设计致力于优化一切为人所用的物与环境，力图在使用层面上消除那些会让使用者感到困惑乃至困难的“障碍”，从而实现为使用者提供最大便利的目标。

无障碍设计的概念发源于欧美国家，与工业化、城市化和权利运动等密切相关。20世纪初期，由于人道主义的呼唤，残障问题开始受到关注，西方建筑学界因而产生了一种新的建筑设计方法——无障碍空间设计。这种方法力求运用现代科学技术来建设并改造建筑与环境，从而为广大残障人士提供行动层面的方便快捷与空间层面的安全舒适，其设计的最终目标是创造一个人人都可以平等参与、共同体验的空间环境。20世纪30年代初，瑞典、丹麦等北欧国家就已经出现了专供残疾人使用的无障碍设施。两次世界大战对整个国际社会都造成了巨大伤害，伤残者不计其数，人们对医疗康复器械和无障碍设施的需求空前高涨。1961年，美国国家标准协会制定了世界上第一个无障碍设计标准，为后来的无障碍思想和相关设计的发展起到了重要的指导作用。自此，英国、加拿大、日本等国家和地区相继制定并推行了无障碍标准，无障碍设计也由此成为一种重要的国际性设计方法[51]。

在无障碍设计的发展中，其内涵也得到了扩展，不再只是建筑与环境的无障碍，而是包括物质环境、信息和交流的无障碍。物质环境的无障碍是指城市道路、公共建筑和居住区的规划、设计、建设都需要方便坐轮椅者、拄拐者等残障人士的通行和使用；信息和交流的无障碍是指公共信息传媒应使听觉、视觉和言语障碍者能够无障碍地获取准确的信息，进行交流，如影视作品的字幕解说、电视手语、盲人读物等。

我国引入无障碍设计理念大致是在20世纪80年代，早期以建筑和城市规划方面的无障碍空间设计为主，设计的主要对象为残障人士和行动不便的老年人。为建设城市的无障碍环境，提高人民的社会生活质量，确保有需求的人能够安全地、方便地使用各种设施，我国住房和城乡建设部于2012年9月正式印发了《无障碍设计规范》(GB 50763—2012)，为我国的无障碍设计提供了科学、合理的指导标准，推动了我国无障碍事业的进一步发展。近年来，随着平等意识的深入人心、生活质量和医疗水平的提高、老年和残障人口比例和数量的增加、社会经济和技术的快速发展，为关怀弱势群体而产生的无障碍思想与无障碍设计也愈发受到人们的重视。

8.2.2 无障碍设计的应用实例

1. Stair Steady 扶手

各种楼梯、台阶会给行动不便的老年人和下肢残障人士带来巨大的困扰，这类人群可能因失去平衡而跌倒，从而受到意外伤害。在确保不对家中环境进行大幅度改造的前提下，提高楼梯使用的安全性成为很多家庭重视的问题。当前市面上存在针对行动不便的老人以及残障人士所设计的座椅式爬楼机，完全不需要走路，也不需要扶手，坐着就可以上下楼梯。但是，一方面该类人群往往需要进行适当的爬楼训练来锻炼肌肉，防止肌肉萎缩；另一方面座椅式爬楼机所需空间较大，成本较高，并不是每个家庭都适合安装。

Stair Steady 扶手能够有效解决上述问题，以较低成本实现了既保证用户上下楼的安全，又能辅助其进行适当的锻炼的目标，且占用空间较小、方便易用、易于安装(图 8-3)。

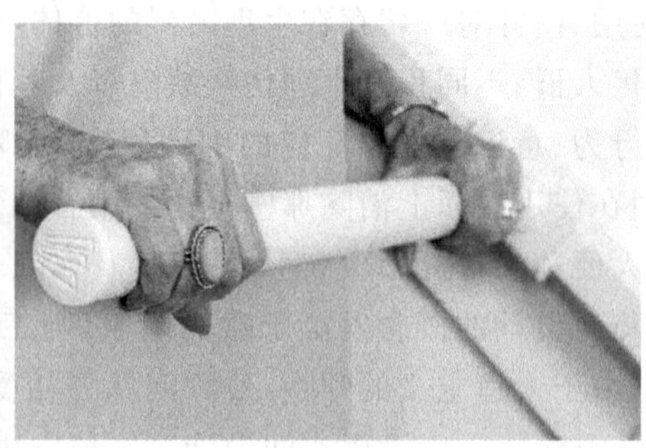

图 8-3　Stair Steady 扶手

Stair Steady 扶手是一款非常简单但十分实用的设计，由固定的栏杆和可移动的手柄组成。当用户上楼梯时，先将手柄沿栏杆方向向上举到水平位置并用推力使其滑动，当用户中途停下时，手柄也会锁住不动；下楼梯也一样，重复推手柄的动作。如果上下楼梯时突然失去平衡，握住手柄就能在最短时间内最大化地保证用户的安全。这款扶手可以直接安装在任何墙面上，同一线路也可以安装多个手柄以满足多人使用的需求。此外，手柄可以折叠，减少横向空间的占用，便于其他人上下楼梯。

与其他助力爬楼机相比，Stair Steady 扶手不仅成本低廉，而且能协助用户自主地进行活动，以康复训练的方式增强身体机能，同时可折叠的设计也不会影响到家庭其他成员的日常生活。其适用人群也十分广泛，不仅适用于老年人以及行动不便的残障人士，还适用于中风、头部受伤和化疗后康复人群，以及糖尿病、肥胖症患者和视力障碍人士。

2. scewo 轮椅

爬楼梯、上下台阶这类动作，对于健全人来说也许轻而易举，但对于下肢残障人士来说，可能难如登天。尽管电动轮椅的出现和普及为下肢残障人士带来了很多方便，不过在较为复杂的地形和路况面前，电动轮椅仍然存在十分明显的局限。

scewo 是一款可以实现自动平衡的轮椅，它可以帮助用户克服在乘坐轮椅时上下楼梯的困难，为解决残障者的当前已知障碍提供了全新的可能性(图 8-4)。

图 8-4　scewo 轮椅

scewo 轮椅采用了多条橡胶履带，椅身配备了一套计算机传感器和陀螺仪，具有很强的自动寻找平衡能力，能够有效确保用户上下楼梯时的平稳与安全。车轮与履带的创新组合，确保了轮椅的机动性与舒适性，并且能够允许用户在几乎所有天气条件下安全出行，此外，超宽基座能保证轮椅上升时具备更高的稳定性。该款轮椅还设置了一个人性化的智能操控面板，驾驶者可以简单方便地对其进行操作。

根据不同的地形，这款自平衡电动轮椅有三种不同的驾驶模式：在正常行驶模式中，用户可以通过操纵杆和调整身体重心来操纵轮椅；在抬高模式中，轮椅后方会伸出两个小轮子，与履带形成稳定的三角形，为用户提供更好的视野，从而让用户与其他人保持同一个高度或伸手够到高处物体；通过按钮可以开启爬楼模式，座椅下方的履带会下降，增大摩擦力，能够在较为光滑的路面安全行驶，同时，攀爬楼梯时座椅会随时向后倾斜，以减少用户重心前倾带来的不适感。该款轮椅主要应用于雪地、砂石路面、斜坡、楼梯等场景。

8.2.3 无障碍设计的局限性

无障碍设计发展至今已有数十年历史，在国内外设计实践中，这种主要针对建筑与空间的设计方法日渐暴露出一些问题，在很多方面无法满足人民日益增长的对美好生活的需求和社会快速发展的需要。时至今日，无障碍设计在我们生活中已十分常见，以下为当前无障碍设计存在的问题。

1. 部分无障碍设计缺少对使用者心理层面的人文关怀

由于无障碍设计主要考虑的对象是弱势的特殊人群，因此无障碍设计一般都是具有高度针对性的设计，但是这种设计往往只能满足该类人群的生理需求，而忽视了其心理诉求。例如，图8-5为现在的部分公共厕所，在规划时就将用户分为三类——男性、女性和残障人士（无论男女），为单独划分出来的残障者配备了独立的无障碍厕所隔间，并往往统一采用明显的“残疾人轮椅”标志加以区分，从而实现将该类群体专用的无障碍设施与健全人使用的设施进行分离设置，其实质就是针对残障人士进行特殊化设计，造成了使用时的隔离感，形成了一种变相的歧视[52]。

2. 部分无障碍设计的应用范围过窄

无障碍设计主要针对特定的弱势群体，其本身的适用人群范围就较为狭窄，而如果设计的受众过于单一，在某些特殊情况下还可能会对其他人群造成一定的麻烦。相对于公共设施和空间的无障碍设计，这个问题在无障碍产品设计中更为常见。上文所述的无障碍厕所隔间（图8-5）也存在类似的问题，其内部空间构造采用了不同于其他厕所隔间的无障碍设计，并在空间上进行独立设置，但在实际生活中无障碍厕所的使用率并不高，健全人乃至视力障碍者等非肢体功能障碍者在一般情况下并不会使用空置的无障碍厕所。受众范围过窄在一定程度上导致了空间与设施浪费问题。

图8-5 公共厕所标志和无障碍厕所内部设计

3. 部分无障碍设施会影响其他设施的使用

无障碍设施在当今社会的公共空间中得到了广泛应用，在时间与空间层面必然会与其他公共设施产生一定的联系。而因为无障碍设施是针对老年人、残障人士等弱势群体而专门设计的，其服务对象与普通的公共设施有所区别，功能和结构也往往不同于普通的公共设施，因此在一定条件下可能会与其他公共设施产生冲突。例如，图 8-6 为人行道上常见的盲道，可能由于前期空间规划不合理、设计欠缺考虑等因素，盲道会被其他公共设施如路灯、行道树、路障、路牌、公共座椅、共享单车停车位等侵占、阻断，给盲道的实际使用者——视力缺陷或丧失者带来了许多困难和安全隐患，无法起到方便该类人群行走的作用。

图 8-6　其他公共设施侵占盲道

除以上三点不足以外，无障碍设计作为一种专为弱势群体而考虑的附加性设计，在一定程度上会增加设计和制造成本，并且有可能影响系统整体设计的美观性和完整性。因此，我们需要寻找更好的设计方法来解决当前无障碍设计的问题。

8.3 通用设计

8.3.1 通用设计的概念及来源

无障碍思想是社会可持续发展思想的一个重要分支，而通用设计就是无障碍思想在设计层面更高层次的体现。通用设计的思想是在无障碍设计的基础上逐渐产生并发展而来的，是一种更为开放、更加平等的设计观念，它不再把弱势群体作为某一需要特殊照顾的群体，而是作为一个统一的、广泛的用户群中必须考虑的部分，以此实现设计的“通用化”(图 8-7)。

通用设计(universal design)又称共用性设计、全设计、全民设计、全方位设计、为所有人设计等，它提倡在最大程度上设计出效用最大的产品，将所有人都看作有不同程度行为障碍的个体来进行“设计赋能”，尽可能为所有人提供统一设计的产品或环境，而无须针对某一人群进行调整或专门设计。通用设计是无障碍设计的进一步发展与提升，是更加包容的无障碍设计。这种设计不但要考虑正常人的需求，更要考虑到老年人、残疾人、儿童、孕妇等其他特殊人群的需求，而且应考虑成本问题，尽可能做到以最少的投入获得最大的产出，是一种设计的最优解。更精确地说，通用设计是设计中一种普适化、人性化的思考方法和方向。

最先明确提出“通用设计”这一概念的人是北卡罗来纳州立大学教授兼美国建筑师罗纳德·梅斯(Ronald L. Mace)。他于 1989 年于北卡罗来纳州立大学设立了“通用设计中心”，

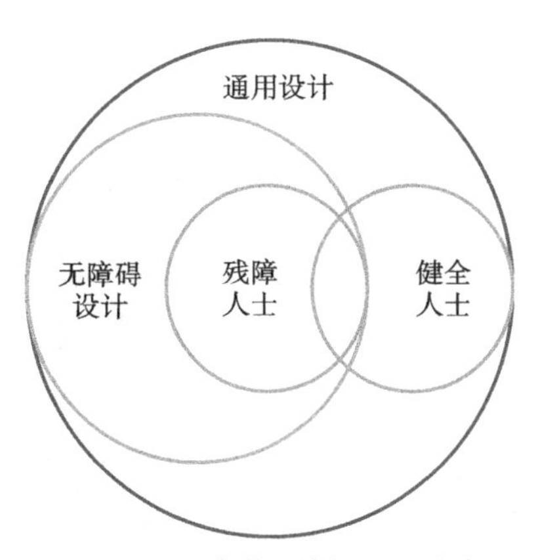

图 8-7　无障碍设计与通用设计

将通用设计定义为“一种无须适应或特别设计，而使主流产品和服务能为尽可能多的用户所使用的设计方法和过程”。在 1998 年的公开演说中，他更进一步指出：“通用设计是广泛地定义使用者，是以消费者为市场指标，并不是特别为身心障碍者，而是为所有的人类着想。”联合国在《改变我们的世界——2030 年可持续发展议程》中指出：“到 2030 年，向所有人，特别是妇女、儿童、老年人和残疾人，普遍提供安全、包容、无障碍、绿色的公共空间。”要增强弱势群体的权能，为消除障碍和取消限制进一步提供支持，这就是通用设计思想的体现。由此可见，通用设计是一种理想化的理念，其最终目标还是实现“无障碍”，并追求最大化的包容性，贯彻落实平等、参与、共享的原则，以创造一个更加美好的世界。

8.3.2　通用设计的基本原则

作为一种指导和影响设计过程的设计方法与思维方式，通用设计本身是一种理想化的追求，它无法为设计实践提供具体操作方法或可执行的工具，因此在实际运用中，我们必须更多地考虑设计的可行性。为实现通用设计这一目标，设计师除了要考虑文化、经济、环境、人群等多方面的因素，也要善于运用罗纳德·梅斯提出的通用设计七大基本原则[53]。

1. 公平性原则

基于通用设计的产品对于具有不同行为能力的人来说都是有用且适合的，避免将任何使用者单独划分出来，尽可能不让使用者感到窘迫或不适。

公平性原则的指导方针：

(1)为所有的使用者提供相同的使用方式，尽可能保证使用方式完全相同，如果不能则尽可能提供相似的使用方法。

(2)避免区分和歧视任何使用者，所有使用者的隐私都应当获得同样的保护，尽可能为所有使用者提供同等的安全感。

(3)应当对所有使用者都具有吸引力。

例如，图 8-8 为生活中常见的自动感应门，当检测到门前有使用者时会自动开启，无论这个人是否有行为障碍或者其他有异于常人的地方，感应器都会平等对待。而在很多场景中(如会堂、体育馆等)，考虑到建筑整体的视觉效果及气势，其配套的门的尺度往往远大于正常人流通行所需，能够满足不同情景下的多种需求。

图 8-8　自动感应门

2. 灵活性原则

通用设计应能在不同场景下提供相应的服务，广泛适用于有不同意愿和能力的使用者，即用户可以自行选择使用方法。

灵活性原则的指导方针：

(1)能够提供多种使用方式，供不同的使用者选择。

(2)可以通过设计提高操作的准确性和精准度。

(3)同时考虑左利手者和右利手者的使用。

(4)能够适应使用者的不同使用节奏。

例如，图 8-9 为某医疗器械企业所研发的一款手部功能康复设备，该设备可以同时满足患者及护理者穿戴及操作，无论是左利手者还是右利手者，都可以自由地根据自己的习惯来使用该产品。

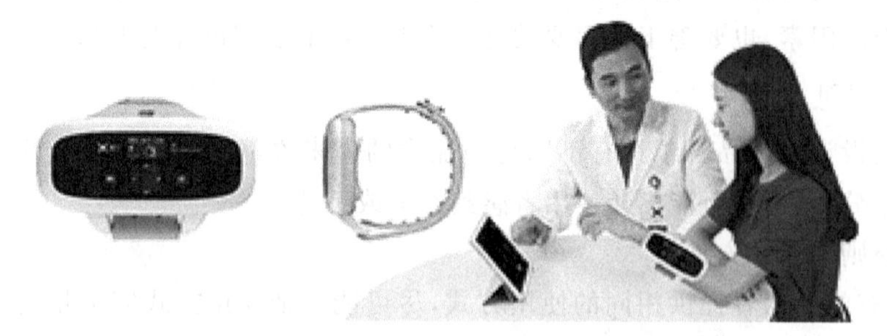

图 8-9　一款双手都可以自由使用的手部功能康复设备

3. 简单直观原则

基于通用设计的产品的使用方法应当是易于理解的，而不应该受到使用者的经验知识、语言能力、当前注意力的集中程度等因素的影响，无须进行说明，产品的使用方式应当符合用户的直觉、习惯和期望，并且产品能够以一种自然直观、简洁易用的形式展现出来。

简单直观原则的指导方针：

(1)去除一切复杂且不必要的设计。

(2)设计需要符合使用者的直觉与先前经验。

(3)能够适应不同读写、认知和语言水平的使用者。

(4)根据信息的重要性进行处理和编排,保证信息简单直观。

(5)能够在使用过程中和使用完毕后提供有效的提示与反馈。

例如,图 8-10 所示的这款白云医用给胶设备是世界首款一体化医用给胶设备,采取了人们熟悉的笔的形态,有效引导用户握持,并且其顶部清晰可见的按键设置在方便人们按压的位置,简单直观、易于使用。这款设计简化了给药步骤,实现了操作上的安全便捷。

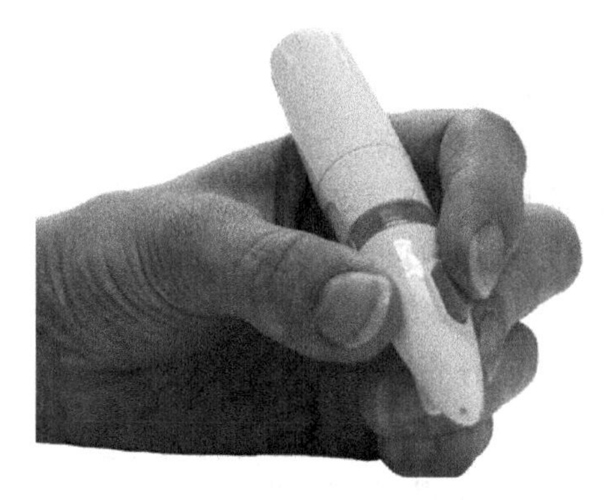
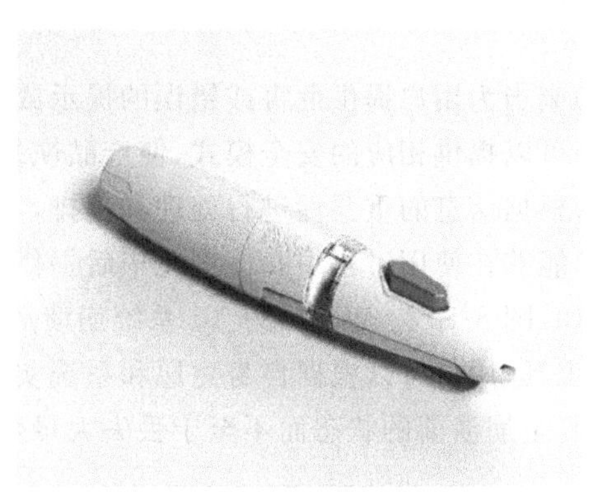

图 8-10　白云医用给胶设备

4. 信息明确原则

无论当前处于何种使用环境或者使用者的感知能力是否存在差异,通用设计都应当把必要的信息有效而准确地传递给使用者。

信息明确原则的指导方针:

(1)为重要信息提供多种表达方式,如色光、语音、触觉提示等。

(2)重要信息与周围环境必须有足够明显的对比,以确保信息能够被用户准确识别,强化重要信息的可识别性。

(3)以简洁明了的方式标识不同的元素。

(4)确保产品能够与各种感知觉障碍者所使用的技术和设备兼容。

例如,图 8-11 为日本信号灯电线杆上安装的"附音响装置信号机"。这种装置采用视觉、听觉和触觉的多通道设计,除语音提示装置外,还包括可以辅助用户过马路的一黄一白两个盒子,其中健全人使用黄盒,而较大的白盒上配有盲文,是为视觉障碍者准备的。当人行横道信号灯变成绿灯时,白盒会发出鸟叫声来提醒行人过马路。如果按下黄盒中间的按钮,则会延长人行道绿灯的时长,使用户有足够的时间通过马路。

图 8-11　日本电线杆上安装的"附音响装置信号机"

5. 容许错误原则

通用设计应当把危险、误操作或意外动作造成的负面效果的影响降到最低，并且产品在发生错误后能够及时返回操作前的状态。

容许错误原则的指导方针：

(1)精心安排设计中不同的元素，尽可能地降低危害和减少错误。其中最常用的元素应当是容易触及的，而具有危害或潜在危害的元素应当采用消除、单独设置或屏蔽等方式来处理。

(2)应当为用户提供危害或错误的提示或反馈信息。

(3)可以提供相应的安全模式，使产品恢复至出错前的状态。

(4)根据信息的重要性进行处理和编排，保证信息的传递简单直观。

(5)能够在使用过程中和使用完毕后提供有效的提示与反馈。

例如，图 8-12 为 Windows 10 系统崩溃后运行的“高级选项”修复程序界面，通过该界面的系统工具，用户可以根据自身意愿和系统实际情况选择相应的系统修复方式，从而将系统及时恢复至崩溃前的状态而不至于丢失大量数据。

图 8-12　Windows 10 系统的“高级选项”修复程序界面

6. 节省体力原则

基于通用设计的产品应当能被安全有效、舒适便捷地使用，在使用过程中尽可能减少用户体力的消耗。

节省体力原则的指导方针：

(1)尽可能让用户在使用产品的过程中保持一种自然的体态。

(2)设计合理的操纵力。

(3)尽量减少重复动作的次数。

(4)尽量减少持续性的体力负荷。

例如，图 8-13 为机场、展厅和卖场等场所常见的自动人行道。自动人行道是一种类似于自动扶梯的装置，带有循环运行走道(板式或带式)，用于输送乘客和物品。用户因携带大量行李物品或身体方面的原因而不方便进行移动时，无须其他操作，该装置便可让用户以立姿等自然舒适的体态实现空间位移，节省行走和运输所消耗的体力。

图 8-13 自动人行道

7. 可达性原则

无论使用者体形大小、姿势及运动状态如何，通用设计都应能够为其提供适当的使用空间，从而方便使用者接近、操控和使用产品。

可达性原则的指导方针：

(1)为坐姿和立姿的使用者提供同等清晰的观察视野。

(2)无论坐姿还是立姿的使用者，都可以舒适地触及所有部件。

(3)设计应当适合不同使用者的手形和抓握尺寸。

(4)能够为辅助设备和个人助理装置提供充足的操作空间。

例如，图 8-14 为 2021 年 7 月建成通车的杭州地铁 9 号线车厢内部空间，其中设置了三种扶手类型：车厢中央和座位边缘位置的纵向“低位”扶手、车厢上部的横向“高位”扶手以及固定在横向扶手上的抓握件(其中抓握件在我国地铁中普及度并不高，近年来为满足不同用户的需求逐渐得到了应用)。通过设置不同类型的扶手，在设计层面分割了不同高度的抓握空间，从而能够让不同体型的用户根据自己的实际情况选择合适且舒适的抓握位置与抓握方式。

图 8-14 杭州地铁 9 号线不同类型扶手设计

8.3.3 通用设计的主要特征

通用设计以七大基本原则作为设计实践指南，在发展过程中逐渐形成了以下设计特征。

1. 包容性

通用设计是尽最大可能面向所有使向者的设计，无论使用者是否有行为障碍或者能力缺失。尤其是公共设施和空间环境的设计，既要适合健全人的活动，又要满足弱势群体的使用需求，同时要在设计中考虑到文化、语言、年龄、性别等多方面的差异。

2. 便利性

通用设计必须充分考虑到不同人的行为能力，追求最简单、安全、省力、方便、准确的使用方式，并最大限度地满足使用者对设计的期望。

3. 自立性

通用设计承认人与人之间存在差异，它尊重所有人，并能够以设计的方式为每个使用者提供相应的帮助，协助其独立自主地进行活动。

4. 经济性

通用设计的服务对象理论上是所有人，其中必然有相当一部分属于弱势群体。相对于仅为健全人服务的设计，通用设计在很大程度上附加了全民无障碍的属性，因此在设计流程中要尽可能保证设计的低成本，并力求设计的高价值。

5. 舒适性

通用设计是一种人性化的设计方法，在设计过程中要对被设计物的造型、材料、色彩、表面纹理等方面进行考虑和处理，不仅要考虑不同人的生理需求，也要考虑其心理需求，让使用者在生理和心理两个层面都能感受到设计带来的舒适与便捷。

8.3.4 通用设计的应用实例

1. 随心所"浴"淋浴花洒

在日常生活中，传统淋浴花洒的设置高度通常以普通成年人的身高为依据，而小孩和轮椅使用者等特殊人群由于身高的限制，可能存在难以触及喷头的问题，往往需要其他人辅助才能正常使用。随心所"浴"淋浴花洒为此提供了一种通用化的解决方案。该淋浴花洒采用了可调式设计，由一个滑杆和一个圆柱形喷头构成，喷头既能够上下滑动调节高度，又可以左右旋转调节角度，创新性地满足了不同用户的不同需要(图 8-15)。用户在淋浴完毕后关闭花洒，喷头则会自动回到最低点以方便下次使用。该设计采用了灵活调节的使用方式，方便用户舒适自由地清洁身体的各部位，享受淋浴时光，荣获 2018 年度亚洲设计奖。

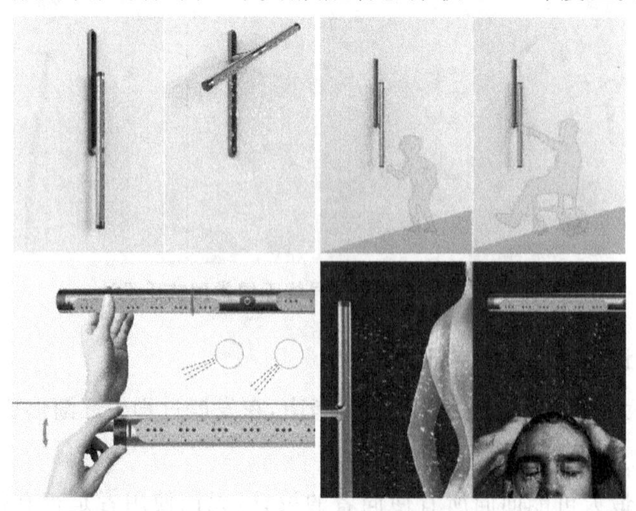

图 8-15 随心所"浴"淋浴花洒

2.欧洲高速列车车厢的通用化设计

在轨道交通方面，欧洲的部分国家（如法国、德国、意大利、奥地利等）早已将通用设计的概念融入了高速列车的研发设计中，并制定了相应的设计标准与规范。虽然不同国家和不同列车之间的设计存在一定差异，但都使得列车在面向全人群的安全性、便捷性、舒适性以及设施操作性等方面有了较大提升。这些基于通用设计的高速列车有一些共通之处[54]：

(1)客室门通用化：加宽宽度满足轮椅通行尺寸，降低车厢门高度便于轮椅上下等，体现了安全、省力的原则（图8-16）。

图8-16 客室门通用化

(2)客室内部通用化：座椅采用可折叠设计，在没有乘坐轮椅的“有障碍”用户乘车的情况下同样可以供健全乘客使用，部分车厢设有自行车停放处和儿童放映区域，可以满足各类群体乘车需求（图8-17）。

图8-17 列车客室内部的可折叠座椅

(3)全人群厕所：厕所门锁多采用电动设计，以方便轮椅使用者对其进行开关；内部面积偏大，保证包括轮椅使用者在内的所有人群有充足的活动空间；内设安全扶杆、婴儿护理台、通用坐便器、紧急呼叫装置等，且大都采用折叠设计，在兼顾全人群使用的同时有效节省空间（图8-18）。

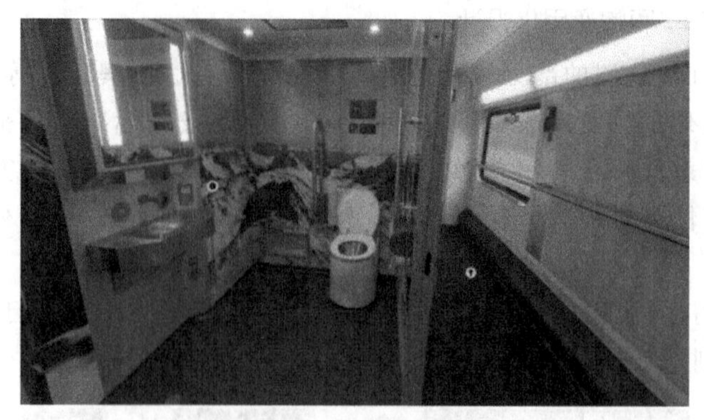

图 8-18　全人群厕所

8.4　包容性设计

8.4.1　包容性设计的概念及来源

包容性设计(inclusive design)的概念起源于英国。1994 年,英国制定了世界上第一份关于包容性设计的标准 BS 7000-6,根据该标准,包容性设计是“一种不需要适应或特别设计,而能使主流产品和服务为尽可能多的用户所使用的设计方法和过程”。从定义来看,包容性设计与通用设计的含义相近,都是无障碍设计的进一步发展。

尽管包容性设计与通用设计的概念相近,但两者侧重点并不一致。通用设计偏向于“一包多”,即用一个设计策略以达到最大化的包容;而包容性设计偏向于“多包多”,即采用多个设计策略去提供不同的方案,以满足众多不同的需求。相对于以单一设计满足理论上“所有人”需求的通用设计,包容性设计能够更加充分地体现对作为独立个体的人的尊重,它并不是要做“人人都可以使用的设计”,而是要做“产品的使用能力要求与终端用户的实际能力相匹配的设计”。包容性设计是先为产品选择一个合适的目标市场,只对这部分人群最大化产品的设计效果,然后尽力扩展,以适合更多人群,而不是一开始就针对所有人。包容性设计能够以多样化、个性化的产品与服务给不同人群以多样的参与体验,以此实现让用户获得归属感和幸福感的价值目标。通用设计更强调设计结果,而包容性设计更强调设计过程与体验。

包容性设计强调平等,尊重多样性,它反对设计的排斥性(即为满足某一特定人群需求所做的设计也会导致存在对其他人群需求的排斥)。例如,图 8-19 中失去一只手臂的人必然属于残疾的范畴,但对于一只手臂受伤,只有一只手臂能够使用的人以及一只手抱着宝宝的母亲来说,他们面临的困境或许和只有一只手臂的人在某些场景下并无区别,这种暂时性、特定场景性的“有障碍”人群也应当处于包容性设计的考虑范围之内。

包容性设计需要更多的思考、更多的创新,以及能够为用户提供最大的参与度。包容性设计不仅要提供基本的物理可达性,还要为目标用户创建更好的解决方案,以确保使用者能平等、自信、安全、舒适地享受设计所带来的便利(图 8-20)。

包容性设计发展至今,其内涵已经不再局限于产品、环境、服务最大程度的公平使用,还

图 8-19 永久性能力障碍者、暂时性能力障碍者和场景性能力障碍者示例

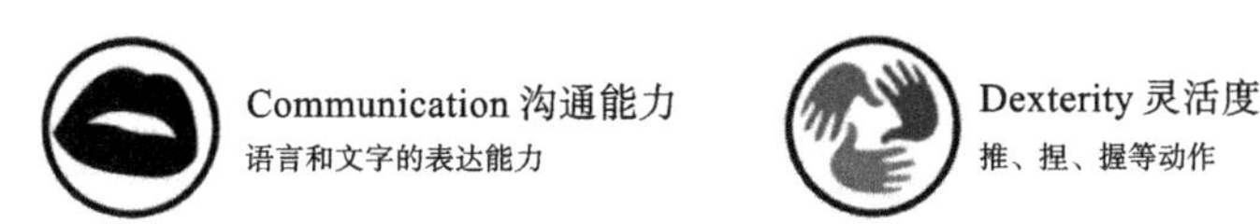

图 8-20 包容性设计能力研究体系

关心文化等不同因素对使用的需求是否得到满足，其外延已经不再局限于可触摸的物与环境，还关系到组织文化和理念，例如 EDI（equality 平等、diversity 多样、inclusion 包容）已经成为当前“大设计”语境下愈加重要的议题。它能够更准确地反映当今用户的多样化需求，在当前人口老龄化程度进一步加深和社会精神文明与物质文明进一步发展的背景下，具有更加深远的意义。

8.4.2 包容性设计的基本理论

1. 包容性设计的基本原则

同前文所述的通用设计七大基本原则一样，包容性设计也有相应的设计原则。当前国际上存在多种版本的包容性设计原则，其中最著名的是英国设计委员会提出的五大基本原则：

（1）包容性设计的过程以人为中心，坚持设计的人本思想。

（2）包容性承认多样性和个体或群体之间的差异，尊重每一个用户。

（3）在一种设计无法满足所有用户的需求时，包容性设计应当提供更多选择。

（4）包容性设计可以提供使用上的灵活性。

（5）包容性设计能够为每个用户提供方便、愉悦的使用环境。

2. 包容性设计的核心理论

设计原则只是设计理论的一部分,《包容性设计:中国档案》提出现有的包容性设计核心理论可以概括为以下四点[55]:

(1)关于“反设计排除”的理论(即包容性设计的批判性理论)。

(2)关于“老”与“残障”的理论(即讨论“老龄”与“残疾”的相对性)。

(3)关于“用户金字塔”的理论(用户金字塔模型可以解释包容性设计是一种从大基数的健全用户群体向小基数的特殊用户覆盖的、自下而上逐步包容更多用户的动态设计过程)(图 8-21)。

(4)关于“人本设计”的理论(讨论以人为本的问题,以包容性的思想实现可持续发展)。

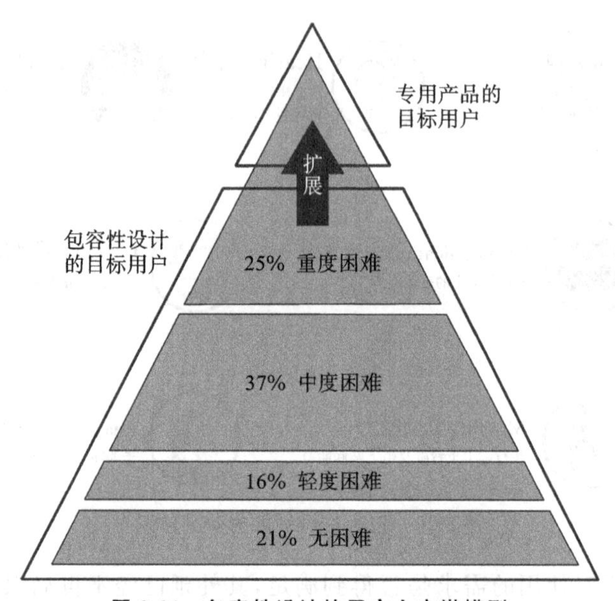

图 8-21 包容性设计的用户金字塔模型

3. 包容性设计的设计要求

除运用设计的基本原则和考虑设计的核心理论之外,包容性设计在设计实践中也要兼顾以下五个方面的诉求[56]:

(1)可用性,即设计系统是否易用、高效、令人满意。

(2)安全性,即设计在使用过程中不会对用户造成伤害,并能很好地满足其需求。

(3)承受能力,真正的包容性设计需要全面包容,即不仅考虑到用户的生理需求,也要考虑到其心理需求,做到全方位地被使用者接受并使用。

(4)可持续性,包容性设计应当考虑到环境因素,尽量减少设计对环境的危害并延长产品使用寿命。

(5)经济且美观,设计活动离不开美学支持,包容性设计需要引导大众审美,并要与周围环境、空间、产品和谐统一,在设计流程中也应当考虑设计的经济性,从而使其价格为大众所能接受。

8.4.3 包容性设计的应用实例

包容性设计相对于通用设计更偏重于设计过程，而由于两者都追求设计的最大化包容性，因而从设计结果来看往往殊途同归，呈现出相同或相似的解决方案。由此，下文选取智能终端的界面设计过程作为包容性设计的应用案例进行介绍，供读者参考。

对于一个健全人来说，获取外界信息最主要的通道是视觉，视觉信息占全部感觉信息的70%以上。因此，在智能终端高度普及的当今社会，界面设计成为不可或缺的重要环节。而智能终端的高度普及也意味着使用人群范围的广泛，因此视觉障碍者也应当成为设计师在进行设计实践时必须考虑的对象。视觉障碍来自以下四个方面：

(1)视觉敏锐度：人眼分辨物体细节的能力。近视、远视或白内障会导致用户视觉敏锐度下降。在视觉敏锐度较弱的用户眼中，图像细节变得模糊，只有较大的轮廓才能得以辨识，如图 8-22(b)所示。

(2)对比灵敏度：在前景色和背景色之间辨明亮度的能力。视觉对比灵敏度较低的用户看到的图像如同透过灰色磨砂玻璃看到的样子，如图 8-22(c)所示。

(3)色彩感知度：对色相的感知度。色弱或色盲是指辨色过程中有环节存在问题，人眼辨别颜色的能力产生了障碍。色盲以红绿色盲较为常见，在红绿色盲的眼里见到的图像如图 8-22(d)所示。

(4)有效视野：视网膜病变导致用户有效视野发生改变。视野消失可能发生在视野中部(如青光眼)，也有可能发生在视野周边(如糖尿病引起的视网膜病变)，他们看到的图像分别如图 8-22(e)、(f)所示。

除了视觉系统本身存在障碍以外，用户所在的场景和时间阶段也可能导致暂时性或场景性的视觉障碍。在强光下，我们需要增加屏幕亮度；动态的界面(如滚动的显示屏)对于用户来说可读性更差；分辨率较低或色彩平淡乃至缺失的页面载体则可能与正常所见的视觉效果大相径庭。

基于以上问题，我们可以从以下几方面进行设计，从而在最大程度上包容这些存在视觉障碍的用户。

1.针对视觉敏锐度及对比灵敏度方面的问题，增加视觉元素的可识别性

(1)使用合适的文字大小、字间距和行距。我们的手机系统以及一些阅读类的 App 往往都设置了调节字体、字号的功能，同时能够支持多国语言的选择，以便让更多的人使用(图 8-23)。

(2)避免使用下划线、斜体以及装饰字体。从图 8-24 可以能看，出无衬线的英文字的可识别性是最强的，在同等模糊的条件下仍然能够得以辨识。

(3)文字与背景的对比应当足够强烈。背景过于复杂或是颜色过于丰富，前景的文字将变得难以辨识，在设计过程中可以通过加强二者对比关系的方式解决文字信息不突出的问题，比如在背景图上加上一个暗色的半透明蒙版(图 8-25)。

(4)将文字信号转化为语音信号。包容性设计应当扬长补短，对于视觉障碍者，可以利用其较为敏锐的听觉来弥补视觉上的缺陷。由于免除了视觉层面的需要，用户也可以将注意力转移到其他事物上去，因此这一功能对视觉正常的用户来说也是方便、有益的(图 8-26)。

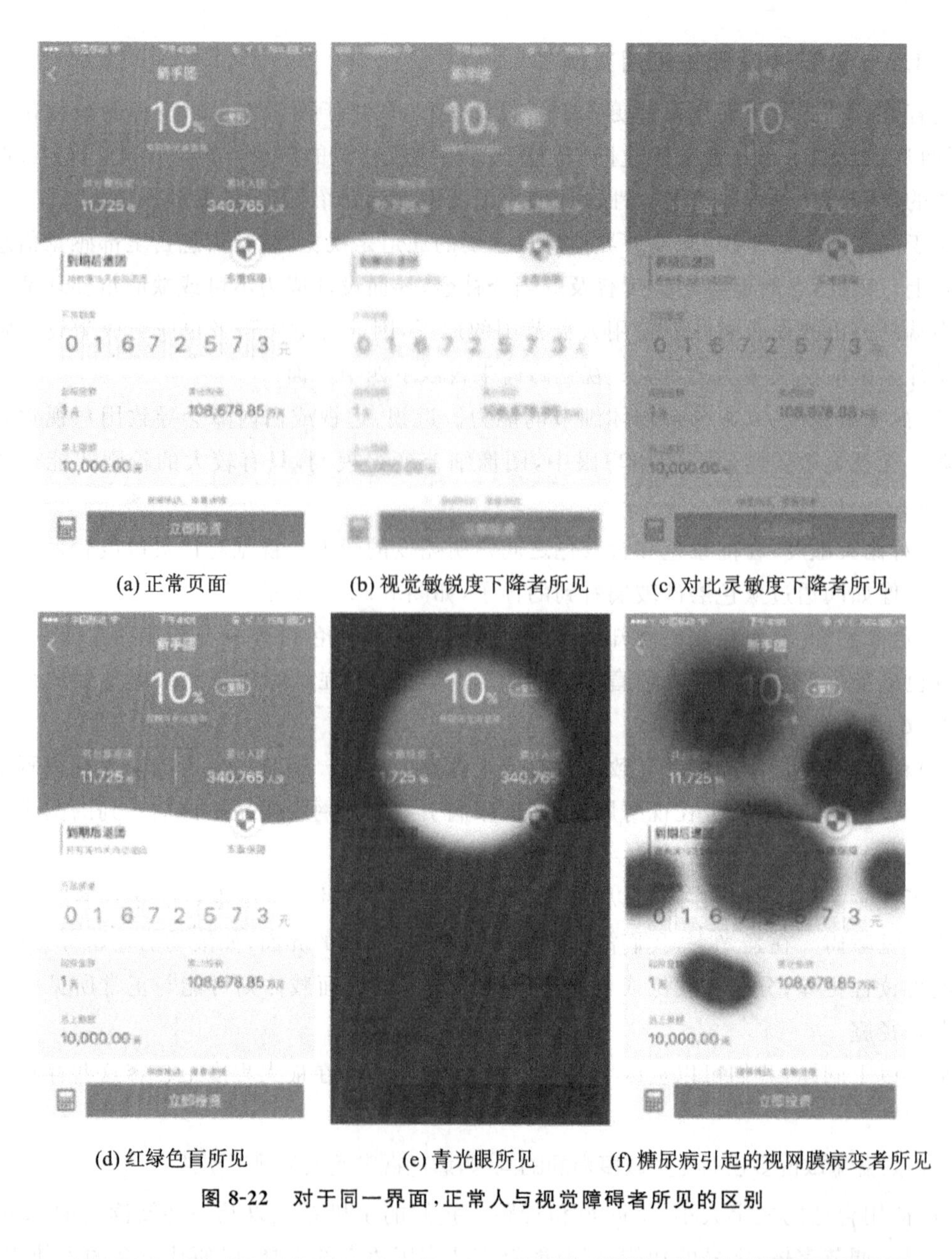

(a) 正常页面　(b) 视觉敏锐度下降者所见　(c) 对比灵敏度下降者所见

(d) 红绿色盲所见　(e) 青光眼所见　(f) 糖尿病引起的视网膜病变者所见

图 8-22　对于同一界面，正常人与视觉障碍者所见的区别

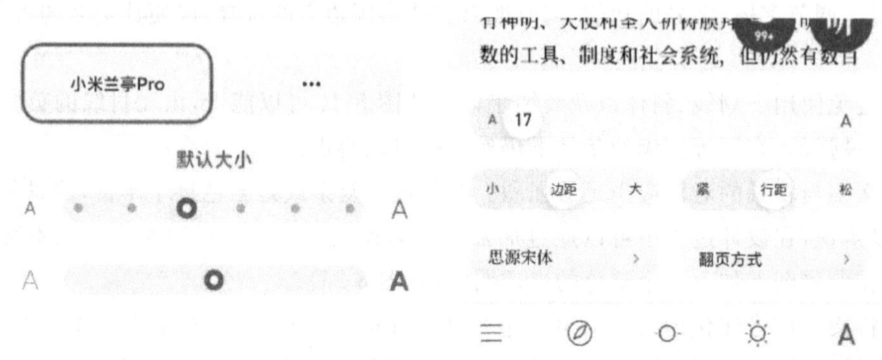

图 8-23　系统与阅读软件的字体可调节设计

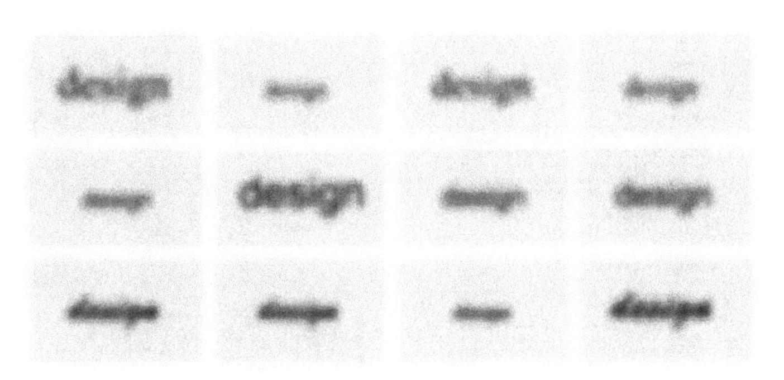

图 8-24　模糊条件下不同字体的可识别性

图 8-25　不同背景对文字可读性的影响

图 8-26　文字转语音的辅助功能设计

2. 针对色彩感知度方面的问题，合理运用颜色

(1)针对不同类型的色盲，应小心使用颜色搭配。例如针对红绿色盲所做的设计，应当谨慎使用红绿颜色。例如，在绿色背景上放置红色前景，红绿色盲用户难以有效辨识。

(2)避免只使用颜色作为唯一的识别信号。如在制作图表时，只用颜色来区分不同的组分，在色彩感知度弱的用户眼里可能就完全分不清，但是如果我们给每个组分附加纹理或其他识别信号，该类用户无须依赖颜色也能分辨。

3. 针对有效视野方面的问题，集中布局相关联的内容

让文字集中在用户最有效的视野范围内。例如搜索引擎的搜索列表页的有效区域相对于整个页面来说可能只占到一半左右的空间，其他区域则大片留白。倘若为节省空间将页面填充更多内容，则会导致用户视觉疲劳，大幅度降低用户体验(图 8-27)。

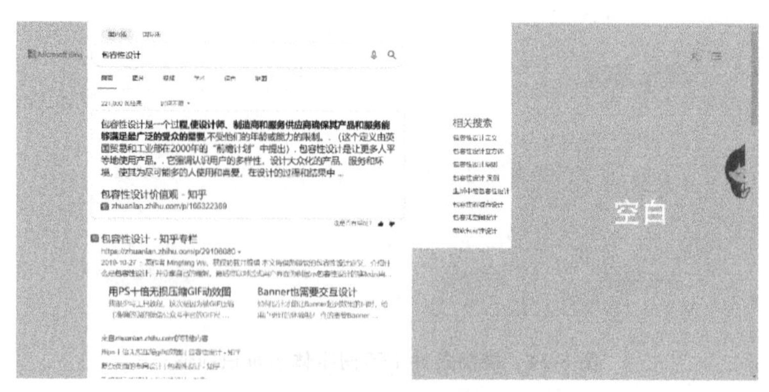

图 8-27　搜索页面大片留白

8.5　关于以无障碍思想为基础的设计方法的思考

经过本章对无障碍设计、通用设计和包容性设计的介绍，我们可以认识到这些基于无障碍思想的设计方法的内涵并不是一成不变的，而是一个层层递进、不断开拓、不断发展的过程。

从最初的无障碍思想萌芽到 20 世纪初无障碍空间设计的产生，再到 20 世纪中叶的无障碍设计的定义与发展，残障人士和老年人等弱势群体日益受到人们的重视。但人们在几十年的设计实践中也发现了无障碍设计的局限性，为解决这些问题，比无障碍设计含义更为宽广的通用设计方法开始在世界层面得到普及，这种理想化的设计方法追求以统一的设计满足所有人的需求，平等对待所有人，通过设计来尽可能消除对“有障碍”人士显性或隐性的歧视，具有高度的人文主义精神。20 世纪 90 年代，包容性设计开始出现，这种设计与通用设计类似，都是无障碍设计的进一步发展，但是相对于通用设计，包容性设计更加注重使用者作为独立个体的差异和个性，能够为目标人群在不同场景下提供多样化的选择，最大化地实现设计的包容性并不断加以拓展。

以上三种设计方法均属于以无障碍思想为基础的设计方法，而要实现“无障碍”的设计目标，最重要的就是在设计中体现关怀与包容。这需要设计师具有同理心，在设计过程中与用户深入接触、沟通交流，去了解和测试用户真实的行为、需求、愿望和目标。在设计实践中，基于无障碍思想的设计过程一般包括以下步骤[57]。

(1)明确应用领域：确定即将使用该类设计方法的产品、系统或环境。

(2)定义用户范围：描述用户以及潜在用户的特征。

(3)用户参与过程：在开发、落实、评估各阶段考虑不同特征用户的参与。

(4)应用导则标准：创造或选择已有的设计原则或标准，并结合领域内其他优秀的设计实践进行设计应用。

(5)培训、宣传、评估：给利益相关者提供培训，宣传无障碍理念和平等与包容的设计思想，并进行后续的设计评估，根据用户反馈不断改进设计。

现有的基于无障碍思想的设计方法仍然存在相应优化和发展的空间，我们应当继续坚持以用户实际需求为导向，不断优化现有的设计程序与方法，更加充分、有效地结合人机工程学的内容，将关怀与包容的无障碍思想真正落实到设计实践中去。

在当前信息化与智能化高速发展的时代背景下，人类个体间的能力差异也被迅速放大，而老龄化的进一步加深也使得“有障碍”人群日益扩大，如何更好地“消除障碍”成为愈加重要的设计乃至社会层面的议题。提升产品和服务的包容性与关怀性是最有效的解决方法之一，因此未来以无障碍思想为基础的设计研究应当立足于新的设计背景之下，从研究领域、研究视角、研究内容三个方面进行推进[58]。

(1)在研究领域，从单一学科向跨学科转变。传统的设计研究以人机工程学为基础，专注于从生理能力方面解决产品或服务的“障碍”，而近年来的研究逐渐开始注重用户的心理层面需求，体现在认知、文化等方面，拓宽到神经科学、认知心理学、社会学、管理学、计算机科学等学科。因此未来的设计必将是多学科交叉融合的结晶。

(2)在研究视角，从弱势群体向全人类转变。过去基于无障碍思想的设计关注的多为老龄和残疾人群，但随着社会的快速发展，人们的个体能力也趋于多样化，个体之间的差异性被放大。我们需要超越对弱势群体的简单理解范畴，考虑到每个人在人生的某个阶段都可能成为“有障碍”人群的一部分，可能成为被忽视、歧视的个体。这就要求未来的设计需要将视角拓宽至全人类，充分考虑人类的多样性和个体的独立性，而不仅仅局限于弱势人群。

(3)在研究内容，从实体设计向虚拟设计转变。智能化时代的到来为基于无障碍思想的设计带来了新的挑战，同时也提供了新的思路。虚拟交互设计和数字化设计中存在的“数字鸿沟”是需要通过设计解决的新时代下的“障碍”。同时，现代大数据和人工智能的发展，也使得为每个用户提供独特而针对性的解决方案成为可能，从而实现对用户最大程度的包容与关怀。

第9章

综合案例分析

9.1 项目背景

下面简要分析北京庄志医疗设备有限公司、天津爱谷工业设计有限公司的赵晨、杨茜、王旭设计开发某款新型中医经络检测设备的过程，作为人机系统设计案例，供读者参考。

在推进中医药科技创新，促进中医药产业化、现代化的大潮流下，厂商决定对传统设备进行优化设计，开发一款新型中医经络检测设备。

9.2 项目设计

该中医经络检测设备人机系统设计流程主要涉及以下几个阶段：(1)经络检测设备系统设计目标的建立；(2)检测系统功能分析与初步设计；(3)系统具体设计；(4)设计方案评估与发展。

其中阶段(1)经络检测设备系统设计目标的建立，主要基于厂商的需求文档以及对市场的详细调研，在设计进行前对系统进行整体规划，进行系统层级的规划，为新款中医经络检测设备的设计建立系统目标；阶段(2)检测系统功能分析与初步设计主要是在阶段(1)的基础上对新款经络检测设备的人机功能进行分析规划，并根据分析结果对经络检测设备系统进行初步设计；阶段(3)系统具体设计，设计工作者根据(2)中的初步设计结果，结合市场、材料、工艺、功能、造型和企业需求等进行经络检测设备的具体设计；阶段(4)，对经络检测系统设计方案进行评估分析，旨在对经络检测设备设计方案的合理性和设计目标的完成度进行评估，为最终方案落地做准备，也为设备的后期升级奠定基础。

9.2.1 系统设计目标的建立

在经络检测设备设计中，检测台和操作台是构成该新型中医经络检测设备人机系统的重要部分，是医生与患者直接交互以及完成检测的关键组成。因而该系统需具备操控舒适、简单、高效，体验舒适，以及良好的维护性等特征。为达到这些设计要求，需要设计工作者在设计过程中结合人机系统设计思想，从经络检测设备的造型、工艺、材质、色彩等多方面进行分析、规划，在设计展开伊始，建立合适的系统设计目标。

首先，设计工作者需要对厂商提出的需求进行审视，同时对相关产品的市场及技术情况进行调研并整理调研结果(对该部分不做详述)，从而提出该款新型经络检测设备人机系统设计的目标(可通过目标文档形式进行，见图9-1)。

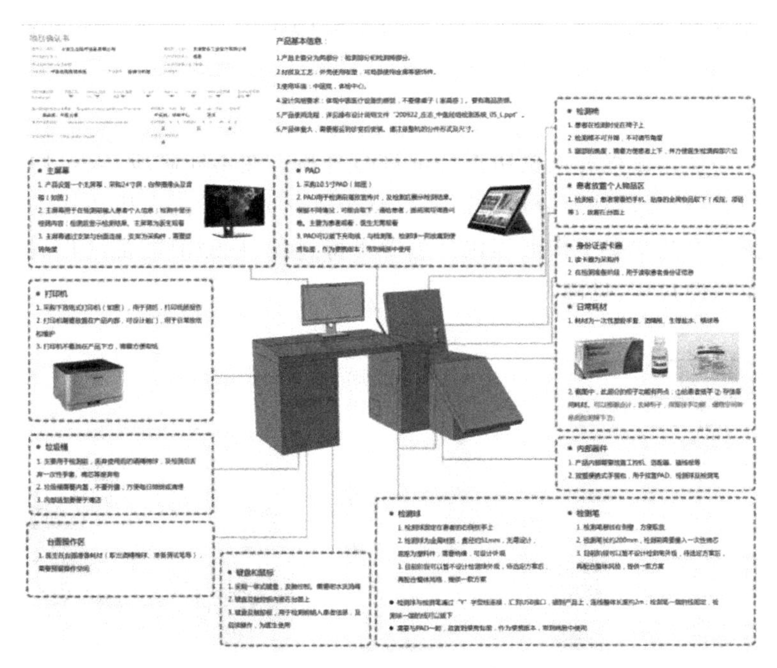

图 9-1 厂商需求文档

经过整理，针对该新型中医经络检测设备设计工作，设计工作者提出了以下几个目标。

1. 安全性目标

该系统的安全性目标主要是指设计方案符合医疗器械设计安全规则。安全性目标包括生理安全和心理安全两个方面，生理安全主要表现为避免系统对人的直接伤害，包括碰撞伤、挤压伤、切割伤、烫伤、酸碱伤害和间接伤害等，也包括漏电和感染等伤害。心理安全主要在于产品能够向用户传递安全感和品质感。

2. 系统效能目标

优化产品使用流程，合理规划经络检测设备检测流程，提高检测系统就诊效率，降低安装和使用难度。

3. 舒适性目标

舒适性目标也可理解为用户满意度目标，主要包括操作者和被检测者的使用满意度，此外，要方便日常运输、维护，便于安装人员操作，各部分间的连接方式要尽可能满足人性化操作的要求。

4. 效益性目标

产品应具有良好的经济效益和社会效益目标。

9.2.2 功能分析和初步设计

该步骤针对设计目标进行功能分析和功能分配。设计工作者需在设计目标的指导下，结合实际技术条件等因素，依据一定分配原则将系统功能合理地分配给人或者机器。

展开分析前，设计工作者可以通过观察大致了解当前概况。检验科的环境比较嘈杂，普通的台面排布不合理，操作不舒适，患者个人物品得不到妥善安置；同时整个检测过程约 20 分钟，每阶段检测持续 3～5 分钟，需要患者准确做出标准动作，并保持静止状态。因此需要做出清晰且易于识别的提示，并让患者保持舒适的坐姿，检测时需要患者两脚分开，不可移动。

1. 设计分析

对系统中产品使用流程和人机协作特征进行分析。在不同阶段，人机协作特点和系统功能需求不同，在进行人机功能分析时需要对整个工作时间段内人机协作的不同阶段和特点进行整理分析。产品主要工作流程包括患者等待过程、检测前准备过程、检测进行中、检测后医师讲解及诊断过程（见图 9-2）。

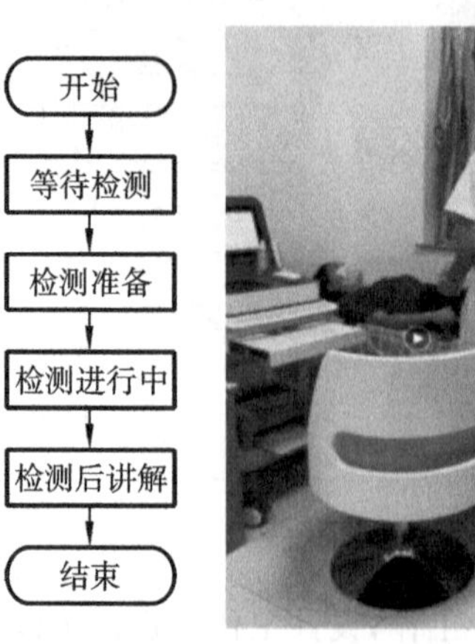

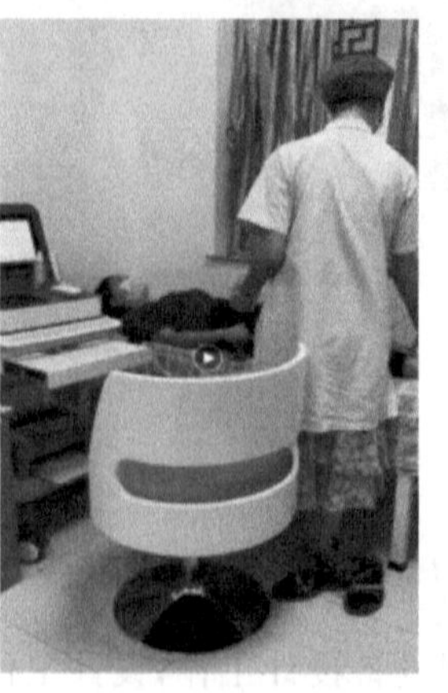
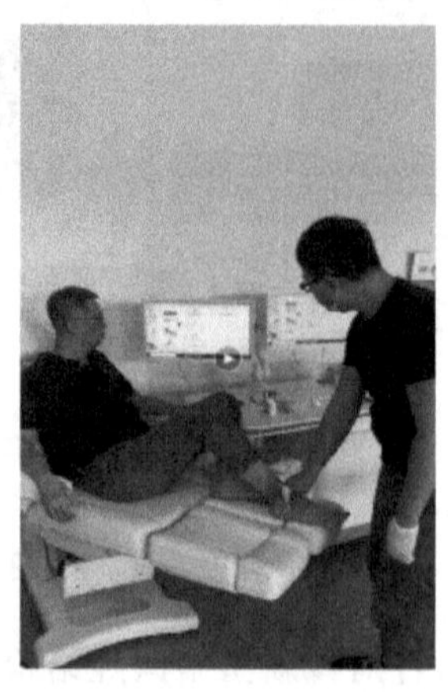

图 9-2　产品主要工作流程

使用图表法进行分析可以让我们更为清楚地了解到不同阶段不同使用者与机器协作的特点，便于我们进行人机功能分析和对所设计系统中的人机功能进行分配。对人机协作的整理分析见表 9-1。

表 9-1　对人机协作的整理分析

<table>
<tr><th rowspan="2"></th><th colspan="2">医生</th><th colspan="2">患者</th></tr>
<tr><th>行为</th><th>与机器互动</th><th>行为</th><th>与机器互动</th></tr>
<tr><td>等待检测</td><td>传递 PAD 给患者</td><td>—</td><td>接过 PAD，回答问卷（约 50 题）</td><td>—</td></tr>
<tr><td rowspan="8">检测准备</td><td>接过 PAD</td><td>置于台面</td><td>交还 PAD</td><td>—</td></tr>
<tr><td rowspan="3">填写患者信息</td><td rowspan="3">使用键盘、鼠标面向主屏</td><td>坐进检测位</td><td>脱去鞋袜、坐上设备</td></tr>
<tr><td>刷身份证</td><td>使用右手刷证件</td></tr>
<tr><td>观看宣传视频</td><td>拿起 PAD 或转身观看</td></tr>
<tr><td>戴手套，准备消毒器具</td><td>—</td><td rowspan="4">取下身上金属物品</td><td rowspan="4">置于台面收纳处</td></tr>
<tr><td>给患者进行消毒</td><td>移到患者身边</td></tr>
<tr><td>丢弃消毒耗材</td><td>丢进耗材垃圾桶</td></tr>
<tr><td>准备检测笔</td><td>台面上操作</td></tr>
</table>

续表

	医生		患者	
	行为	与机器互动	行为	与机器互动
检测进行中	拿起检测笔	找到并拿取检测笔	左手抓检测球	抓住检测球
	检测右手 检测右脚	检测时需要同时回顾主屏幕	右手、右脚被检测	右手、右脚置于方便检测处，抓住检测球，置于大腿上
	检测左手 检测左脚		左手、左脚被检测 右手抓检测球	左手、左脚置于方便检测处，抓住检测球，置于大腿上
检测后讲解	脱除手套	丢进耗材垃圾桶	—	—
	取检测报告	从打印区域取出	接过纸质报告	放置于台面上
	讲解检测结果	看主屏幕	听取诊断	—
	将 PAD 交予排位患者	取走 PAD	—	—

在不同阶段，首先对系统进行人机功能分析，设计工作者对产品功能排布现状进行分析，提出现有系统人机方面的主要问题(即主要人机系统设计点)：①医生操作不便，主要包括需要医生站姿操作、弯腰检测，各操作区域距离较远，需要不断指导患者将检测部位摆放在正确位置；②患者体验不佳，主要表现为平躺姿势不便与医生互动，肢体摆放位置不明确，无法看到检测过程；③硬件排布局限，主要体现为产品体量大，各部分排布零散，各功能区距离较远。

2.初步设计

根据功能分析结果进行系统功能分配和初步设计。功能分配是指为了使系统达到最佳匹配，设计工作者在研究分析人和机器特性的基础上，尽可能地发挥人和机器的潜能，将系统各项功能合理地分配给人和机器。该阶段设计工作者需在系统目标说明书的指导下，结合实际技术条件等因素，依据一定分配原则将系统功能合理地分配给人或者机器。

根据操作流程进行功能分区(图 9-3)，主要包括台面操作区域、主屏幕区域、PAD 区域、键鼠操作区、身份证读取区域、患者个人物品放置区域、检测笔和检测球放置区域、打印区域、耗材储存区域。功能分区优化了操作流程，降低了操作者的劳动强度，提升了工作效率和被检测者的舒适性。根据检测流程，设计工作者提出了 A、B 两种排布方式(图 9-4、图9-5)。

以上两种排布方式，依据检测→观看检测结果的动线，将检测椅设置在医生左侧，兼顾检测笔与鼠标的操作。

经过进一步人机测试以及与医护人员的深度沟通，考虑到大部分人为右利手，而检测过程中医生主要使用右手持检测笔，完成检测动作，右手检测的力度、位置更准确，将检测椅移至整机右侧；通过软件的优化将检测过程调整为自动切换至下一个检测位置，避免了检测笔与鼠标之间的频繁切换；综合考虑使用场景，以及产品的搬运、维护等需求，最终确定了产品排布方式(见图 9-6)。

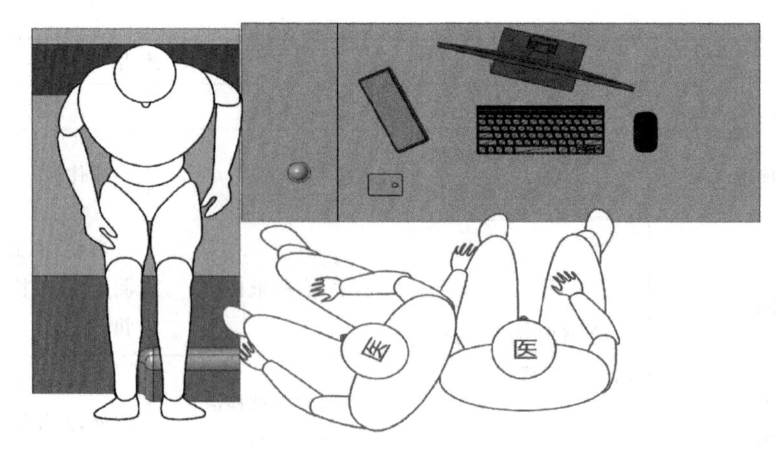

图 9-3 功能分区图

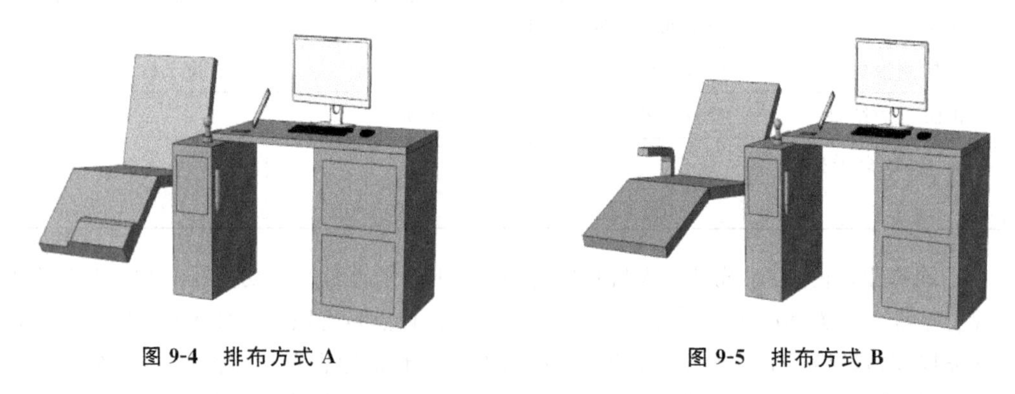

图 9-4 排布方式 A

图 9-5 排布方式 B

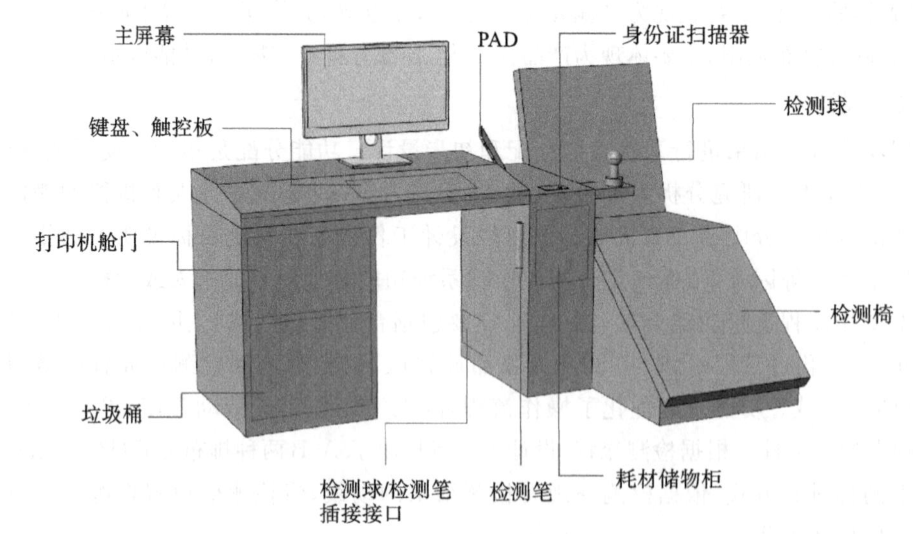

图 9-6 最终产品排布方式

9.2.3 具体设计

对该款经络检测设备的具体设计分为人机界面设计和硬件开发。人机界面设计主要包括台面操作区、身份证读取区、患者活动区、检测设备区的硬件人机界面设计以及主屏幕、PAD 的软件人机界面设计。该系统的软件人机界面设计此处不做详述。

对该款经络检测设备的硬件开发主要包括初期设计、总体方案设计、技术设计以及施工设计。

首先根据功能分配的结果，对该经络检测设备展开系统硬件规划设计工作。该经络检测设备系统硬件主要构成要素包括人机尺度、结构与材料、成本、功能、造型等要素（图 9-7），下面分别进行介绍。

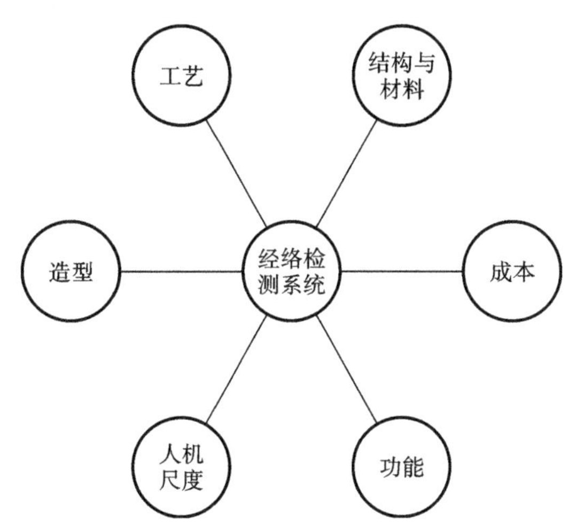

图 9-7 经络检测设备系统硬件主要构成要素

1. 人机尺度

考虑到经络检测设备的主要操作人员为医护群体，且被测试者多为我国成年人，在设计该设备的操作装置时所采用的数据主要是我国成年男性和女性的人体尺寸数据，具体参考我国国家标准《中国成年人人体尺寸》（GB 10000—1988）中第 5 百分位女性人体尺寸和第 95 百分位男性人体尺寸。以这些尺寸为基础，分别对操作人员使用区域进行功能划分，并确定检测笔的外形尺寸，此外，在设计该经络检测设备与被检测者的接触部分时，需要充分考虑用户受一定生理条件限制的情况。

该系统工作台和显示部分的人机尺度如图 9-8 所示。工作台的高度与操作者能否舒适工作有重要的关联。若工作台面过高，医生在工作时肘部、手臂以及肩部需要抬起，肌肉会处于紧张状态，极易造成疲劳的感觉。若工作台面太低，会加大医生脊柱的压力，使其腹部受到挤压，阻碍呼吸和血液循环，同时会加大视觉负担和对颈椎的伤害，造成不良的后果。在操作该设备时主要采用坐姿，因此设计者必须了解大多数操作者的身高和坐高，选取合适数据，找到最合适的工作台高度。

另外，值得设计工作者注意的是：产品最佳功能尺寸＝人体尺寸百分位数＋功能修正量＋心理修正量。具体参见国标 GB 10000—1988 和 GB/T 12985—1991。

显示系统是该设备又一重要的组成部分。显示系统不光与使用者的视觉有关，还与使用者的听觉、触觉相关，三者各有各的特点，同时相互影响，共同构成该经络检测设备的显示要素。

显示系统主要为面向医生的主屏幕显示和面向被检测者的 PAD 显示，由于 PAD 具有可移动性，这里主要讨论面向医生的主屏幕显示设计。

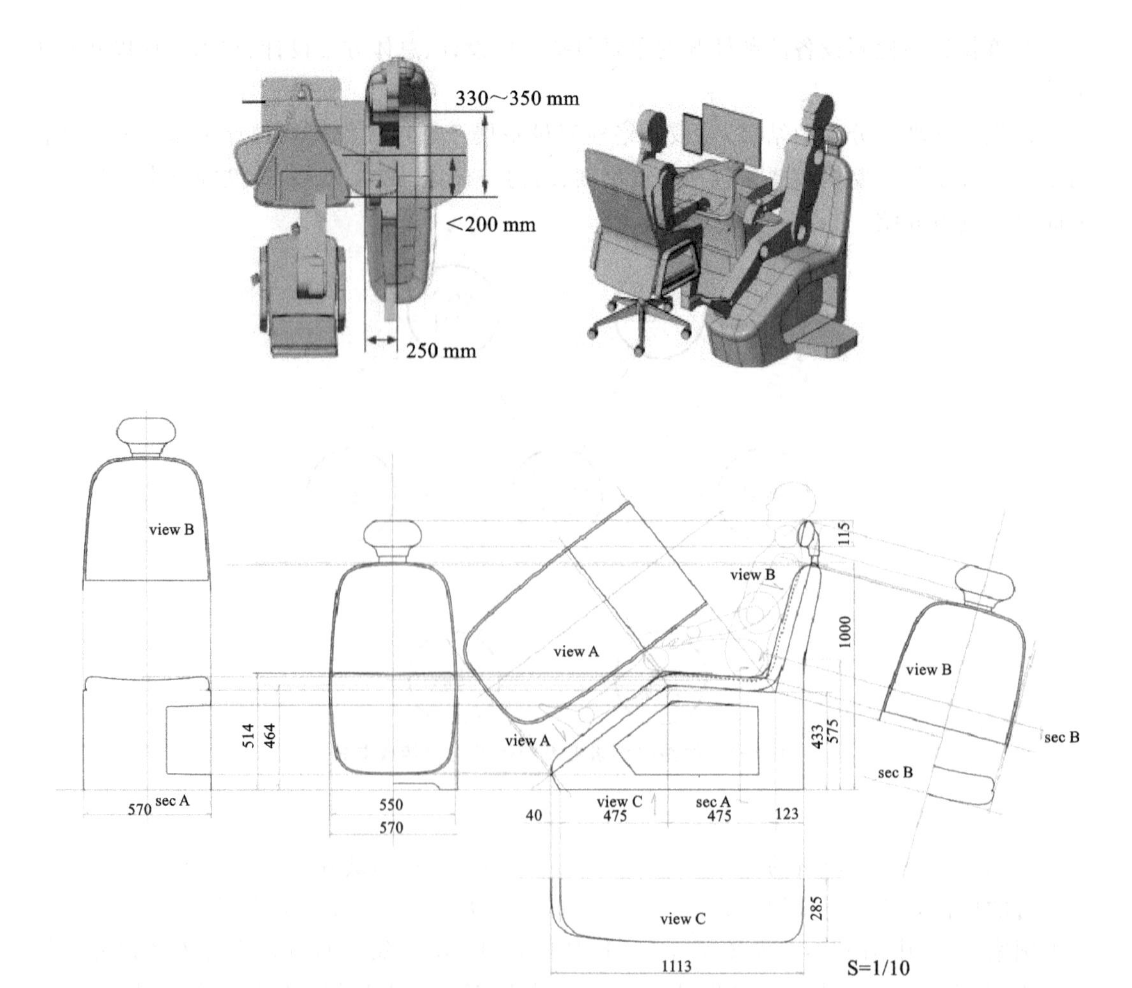

图 9-8　工作台设计和显示部分的人机尺度

根据 GB/T 12984—1991 可以知道，正常视线应在水平视线之下 25°到 30°之间，视距在 560 mm 处，可以有效提高显示效率和降低使用者的疲劳程度(图 9-9)。

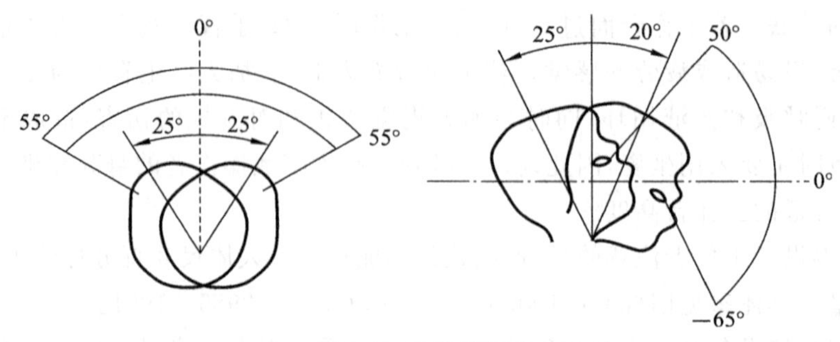

图 9-9　正常视线图

2. 结构与材料要素

首先是设备材料的选择。通过对相关行业及产品的调研，可以了解到该类设备通常使用塑料作为外壳，常用的医用塑料大约有十几种，有聚乙烯(PE)、聚丙烯(PP)、聚氯乙烯(PVC)、聚氨酯(PU)、聚四氟乙烯(PTFE)、聚碳酸酯(PC)、聚苯乙烯(PS)等。

其次是结构设计考量，通常使用的塑料加工工艺包括但不限于注塑、吸塑、吹塑，金属加工工艺包括但不限于CNC数控加工、钣金冲压、钣金折弯等。基于工艺的限定，在外观设计时也需考虑材料对壁厚、结构设计乃至造型的影响。考虑到该产品体量大、年产量在500台左右，适合采用主体吸塑＋局部注塑＋局部钣金折弯的工艺。主体外壳体量大，适合吸塑工艺，但吸塑无法加工出精致的细节，且需要较大的拔模角度。因此在进行外观设计时，曲面需更加平整光顺，避免过小的圆角和层次变化；为增加产品的精致度，经常操作的部分采用注塑工艺，如检测笔、检测球等，提升产品的品质感，优化操作体验；检测桌和检测椅连接的部分，则采用钣金折弯工艺，既能控制成本，又能在一定程度上增加产品的强度，使产品更稳固牢靠。

3.功能要素

硬件开发工作中，该步骤以功能分析与功能分配的结果为指导，考虑设计目标的实现。设计工作者根据功能分析中的初步设计结果，可以提出两种产品排布方式——排布方案A与排布方案B(图9-10、图9-11)。

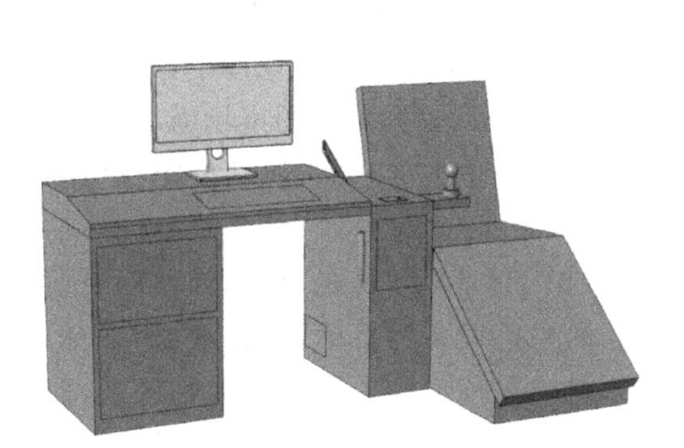
图9-10 排布方案A

图9-11 排布方案B

(1)排布方案A:检测桌与检测椅分开，类似写字台。

优点:产品家具化，有更大的操作台面，方便检测者置物及日常工作；产品能更好地与环境相融合，形成“环境化”医疗产品。

缺点:体积较大，增加加工难度和运输难度，可能会增加加工成本，对使用环境要求高。

(2)排布方案B:检测桌与检测椅集成，类似“B超”设备。

优点:结构紧凑，形成“设备化”，体量小，便于加工及运输。

缺点:结构形式与西医检测设备接近，不易体现中医设备的特色，对外观设计存在挑战。

4.造型要素

该类检测设备的使用对象是特殊人群，因此，其设计理念和思想需要有针对性。

医疗设备是与人体健康息息相关的独特设备，对设计的要求更为严格:外观需简洁，体现产品的专业感、科技感，使人感到安全、放心；同时需要独特的视觉中心，形成视觉识别点和记忆点，区别于竞品，形成产品特色。

第一，整体造型风格统一。医疗设备的造型要具有整体感，主辅之间层次要清晰，产品需确定核心的设计语言，将主要部分作为设计核心，其他部分为辅助，避免过度装饰；局部与整体的风格要协调，将核心的设计语言贯穿到整体设计中，细节设计与整体风格统一；比例与尺度要合理，在人机尺度严谨科学的基础上，做到空间、布局合理，视觉协调；形式与功能要统一，设计为功能服务，将功能与造型进行有机结合，其形体的点、线、面构成要简洁统一，设计工作者要处理好统一与变化之间的关系。

第二，医疗设备的造型设计在确保其功能的顺利实现外，还需要关注和人有关的一些层面，务必考虑到人的情感要素，使医疗设备能适应和满足人的心理需求。

不同的造型语言，给人以不一样的心理感受。水平形体给人以安定平稳感，直立形体给人以挺拔利落感；直线给人以硬朗科技感；曲线、圆形给人以亲切柔和感。在造型设计中体现人文关怀，给人一种安全、放松的心理状态，一定程度上能够获得缓解不良反应的效果。

本产品使用流畅的线条，搭配圆润的边角，避免传统产品带给人的机械感、冰冷感，给人以舒适、安心的感觉。通过造型语言，可消除患者对医疗设备的恐惧及抗拒情绪，好的造型设计甚至可以在一定程度上增加患者对产品的信赖度。

不同的色彩同样给人以不同感受：冷色使人感到平静、专业，暖色使人感到温馨、活力等。本产品作为医疗设备，主体采用白色，体现洁净感和安全感；局部搭配暖色，与中医检测室环境相契合，营造舒适安心的氛围。

第三，以现代市场对医疗器械产品外观设计的要求来看，优秀的产品功能是核心，良好的人机关系是基础，外观是重要形式，但更重要的是把握市场需求。产品设计不仅是设计外观造型，更是通过对环境、用户、市场的多方调研，并加以分析，挖掘真实的市场需求，从而以设计为导向，研发出符合以及引领市场需求的、具有核心竞争力的产品，协助公司在市场竞争中占据主导性。

在大众印象中，中医是繁复、传统的，检测过程更多的是环境与人的互动，而西医更多的是设备与人的互动。本产品以打造专业、科技、可靠的中医设备为目标，打破市场对中医设备的固有印象，在现代西医设备的设计发展趋势上，融入提炼后的中国传统文化元素，兼顾设备感和环境化，同时体现中医检测设备的价值感，设计出顺应时代发展的中医检测设备（图 9-12）。

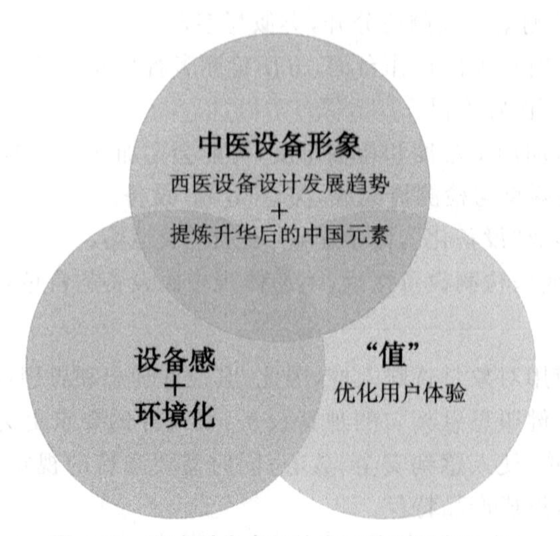

图 9-12　顺应时代发展的中医检测设备形象

根据不同的设计定位，提出了三款方案。方案 A（图 9-13）和方案 B（图 9-14）偏向于营造中医检测的环境氛围：产品排布更加舒展，流畅的曲线将检测桌和检测椅两部分连接起来，形成视觉上的统一；柔和的造型搭配暖色、木纹等元素，使产品更加家居化，更好地融入检测室的环境，打造安心、舒适的检测体验。方案C（图9-15）强调检测产品的设备化，结构排布紧凑的同时，以“银杏树叶”为造型语言。在中国传统文化中，银杏有健康、长寿之意。本产品作为中医检测设备，为养生、保健提供技术支持，设计者将银杏树叶的意象融入西医检测设备的形式中，既表现了产品的现代感、科技感，也表达了为人带来健康的美好心愿。

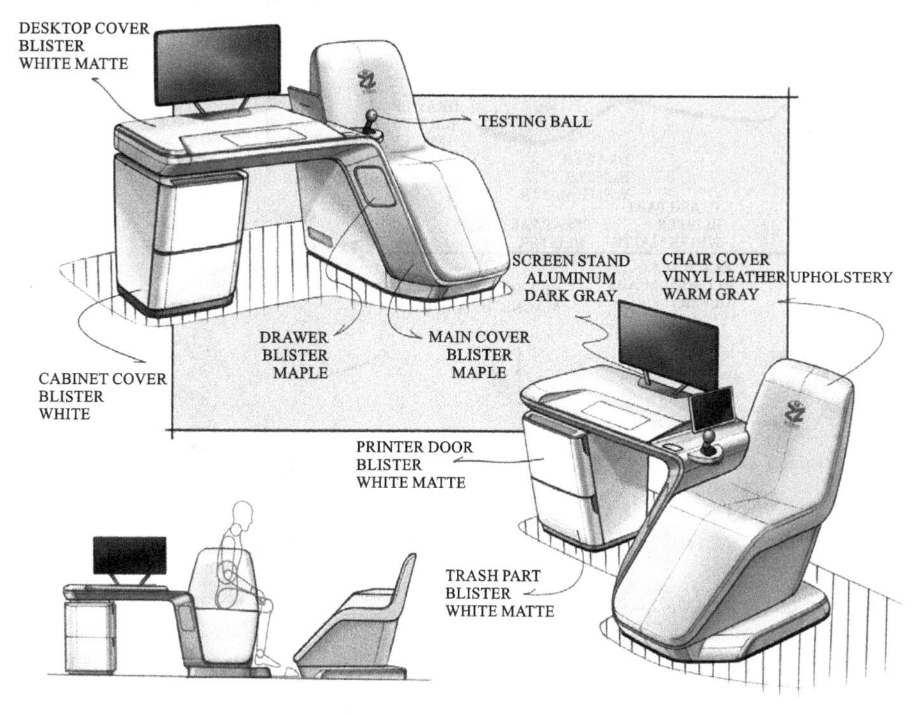

图9-13 方案A

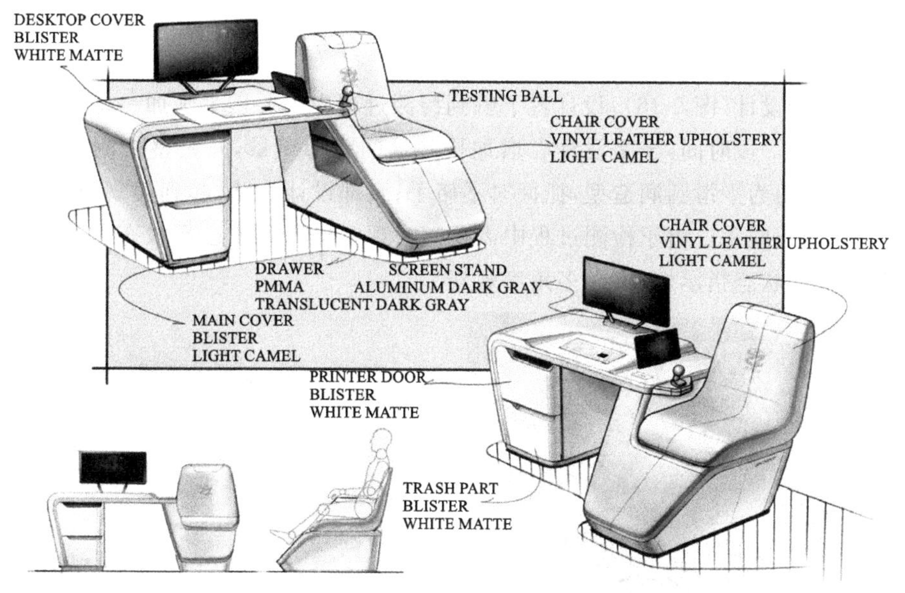

图9-14 方案B

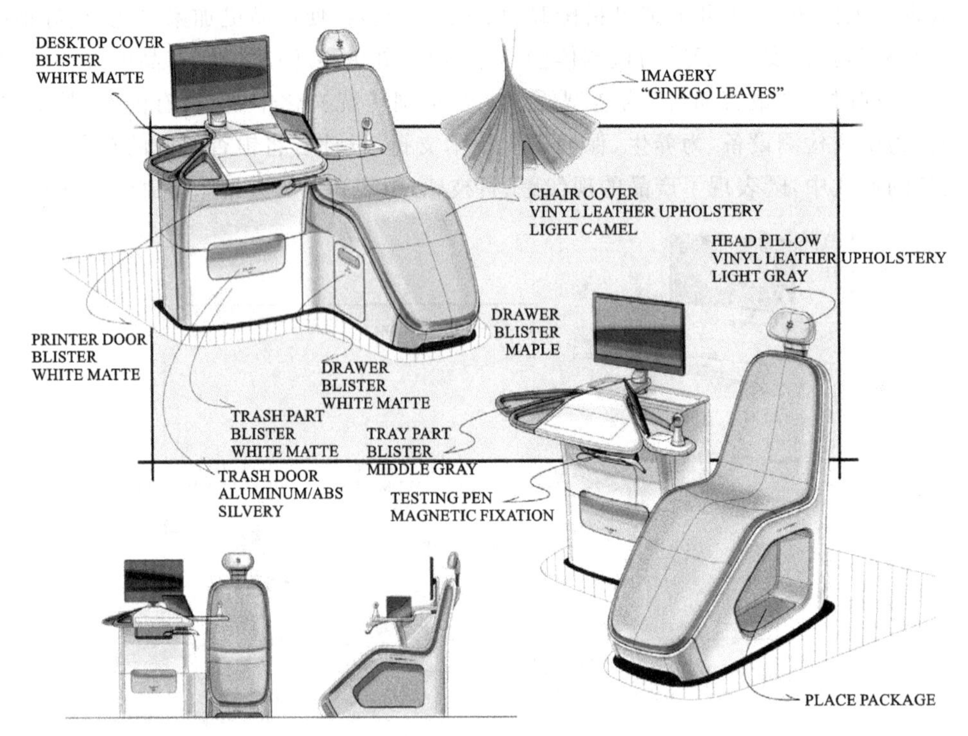

图 9-15　方案 C

最终选定方案 C，进入下一设计阶段。

5. 方案验证

根据选定的设计方案，需要在后续工作阶段不断对设计方案进行验证。

设计者将抽象的手绘设计图转化为准确的 3D 模型，在建模过程中，既要实现对设计草图的高度还原，同时需要根据人机测试，再一次验证尺寸的合理性，并根据测试结果对细节做出调整。

如检测笔的设计（图 9-16），设计者了解到检测过程中需要用手施加一定的力，用检测头按压穴位并保持一段时间，于是设计者增加检测笔的头部重量，并调整检测笔曲面，以便于抓握；检测笔背面为平滑圆润造型，抓握时不硌手；腹部设计纹路，起到美观效果的同时增加抓握摩擦力，防止脱手。由于检测过程中需要随时观察检测笔的运行状态，在检测笔的顶部设计了长条形的状态指示灯，方便多角度观察。

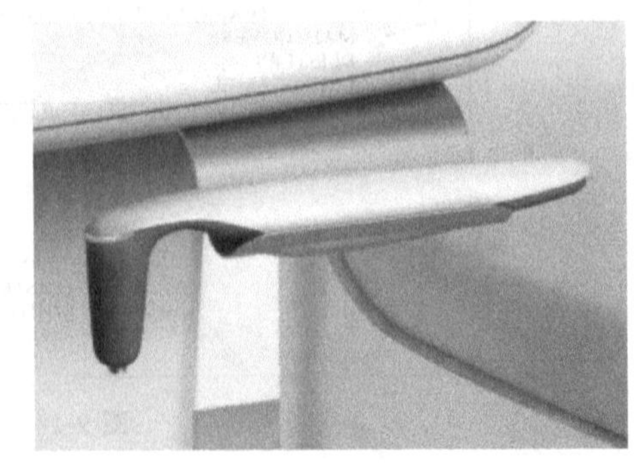

图 9-16　检测笔设计

整机的外观件为塑料件，内部需要钣金框架支撑。支撑结构的设计需要综合考虑整机强度、使用中的受力、使用场景大小、搬运方式、清洁频率等多重因素。根据实际需求，调整支撑结构的规格、材料及装配方式，例如将材料更换为重量较轻的铝材质，或局部掏空等(图9-17)。

一、检测台部分，总重量约26.4kg。

检测台部分主要由结构框架和外包壳体组成。

外包壳体，材料选用ABS（密度：1.04×10^{-6}kg/mm^3），体积约10000000mm^3，预计重量约10.4kg。

结构框架，材料选用钢材铝镁合金（密度：7.85×10^{-6}kg/mm^3、1.8×10^{-6}kg/mm^3），体积约1550400mm+2108000mm^3，预计重量约16kg。

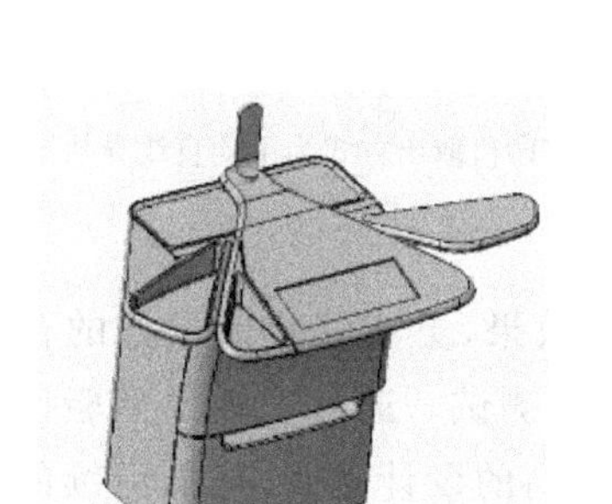

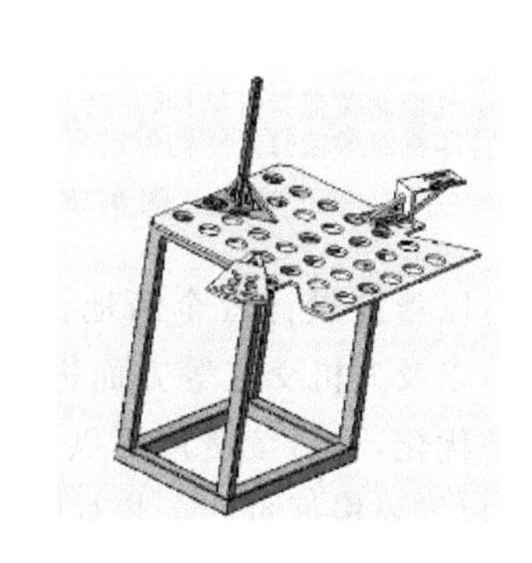

二、检测椅部分，总重量（不含椅垫及其附件）约29.5kg。

检测椅部分主要由结构框架和外包壳体组成。

外包壳体，材料选用ABS（密度：1.04×10^{-6}kg/mm^3），体积（不含椅垫及其附件）约10000000mm^3，预计重量约10.4kg。

结构框架，材料选用方钢管材（密度：7.85×10^{-6}kg/mm^3），体积约2430000mm^3，预计重量约19.1kg。

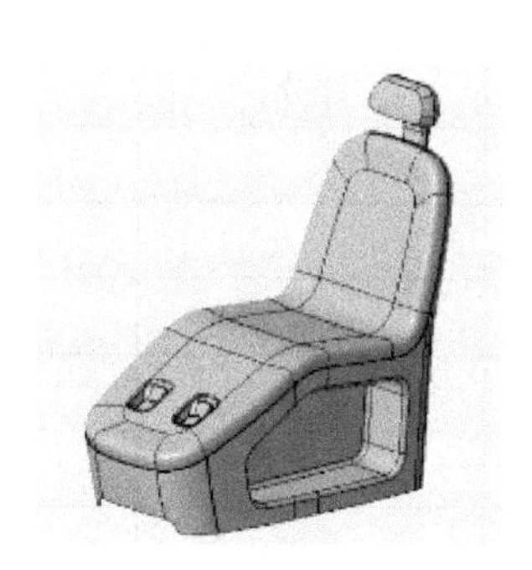

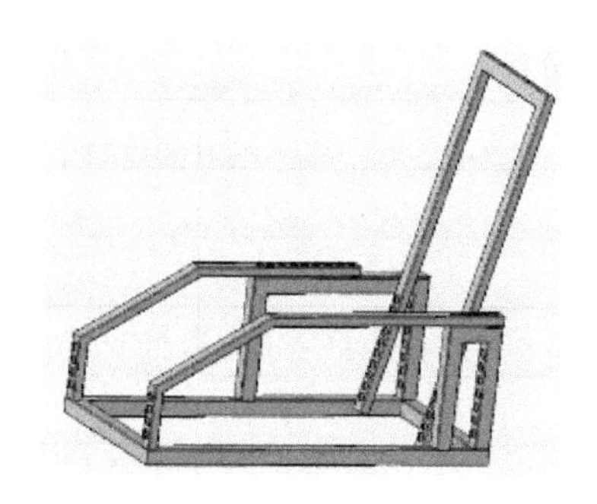

图9-17 支撑结构设计

手板模型是验证设计的重要环节，通过更灵活、快捷的加工工艺和更少的成本，对设计进行初步验证(图9-18)。同时，设计者通过试用手板模型，再次审视项目最初的设计需求。本产品的设计者操作手板模型后，希望将检测桌和检测椅的连接方式改为快拆，以适应展会等快节奏的场景，降低操作门槛；收纳部分的排布也根据最新需求进行了调整，并更新了收纳区开门的结构方式。

一、主体结构部分

1.材质工艺：外观件ABS，采用吸塑工艺。
2.产品可以分成两部分：检测工作台和检测椅。两者之间通过简单结构连接为一整体，方便后期安装和维护。

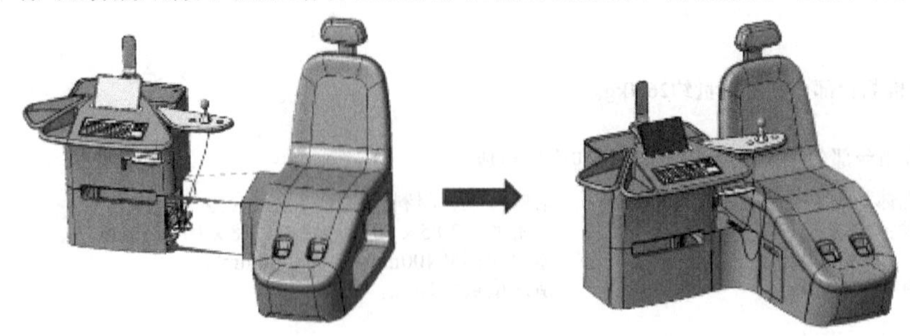

3.检测工作台：（1）电气柜储藏盖打开结构暂定为磁吸方式；
（2）打印机储藏盖打开结构暂定为磁吸方式，打印机取出方式为手动直线导轨结构。

图 9-18 手板模型

手板模型不仅可以帮助设计者全面地检查外观效果，更能够验证设计的合理性，对造型、材质、工艺、配色，以及人机交互等方面进行直观的测试。通过手板模型验证，能够及时发现问题并进行调整优化，为后续量产提供可行性更高的设计方案，降低后续的加工风险。而在转化到量产时，也需要根据量产工艺对设计进行调整，以适配实际的加工方式。

9.2.4 设计方案评估与发展

人机系统评价的目的是根据评价结果对系统进行调整，发扬其优点，改善薄弱环节，消除不良因素或潜在危险，以达到系统的最优化。

针对该项产品，设计工作者可以基于项目展开伊始所设定的设计目标，以及设计过程中的设计要素，使用检查表法对设计方案进行评价（表 9-2）。

表 9-2 经络检测人机设备评分表

评分标准		分值	评分	备注
安全性目标				
高效目标				
舒适性目标				
效益性目标				

9.3 设计结果

本项目从分析产品的操作流程出发，充分挖掘产品使用中的人机交互需求；以操作体验为主导，重新定义产品的形式及排布；将中国传统文化与现代医学检测设备相结合，赋予产品更深层次的内涵。同时，在设计初期针对产品的初期产量和预计成本，选择合适的加工工艺，从而助力产品顺利落地，最终成为公司的主打产品。

设计结果如图9-19所示。

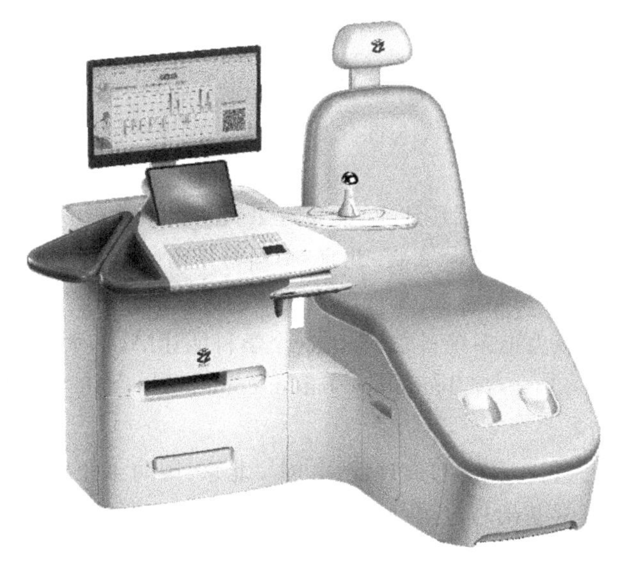

图9-19 设计结果

参考文献

第 1 章　人机工程学概论

[1]　刘九生. 秦始皇帝陵铜车马与中国古代文明——秦政原始[J]. 唐都学刊,2011,27(02):1-34.

[2]　赵军. 基于人的自然行为倾向的产品设计研究[D]. 南昌:南昌大学,2008.

[3]　吕欣,黄薇. 传统造物观对现代人性化设计的启示[J]. 包装工程,2007(07):172-173+192.

[4]　丁玉兰. 人机工程学[M]. 5 版. 北京:北京理工大学出版社,2017.

[5]　王受之. 世界现代设计史[M]. 2 版. 北京:中国青年出版社,2015.

[6]　何人可. 工业设计史[M]. 北京:北京理工大学出版社,2010.

[7]　易蓉. 40 年前钱学森力推系统科学,今天这个学科能让 AI 和大数据实现更多应用[EB/OL]. (2019-04-30). https://baijiahao. baidu. com/s? id=1632221906974174103&wfr=spider&for=pc.

[8]　张峻霞,王新亭. 人机工程学与设计应用[M]. 北京:国防工业出版社,2010.

[9]　夏敏燕. 人机工程学基础与应用[M]. 北京:电子工业出版社,2017.

[10]　卢兆麟,汤文成. 工业设计中的人机工程学理论、技术与应用研究进展[J]. 工程图学学报,2009,30(06):1-6.

第 2 章　人体尺寸及应用

[11]　杨涵墨. 中国人口老龄化新趋势及老年人口新特征[J]. 人口研究,2022,46(05):104-116.

[12]　陈亚强. 肢体残疾人士健身器械人性化设计研究[D]. 长春:长春理工大学,2019.

[13]　魏续峰,鲁婉婷,卞豪豪,等. 基于人机工程学的老年康复轮椅研究[J]. 机械设计,2020,37(S2):20-22.

[14]　焦妍. 针对孕妇群体的大型超市购物车安全性设计研究[D]. 北京:北京理工大学,2018.

[15]　苏予洁,裴菊红,钟娟平,等. 康复机器人在脑性瘫痪儿童肢体康复中的应用进展[J]. 护理学报,2022,29(17):23-27.

[16]　张晓霞,陈卓颐,孙锋. 脑瘫儿坐姿保持能力康复辅助设备开发研究[J]. 卫生职业教育,2011,29(17):155-157.

[17]　苏垣. 办公桌人性化设计研究[J]. 包装工程,2010,31(24):18-22.

[18]　马杰. 短道速度滑冰运动生物学特征研究进展[J]. 体育科学,2021,41(08):43-52.

[19]　吕富珣,张铭歧. 人性化医院环境的创造[J]. 世界建筑,2002(04):22-24.

[20]　戴俭,朱小平,王珊. 医院建筑室内环境“人性化”设计[J]. 建筑学报,2003(07):

22-24.
[21] 周钧,杨睿.浅谈人性化医院环境的创造[J].生态经济,2005(02):98-100.

第3章 人的感知觉

[22] 郭伏.人因工程学[M].2版.北京.机械工业出版社.2019.
[23] 何灿群,陈润楚.人体工学与艺术设计[M].3版.长沙:湖南大学出版社,2020.
[24] 张宇红.人机工程与工业设计[M].北京:中国水利水电出版社,2011.
[25] 葛列众,许为.用户体验:理论与实践[M].北京:中国人民大学出版社,2020.
[26] 董建明,傅利民,饶培伦.人机交互:以用户为中心的设计和评估[M].3版.北京:清华大学出版社.2010.

第4章 人机工程学中的心理因素

[27] 葛列众.工程心理学[M].北京:中国人民大学出版社,2012.
[28] 陈根.图解情感化设计及案例点评[M].北京:化学工业出版社,2016.
[29] Alan Cooper,Robert Reimann,David Cronin,等.About Face 4:交互设计精髓(纪念版)[M].倪卫国,刘松涛,薛菲,等译.北京:电子工业出版社,2020.
[30] Trevor van Gorp,Edie Adams.情感与设计[M].于娟娟,译.北京:人民邮电出版社,2014.
[31] 唐纳德·诺曼.设计心理学1:日常的设计[M].小柯,译.北京:中信出版社,2015.
[32] 米哈里·契克森米哈赖.心流:最优体验心理学[M].张定绮,译.北京:中信出版社,2017.
[33] 唐纳德·诺曼.设计心理学3:情感化设计[M].何笑梅,欧秋杏,译.北京:中信出版社,2015.

第5章 环境分析与设计应用

[34] 韩维生.设计与工程中的人因学[M].北京:中国林业出版社,2016.
[35] 孙丽丽,宋魁彦.人体工学及产品设计实例[M].北京:化学工业出版社,2016.
[36] 李惠彬,孙振莲.车辆人机工程学[M].北京:北京理工大学出版社,2018.
[37] Mark S. Sanders,Ernest J. McCormick.工程和设计中的人因学[M].7版.北京:清华大学出版社,2002.
[38] 徐涵,刘俊杰,陈炜.人机工程学与应用[M].沈阳:辽宁美术出版社,2014.
[39] 石英.人因工程学[M].北京:北京交通大学出版社,2011.

第6章 人机系统设计方法及应用

[40] 全国人类工效学标准化技术委员会.工作系统设计的人类工效学原则:GB/T 16251—2008[S].北京:中国标准出版社,2008.
[41] 颜声远,许彧青.人机工程与产品设计[M].哈尔滨:哈尔滨工程大学出版社,2003.
[42] 李建中,曾维鑫,李建华.人机工程学[M].徐州:中国矿业大学出版社,2009.

第7章 人机工程学在界面与交互设计中的应用

[43] 辛向阳.交互设计:从物理逻辑到行为逻辑[J].装饰,2015(01):58-62.
[44] 李娟,刘涛.交互设计缘起、演进及其发展趋势综述[J].包装工程,2021,42(18):134-143+171.
[45] 薛澄岐,王琳琳.智能人机系统的人机融合交互研究综述[J].包装工程,2021,42

(20):112-124+14.

[46] 冯桂焕.人机交互:软件工程视角[M].北京:机械工业出版社,2012.

[47] 刘伟,庄达民,柳忠起.人机界面设计[M].北京:北京邮电大学出版社,2011.

[48] 普严冉,吕宏,徐士伟,等.基于关键词的国内外人因工程研究现状分析[J].人类工效学,2015,21(02):59-64.

[49] 毛峡,薛雨丽.人机情感交互[M].北京:科学出版社,2011.

第8章 人机工程学在基于无障碍思想的设计中的应用

[50] 徐涵,刘俊杰,陈炜.人机工程教学与运用[M].沈阳:辽宁美术出版社,2008.

[51] 厉才茂.无障碍概念辨析[J].残疾人研究,2019(04):64-72.

[52] 李继春,黄群.通用设计中的障碍性问题研究[J].包装工程,2014,35(12):29-32.

[53] 许佳,王坤茜.多元·本土·国际:2011年全国高等院校工业设计教育研讨会暨国际学术论坛论文选编[M].北京,北京理工大学出版社,2011.

[54] 刘建军,巩彦孜,孙彪.中国高速列车客室通用设计研究现状综述[J].设计,2021,34(09):82-85.

[55] 董华.包容性设计英中比较及研究分类[J].设计,2020,33(15):56-58.

[56] 李帅.包容性设计在日常用品中的应用[J].设计,2018(19):124-126.

[57] 袁姝,姜颖,董玉姝,等.通用设计及其研究的演进[J].装饰,2020(11):12-17.

[58] 张凯,朱博伟.包容性设计研究进展、热点与趋势[J].包装工程,2021,42(02):64-69+103.